「电网环境保护全国重点实验室」

电力互感器结构手册

冯 宇 等 编著

中国电力出版社
CHINA ELECTRIC POWER PRESS

内 容 提 要

本书从电力互感器的具体类别和典型结构入手，以读者"置身"于制造厂或变电站的视角，对电力互感器进行"解剖"。内容涵盖油浸倒立式电流互感器、油浸正立式电流互感器、独立式 SF_6 气体绝缘电流互感器、电容式电压互感器、GIS 型 SF_6 气体绝缘电磁式电压互感器、0.5~40.5kV 中低压互感器在细述电力互感器（包括概念、作用、实物、材质、运维要点等），并将 GIS 型电流互感器与套管升高座用电流互感器及采用环保绝缘介质的新型电力互感器编入附录，便于读者了解行业动态。

本书可供电力互感器相关专业的科研、设计、运维人员参考使用，也可供初学者入门使用。

图书在版编目（CIP）数据

电力互感器结构手册 / 冯宇等编著 . -- 北京：中
国电力出版社，2025. 7. -- ISBN 978-7-5239-0122-9

Ⅰ . TM452-62

中国国家版本馆 CIP 数据核字第 2025BB4986 号

出版发行：中国电力出版社
地　　址：北京市东城区北京站西街 19 号（邮政编码 100005）
网　　址：http : //www.cepp.sgcc.com.cn
责任编辑：高　芬（010-63412717）
责任校对：黄　蓓　朱丽芳
装帧设计：张俊霞
责任印制：石　雷

印　　刷：北京九天鸿程印刷有限责任公司
版　　次：2025 年 7 月第一版
印　　次：2025 年 7 月北京第一次印刷
开　　本：710 毫米 ×1000 毫米　16 开本
印　　张：18
字　　数：281 千字
印　　数：0001—1500 册
定　　价：120.00 元

前言

拙作《电力互感器术语使用手册》分别于 2017 年 9 月和 2024 年 3 月出版第一版和第二版，至今已累计印刷了 4 次，对传播电力互感器知识起到了一些推动作用。

《电力互感器结构手册》的写作立意是作为《电力互感器术语使用手册》的姊妹篇，从电力互感器的具体类别和典型结构入手，尝试带领读者"置身"于制造厂或变电站的场景之中，对电力互感器进行"解剖"，以更直接直观的角度为读者构建认知电力互感器的整体和局部的"模型"。建议读者将《电力互感器术语使用手册》和本书一并阅读，互为印证、玩味差别、相得益彰。

本书的写作原则和构思要点如下：

（1）在精心梳理总结历年来专业工作心得的基础上，按照油浸倒立式电流互感器（简称倒立油 CT）、油浸正立式电流互感器（简称正立油 CT）、独立式 SF_6 气体绝缘电流互感器（简称 SF_6 绝缘 CT）、电容式电压互感器（CVT）、GIS 型 SF_6 气体绝缘电磁式电压互感器（简称 SF_6 绝缘 IVT）、0.5~40.5kV 中低压互感器的顺序详解其典型结构中的部件（包括概念、作用、实物、材质、运维要点等）和解体举例，并概述其制造流程。部件、解体和制造流程分别对应电力互感器的"零""整"和"造"，以此使读者全面掌握电力互感器的结构知识。同时，考虑到 0.5~40.5kV 中低压互感器部件相对较少、应用场合多样及种类繁多的特点，在写作结构上进行了适应性微调。

（2）GIS 型电流互感器（简称 GIS 型 CT）和套管升高座用电流互感器（简称升高座 CT）是使用非常广泛的两类电流互感器，属于开关专业、变压器专业与电力互感器专业的技术交叉范畴。因其结构较为简单，鲜少有著作给予专门论述。为补此缺憾，将这两类电流互感器的相关内容编入附录 A。

（3）随着我国"双碳"战略的实施以及新型电力系统建设的不断推进，环保绝缘介质的电力互感器已被研发出来并实现了挂网应用。为使读者了解这一行业动态，在附录 B 中收集了相关产品信息。

（4）对于不同类电力互感器都有的通用部件，按照章节先后顺序，在第一次出现时详解完毕，在后续章节中只阐述与该章节相关的特有内容。同时，使用带括号的方式来界定部件的范畴，例如"一次换接板（电流互感器的）"表明该部件是用于电流互感器的，适用于各种绝缘介质（变压器油、SF_6 气体）和铁芯布置位置（正立式、倒立式）。

（5）部件名称在书中第一次出现时，标注出了英文对应词。

（6）允许个别内容存在交叉现象。例如，膨胀器因故障或产气而拉伸这一现象是在倒立油 CT 的相关章节里给出的，但考虑到内容的完整性，同样给出了正立油 CT 发生这种现象的例子。

（7）在运维要点的写法方面，如果仅涉及某个部件，则在该部件的章节中叙述；如果涉及多个部件，则根据需要灵活处理。

（8）书中提及的有关缺陷和故障分析的内容是为了读者理解电力互感器的结构、工艺和制造流程而服务的。设备的缺陷和故障分析所涉及的管理和技术因素较多，有待笔者专门做出总结，而读者则需要系统开展学习方可掌握。

大连第一互感器有限责任公司（集团）、阿塔其大一互电器有限公司、江苏思源赫兹互感器有限公司、山东泰开互感器有限公司、特变电工康嘉（沈阳）互感器有限责任公司、桂林电力电容器有限责任公司、日新电机（无锡）有限公司、日新（无锡）机电有限公司、西安西电电力电容器有限责任公司、西安西电电气测控科技有限公司、传奇电气（沈阳）有限公司、辽宁昊特电器有限公司、华鑫电瓷科技股份有限公司为本书提供了部分实物图片，在此致以深深的谢意！

此外，感谢沈阳博安电力设备有限公司、江苏八方安全设备有限公司、上海乐研电气有限公司、平顶山市普汇电气有限责任公司、湖南弘秀复合绝缘材料科技有限公司分别为本书提供了膨胀器、爆破片、气体密度控制器、支撑绝缘件、CVT 分压器绝缘件等方面的技术支持！

本书由冯宇牵头编著，其他作者排序为：杨海涛、沙玉洲、王玲、胡啸宇、杨柳、王路伽、黄伟民、熊汉武、陈争光、邱宁、张雪峰、胡润阁、刘国庆、韩长庚、莫华明、薛福明、吴晓晖、徐思恩、刘要峰、徐宏武、关庆罡、杨雪峰、周浪、万华。

笔者自 2010 年开始从事电力互感器专业工作。从对互感器一无所知的菜鸟小白成长为一名伴随和亲历我国电力互感器专业不断壮大与进步的参与者，至今已 15 年有余。15 年以来，是专业内外的领导、前辈、同行传授给我了诸多电力互感器专业知识并且给予了我巨大支持、灌溉了我的知识花园。

为此，我既感荣幸又深觉责任重大：向大家学习来的知识不应沉睡在个人的电脑之中，一定要整理、融汇后奉献给行业、奉献给国家。我将撰写《电力互感器术语使用手册》和本书视之为使命和感恩之作，值此成书之际，愿其为读者带来良好的阅读体验和收获。

由于作者的水平有限，书中难免存在错漏与不当之处，望读者去粗取精地阅读并提出宝贵的斧正意见。同时，欢迎读者关注作者的微信公众号或 bilibili 账号"趣谈电声每一天"，在与作者相适相谐的交流中，共同促进我国电力互感器专业的技术发展和长足进步。

冯宇

2025 年 3 月

"趣谈电声每一天"
公众号

目录

CONTENTS

2　油浸正立式电流互感器

3 独立式 SF₆ 气体绝缘电流互感器 ▷ 094

4 电容式电压互感器 ▸ 152

5　GIS 型 SF$_6$ 气体绝缘电磁式电压互感器 —— 193

6 0.5~40.5kV 中低压互感器 ⟶ **213**

附录 A

附录 B

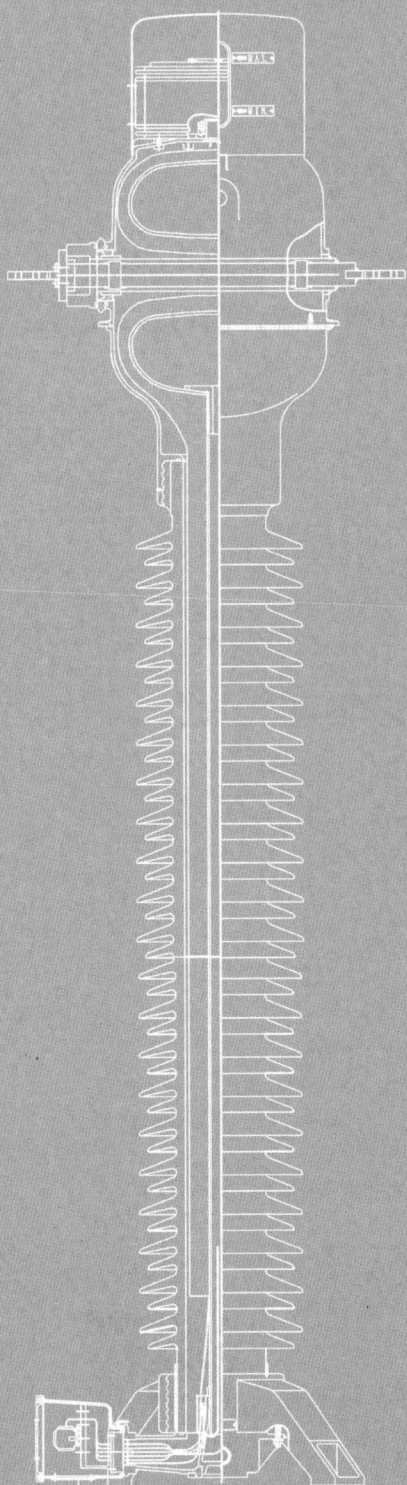

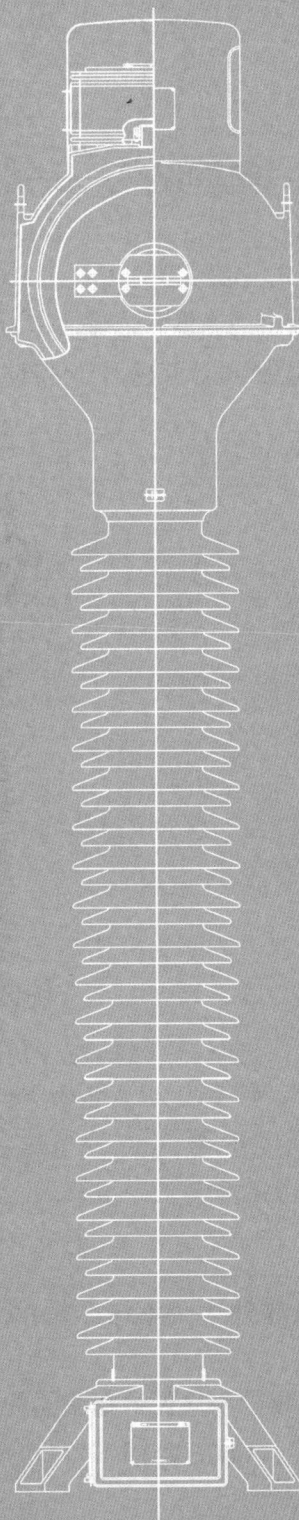

1

1.1 典型结构——部件部分

油浸倒立式电流互感器（oil-immersed inverted current transformer，简称倒立油 CT）是指由绝缘纸和绝缘油作为绝缘，二次绕组置于产品顶部的电流互感器。油浸倒立式电流互感器部件部分示意图如图 1-1 所示。

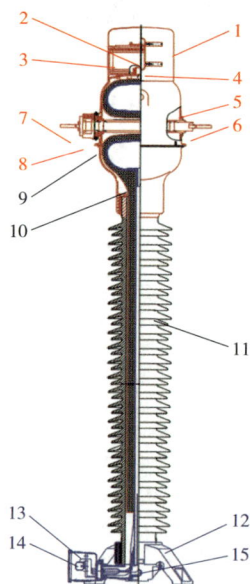

图 1-1　油浸倒立式电流互感器部件部分示意图

1—膨胀器外罩；2—排气塞；3—膨胀器；4—油位观察窗；5—储油柜；6——次导体；7——次端子；
8——次换接板；9——次端绝缘件；10—器身；11—外绝缘套；12—底座；13—二次接线盒；
14—二次端子；15—放油阀

注：红色代表设备正常运行时处于高电位的部件，蓝色代表设备正常运行时处于地电位的部件，黑色表示绝缘。

1.1.1 膨胀器外罩 expander cover

膨胀器外罩是用来保护膨胀器的壳体，其侧壁上设有油位观察窗，当互感器正常运行时，膨胀器外罩对地电压为运行电压。

高透光型
膨胀器外罩

膨胀器外罩实物图如图 1-2 所示，其材质通常为不锈钢、铝合金，从结构上可划分为一体式和分体式两种，如图 1-2（a）~（d）所示。

（a）

（b）

（c）

（d）

（e）

图 1-2　膨胀器外罩实物图

（a）不锈钢分体式（宽油位观察窗）；（b）不锈钢分体式（窄油位观察窗）；（c）铝合金一体式
（宽油位观察窗）；（d）铝合金一体式（窄油位观察窗）；（e）罩体下部的"豁口型"螺栓孔

当油浸式电流互感器（简称油 CT）出现异常（如主绝缘击穿故障或其内部大量产气）时，其内部压力激增，往往会出现膨胀器拉伸现象，如图 1-3 所示。为应对这种突发情况，膨胀器外罩应从结构上采取措施［如选用分体式膨胀器外罩，将罩体下部的螺栓孔改为"豁口型"，如图 1–2（e）所示］，以免阻碍膨胀器的拉伸过程，从而有利于油 CT 内部异常压力的"定向"释放。

图 1–3　油 CT 内部大量产气导致的膨胀器异常拉伸

1.1.2　排气塞 vent plug

排气塞通常位于膨胀器的顶部，是互感器补油后进行排气的阀塞，由阀体和塞子组成，实物图如图 1–4 所示。当需要对互感器进行制造厂内或运行现场的补油操作时，可先将塞子拆掉，然后在阀体上安装注油工装后再进行补油。当互感器正常运行时，排气塞对地电压为运行电压。

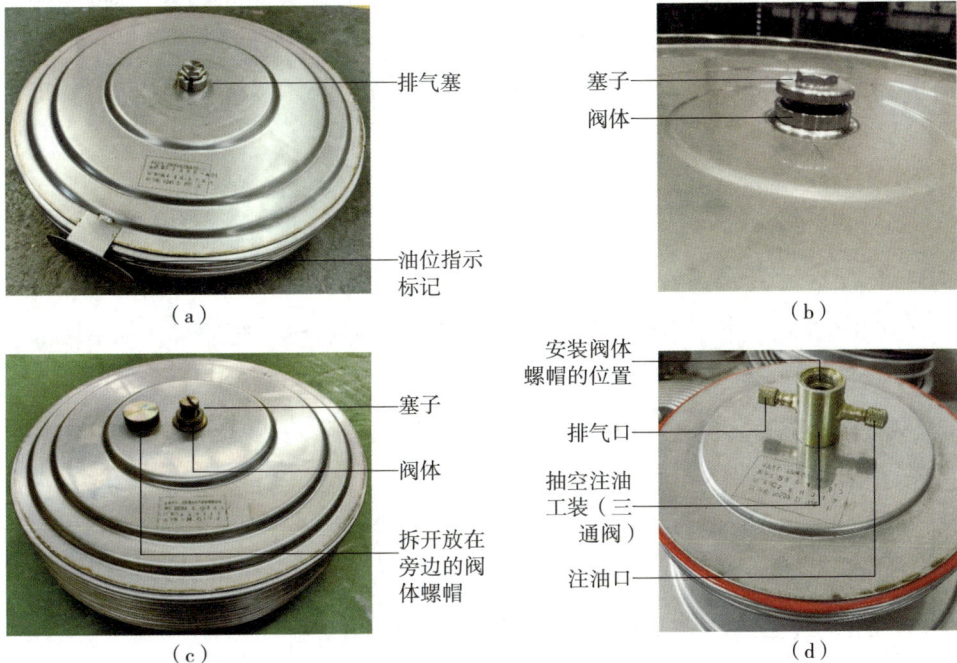

图中标注：
- 排气塞
- 油位指示标记
- （a）
- 塞子
- 阀体
- （b）
- 塞子
- 阀体
- 拆开放在旁边的阀体螺帽
- （c）
- 安装阀体螺帽的位置
- 排气口
- 抽空注油工装（三通阀）
- 注油口
- （d）

图 1-4 排气塞实物图

（a）塞子安装在阀体上的排气塞；（b）塞子和阀体；（c）拆掉阀体螺帽后的排气塞；
（d）排气塞上安装了抽空注油工装

1.1.3 膨胀器（油浸倒立式电流互感器的）expander（of oil-immersed inverted current transformer）

膨胀器水压试验

　　膨胀器是一种容积可变的容器，在密封的油浸式产品中，其容积随绝缘油胀缩而变化，以保持产品内部压力实际上不变。在现阶段的互感器产品中，都使用金属膨胀器（metal expander），共有四类：叠形波纹式膨胀器、波纹式膨胀器、盒式膨胀器、串组式膨胀器。

　　按照膨胀单元与绝缘油（变压器油或电容器油）的接触方式，金属膨胀器又可分为内油型膨胀器（膨胀单元内部与绝缘油接触，外部与大气接触）和外油型膨胀器（膨胀单元内部与大气接触，外部与绝缘油接触）两类，前者膨胀单元作为油囊使用，后者膨胀单元作为气囊使用。

JB/T 7068—2015《互感器用金属膨胀器》将叠形波纹式膨胀器（disk-type expander）定义为"由无环形焊缝的叠形波纹管制成的膨胀器。叠形波纹管的纵断面呈相邻波的波顶弧相切状。叠形波纹（管）是膨胀器的容积可变的膨胀单元"。

（1）在叠形波纹式膨胀器的波纹上可见一道竖直焊缝，如图 1-5（a）所示。

（2）在倒立油 CT 上，叠形波纹式膨胀器用作内油型膨胀器，如图 1-5（b）所示。

JB/T 7068—2015《互感器用金属膨胀器》将波纹式膨胀器（corrugated-type expander）定义为"由一个或多个膨胀节在外径上做环形焊接组成的膨胀器。膨胀节由两张波纹片在内径上做环形焊接而成，其纵断面呈波纹状。膨胀节是膨胀器的容积可变的膨胀单元"。

（1）波纹式膨胀器具有结构紧凑、压力传递灵敏等优点，但因其强度完全靠自身弹性膜片支撑，当腔内充油后，很容易发生摇摆与振动，在互感器运输和运行过程中，常发生变形，甚至造成破裂。

（2）波纹式膨胀器在电流互感器上已经很少使用。

JB/T 7068—2002《互感器用金属膨胀器》将盒式膨胀器定义为"由一个或多个膨胀盒用金属管连通组装而成的膨胀器。膨胀盒由两张圆盘形波纹片做环形焊接而成，其纵断面呈盒状。膨胀盒是膨胀器的容积可变的膨胀单元"。盒式膨胀器的膨胀盒如图 1-5（c）所示。

（1）盒式膨胀器虽然解决了波纹式膨胀器存在的强度不足问题，但每个单盒各自独立，压力传递不灵敏，不利于快速缓冲与减压，安全与可靠性不够理想。

（2）在电流互感器上，盒式膨胀器可用作内油型膨胀器或外油型膨胀器。前者如图 1-5（d）所示，膨胀盒内充油并通过联管与互感器内的绝缘油相通，盒外是大气，在工作中油膨胀时盒容积相应增大，油收缩时盒容积相应减小。后者在卧倒运输互感器上使用比较方便，是将膨胀器主体装在充满油的外壳中，在工作中油膨胀时盒容积相应减小，油收缩时盒容积相应增大。后者与大气的接触方式有两种：一是盒的内腔通过联管与大气相通；二是盒内充气后完全密封、与外界没有气体交换，如图 2-2（c）所示。

JB/T 7068—2002《互感器用金属膨胀器》将串组式膨胀器定义为"由一

个或多个膨胀盒用金属波纹管在中心孔处串连组装而成的膨胀器。膨胀盒由两片有中心孔的圆盘形波纹片在外径上做环形焊接而成。有中心孔的膨胀盒是串组式膨胀器的容积可变的膨胀单元"。

（1）与盒式膨胀器相比，串组式膨胀器压力传递灵敏，减压缓冲效果好。又具有两端限位，解决了卧倒运输的难题，降低了振动、颠簸和倒置的影响。

（2）在电流互感器上，串组式膨胀器用作内油型膨胀器，如图 1-5（e）所示。

对于新投运设备而言，油 CT 大多选用叠形波纹式膨胀器、也可选用串组式膨胀器。当油 CT 正常运行时，膨胀器对地电压为运行电压。

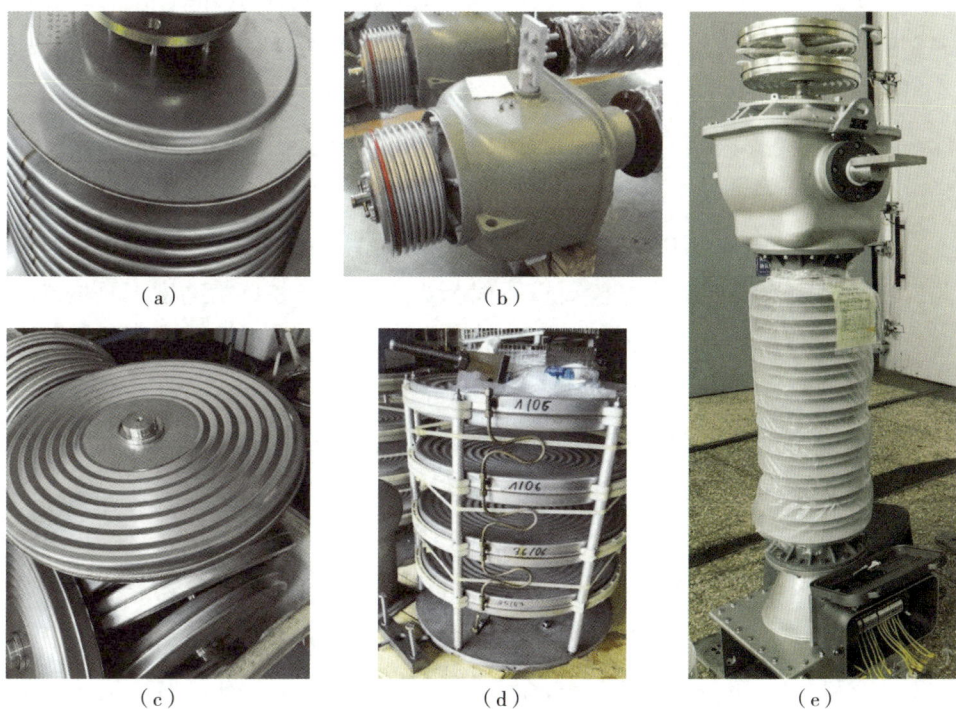

（a）　　　　　　　　　　　（b）

（c）　　　　　　　　（d）　　　　　　　　（e）

图 1-5　倒立油 CT 膨胀器实物图

（a）叠形波纹式膨胀器；（b）倒立油 CT 用叠形波纹式膨胀器（生产过程中）；（c）盒式膨胀器的膨胀盒；
（d）倒立油 CT 用（内油型）盒式膨胀器；（e）倒立油 CT 用串组式膨胀器（生产过程中）

一般膨胀器的膨胀节或膨胀盒的有效容积按一定规格生产，因此选用时仅计算膨胀器的节数或盒数，计算公式为（所得为非整数时，应该向上取整并留有一定裕量）：

$$n = \frac{G\alpha\Delta T_{\mathrm{m}}}{dV}$$

（1–1）

式中　G ——互感器内总油量，kg；

　　　d ——油的密度，0.9kg/L；

　　　α ——油的体积膨胀系数，$7\times10^{-4}/℃$；

　　　ΔT_{m}——最大油温变化范围，K；

　　　V ——膨胀节或膨胀盒的有效容积，L。

近年来，在若干起油浸式电流互感器的缺陷或主绝缘击穿故障的分析处理过程中，负压问题作为可能成因被提出并讨论。针对这一问题，以内油型膨胀器为分析对象，提出如下商榷意见供读者参考：

（1）JB/T 7068—2015《互感器用金属膨胀器》将 V–p 曲线（V–p curve）定义为"膨胀单元的容积 V 与压力 p 之间的关系曲线。在 V–p 曲线上应标出上极限工作点、下极限工作点和上有效工作点、下有效工作点"。因此可用 V–p 曲线将油浸式电流互感器正常运行情况下的金属膨胀器内部压力情况描述清楚。

（2）JB/T 7068—2015《互感器用金属膨胀器》的 6.3 和 7.2.2 对金属膨胀器提出的密封性能要求和试验要求可概括为：膨胀器在自由高度下，两端限位充气加压至 0.05MPa，放入水中 5min，应无气泡溢出；膨胀器在内部剩余压力不大于 5Pa 的真空状态下，不应渗漏。

（3）国内 500kV 倒立油 CT 的典型参数（适当放大，以适应绝大多数情况）为：油量 550kg、约 610L，运行环境温度范围为 –45~+45℃，油平均温升为 30K。参考式（1–1）的计算思路，极限情况下的油体积变化量为 610×（45+45+30）×0.0007=51.24L。据此选用的叠形波纹式膨胀器结构及其 V–p 曲线如图 1–6 所示，从中可知：此膨胀器的极限补偿量为 55.6L（其中正行程补偿量为 27.8L）、共 18 个波纹，每个波纹正负行程补偿量约为 3L、其中正行程补偿量为 1.5L；最低温度下负压值（工作点 E）为 –0.012MPa，其数值与密封性能要求值相差较大。此外，膨胀器内部的压力是随着油温变化而变化的，负压值也不一定会长时间恒定而直至膨胀器密封损坏。

（4）仍以图 1–6 所示膨胀器为例，若要彻底消除负压、即膨胀器只能走正行程，则需求补偿量 51.24L 减去原本的正行程补偿量 27.8L，还需要增加 23.44L 的补偿量，相应地预计增加 16 个波纹，即膨胀器总共需要 18+16=34 个波纹。

（a）

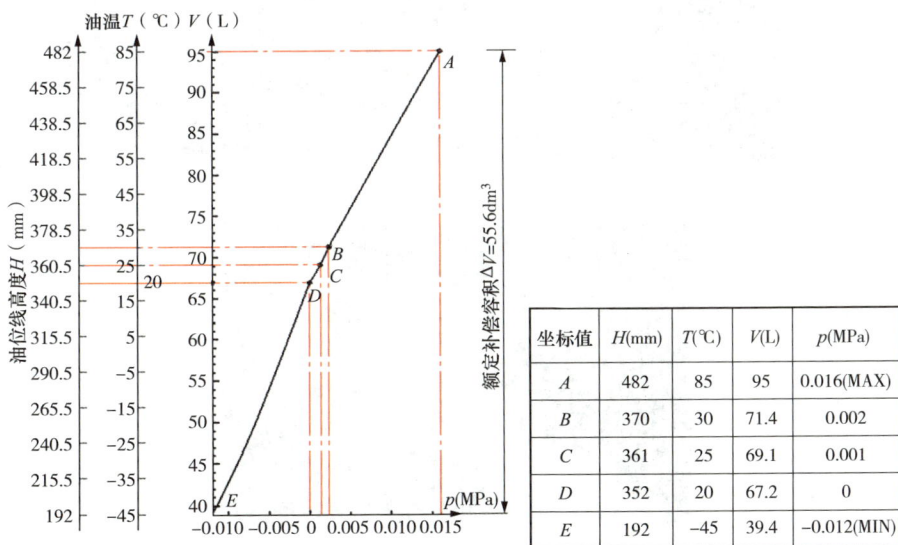

坐标值	H(mm)	T(℃)	V(L)	p(MPa)
A	482	85	95	0.016(MAX)
B	370	30	71.4	0.002
C	361	25	69.1	0.001
D	352	20	67.2	0
E	192	-45	39.4	-0.012(MIN)

（b）

图 1-6　500kV 倒立油 CT 的典型膨胀器结构及其 V-p 曲线

（a）叠形波纹式膨胀器典型结构；（b）V-p 曲线及其工作点数值

（5）通过调研国内主流金属膨胀器供应商得知：由于受到钢板原材料尺寸（通用钢板 1.2×2.44m）制约以及焊机尺寸（焊机长 1.5m，有效焊接长度1.2m）的影响，叠形波纹式膨胀器可实现的最大波纹数为 19~20 个，仅可满足 220kV 及以下电压等级油 CT 的"膨胀器仅走正行程"的需求。对于 500kV 油 CT，若将两个叠形波纹式膨胀器在轴向上焊接在一起，膨胀器高度会增加约一倍，其运输便捷性和运行稳定性会大大降低。

（6）更应该引起注意的是密封问题。在大多数情况下，油 CT 内部是处于微正压状态的，如果密封被破坏，首先应出现的是渗漏油现象，直至微正压状态消失，潮气和水分才会进入；即使油 CT 内部处于负压状态，在密封完好的情况下，潮气和水分也无法进入。

倒立油 CT 发生主绝缘击穿故障后，因其内部压力激增可能导致膨胀器异常拉伸，如图 1-7 所示。

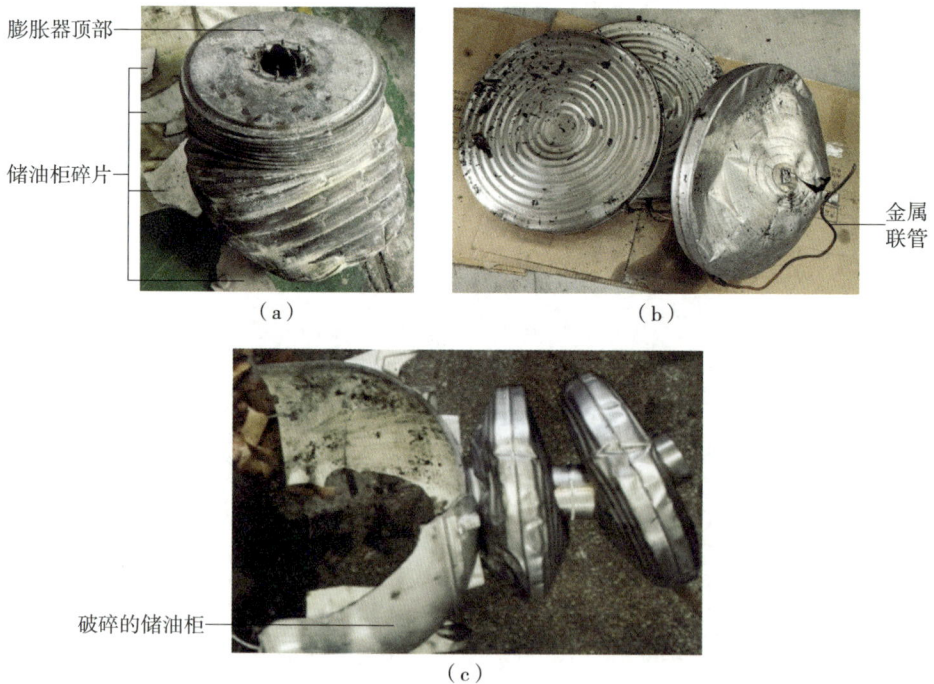

（a）

膨胀器顶部

储油柜碎片

（b）

金属联管

（c）

破碎的储油柜

图 1-7　倒立油 CT 由于主绝缘击穿故障导致的膨胀器异常拉伸
（a）叠形波纹式膨胀器；（b）（内油型）盒式膨胀器；（c）串组式膨胀器

1.1.4　油位观察窗 oil level sight window

油位观察窗是指用以显示油位变化的透明窗口，其上以"MAX"和"MIN"

刻度标识出油位的限值。油位观察窗的朝向应面向巡视路径，以便于运维人员观察油位。

需要说明的是，在正常运行条件（即符合产品订货技术要求）下，自身绝缘状态正常的油 CT 的油位（如 MAX 线、MIN 线、20℃的标准油位线，以及 MAX 线与 MIN 线之间画出的其他油位线等）反映的是设备内部的油温。最低油温就是互感器处于停置状态时的最低环境温度。最高油温则是最高环境温度与互感器中油的平均温升之和。因此应将环境温度与负荷电流信息结合起来判断油温及油位信息。

近年来，采用宽油位观察窗的膨胀器外罩的应用数量逐步增多，为运维人员准确掌握油位状态创造了良好条件。油位观察窗应选用具有耐老化、透明度高的材料进行制造，在确保机械强度、使用寿命和良好密封的条件下可尽量增加其宽度。现举两个窄油位观察窗的"假油位"案例来说明宽油位观察窗的优势。

1. 案例 1

某 220kV 倒立油 CT 在运行中出现喷油。停电后对该设备进行了解体，发现其使用的串组式膨胀器已经拉伸变形。分析可知：油位指针可能随膨胀器变形"性状"的不同而呈现出不同的"假油位"，如图 1-8 所示。如果采用宽油位观察窗，则除了油位指针外，还能看到部分已经变形的膨胀盒，有助于判断设备状态。

（a） （b）

图 1-8 某 220kV 倒立油 CT 的油位指针显示的"假油位"
（a）指针指示油位偏低；（b）指针指示油位偏高

2. 案例 2

某 220kV 倒立油 CT 在运行中出现油位异常，如图 1-9 所示，初步怀疑是叠形波纹式膨胀器出现了异常拉伸，油位超过了 MAX 刻度标识线，如图 1-9（a）所示。停电拆除膨胀器外罩后才发现是串组式膨胀器的膨胀盒出现了倾斜，如图 1-9（b）所示，之前是误将膨胀盒端面上的波纹识别为叠形波纹式膨胀器在轴向上的波纹。如果采用宽油位观察窗，则很有可能看到大部分的膨胀盒，从而准确判断设备状态。

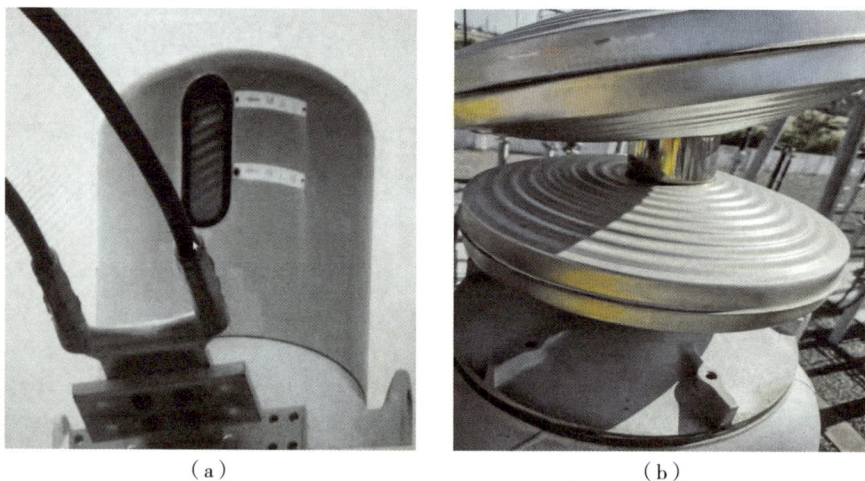

（a）　　　　　　　　　　　　（b）

图 1-9　某 220kV 倒立油 CT 的油位异常

（a）误判油位超限和膨胀器类型；（b）现场"掰正"后膨胀盒仍呈倾斜状态

1.1.5　储油柜（油浸倒立式电流互感器的）
oil conservator（of oil-immersed inverted current transformer）

复合外绝缘套与储油柜的连接方式

油浸倒立式电流互感器的储油柜是指用于安放器身的环部，在其上固定有一次导体、一次端子和一次换接板的柜体，并且在其内部盛放绝缘油。当倒立油 CT 正常运行时，储油柜对地电压为运行电压。倒立油 CT 的储油柜实物图如图 1-10 所示，储油柜由上半部分和下半部分组成（可分别称为上储油柜和下储油柜），两部分之间形成密封（焊接或密封条＋螺栓）

结构，下储油柜的底部与瓷套之间可采用水泥浇装结构（多加装防水密封胶）或螺栓把装结构。

（a）

（b）

（c）

（d）

（e）

图 1-10 倒立油 CT 的储油柜实物图

（a）CA-500 型；（b）LVB-500 型 1；（c）LVB-500 型 2；（d）AGU-500 型；（e）LVB-110 型

储油柜的质量控制指标包括外观（如光洁度、密封面的粗糙度、无砂眼、无气孔、无磕碰、无划伤等）、涂漆厚度、油漆质量、油漆附着力、几何尺寸、材料成分（如铝、硅、铁、铜、锰、镁、钛、锌等元素的含量大小）、材料硬度（如 ZL101A-T6 材料需大于 80HB，ZL104-T6 材料需大于 70HB）、力学性能（如试棒的抗拉强度和伸长率）、试漏压力（如内部充以 0.4MPa 的空气并完全浸入水中 5min，应无气泡产生）等。

倒立油 CT 的储油柜制造工艺有铝铸造成型和拉伸铝成型两种。后者外观如图 1-11 所示，由于模具制作费用高，对生产设备的要求也高，在国内很少采用。前者从铸造工艺上划分主要有重力铸造和低压铸造两种。

储油柜厚度测量

图 1-11 （拟开展内部电弧故障试验的）采用拉伸铝成型储油柜的
CA-245-R 倒立油 CT 实物外观

重力铸造也称浇注，是指金属液在地球重力作用下注入铸型的工艺，模具可采用金属模具、木制模具或砂模。重力铸造的特点有：

（1）由于依靠液体自重成型，因此产品致密性较低压铸造低、强度也稍差，但其延伸率较高。

（2）产品表面光洁度不高，在冷却收缩后表面容易形成类似抛丸的凹坑。

（3）充型慢，生产效率低。

（4）模具寿命较低压铸造要长，因此模具成本低。

（5）对于 500kV 倒立油 CT 用储油柜这种大尺寸产品而言，可通过设置多个浇注口来保证浇注质量。

低压铸造的过程是使用干燥、洁净的压缩空气将保温炉中的铝液自下而上通过升液管和浇注系统平稳地上压到铸造机模具型腔后保持一定压力，直到铸件凝固后再释放压力。这种方式只能采用金属模具，其特点有：

（1）液体金属充型比较平稳。

（2）铸件成形性好，有利于形成轮廓清晰、表面光洁的毛培。

（3）铸件组织致密，机械性能高。

（4）提高了原材料的工艺收得率。

（5）采用机械化和自动化操作，生产效率高。

（6）对于 500kV 倒立油 CT 用储油柜这种大尺寸产品而言，需要较大压铸机、且模具较大，造价昂贵且较难保证上部位置的致密度要求。

倒立油 CT 的储油柜在运行中出现的问题主要是渗漏油。某年四季度，巡视发现华东某变电站内一台 500kV 倒立油 CT 渗油（油位尚在正常范围内，但较另外两相略低），储油柜、外瓷套、支柱及地面有明显油迹，如图 1-12（a）所示。停电后和返厂后进行的电气试验（绝缘电阻、高电压介质损耗、

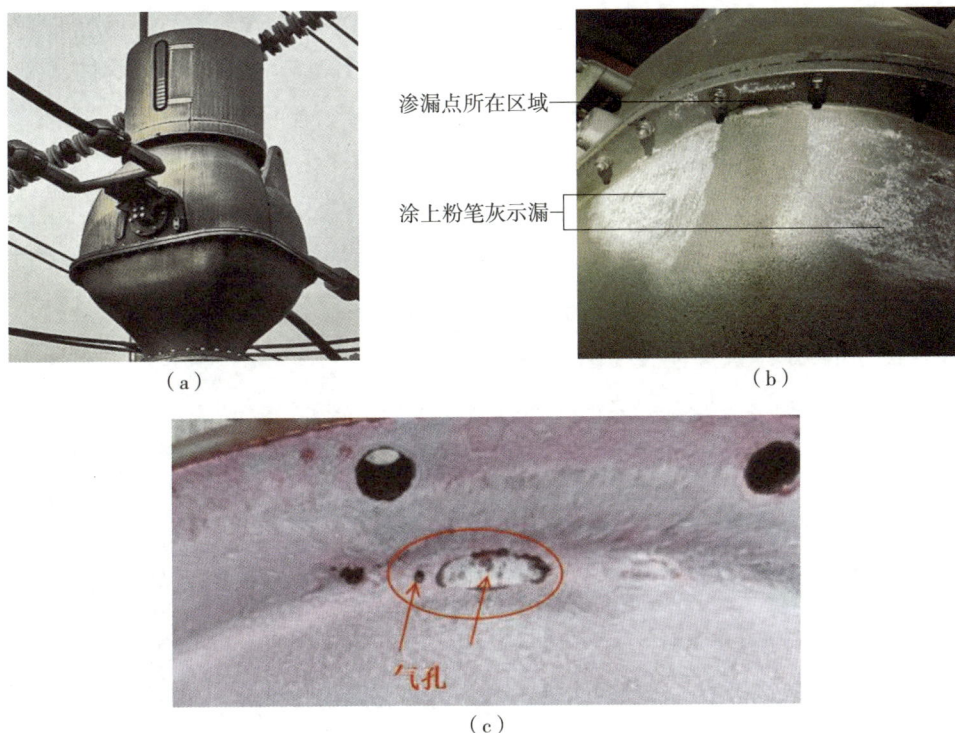

（a）

渗漏点所在区域

涂上粉笔灰示漏

（b）

气孔

（c）

图 1-12 倒立油 CT 的储油柜渗漏实例

（a）储油柜上的油迹；（b）经密封试验发现的渗漏点；（c）采用 DPT-5 系列渗透剂的检测结果

局部放电、绝缘油）未见异常。进行密封试验后确认渗漏点，如图 1–12（b）所示。进一步地，采用 DPT–5 系列渗透剂对下储油柜开展检测，发现渗漏点附近存在圆形气孔缺陷，如图 1–12（c）所示。综合分析上述现象可知：该台倒立油 CT 的下储油柜在渗油部位存在重力铸造缺陷（气孔）、运行初期未显现，加之储油柜外表面涂有的油漆有一定密封作用，因此在运行中未出现渗油。但随着运行时间的增长，储油柜经历了多年的冷热和压力的交替变化，铸造缺陷逐渐显现，最终导致渗油。

除了铸造缺陷外，焊接不良和密封件的使用不当也会引起渗漏油。如上、下储油柜之间的密封条被不当挤压，在运行多年后密封破坏进而出现渗漏；又如储油柜的 P1 侧密封配合出现过大的尺寸偏差、在运行后由于引流线的拉力作用导致密封破坏而渗漏。

1.1.6 一次导体（油浸倒立式电流互感器的） primary conductor（of oil–immersed inverted current transformer）

一次导体是电流互感器的一次绕组，倒立油 CT 的一次导体根据一次电流的大小，可采用单匝（导电杆）、双匝（导电杆与导电管的组合）、四匝贯穿式（导电杆与导电管的组合）或多匝绕制式，型式有管状、棒状或多股铜（或铝）绞线绕制而成。当电流互感器正常运行时，一次导体对地电压为运行电压。倒立油 CT 一次导体实物图如图 1–13 所示。

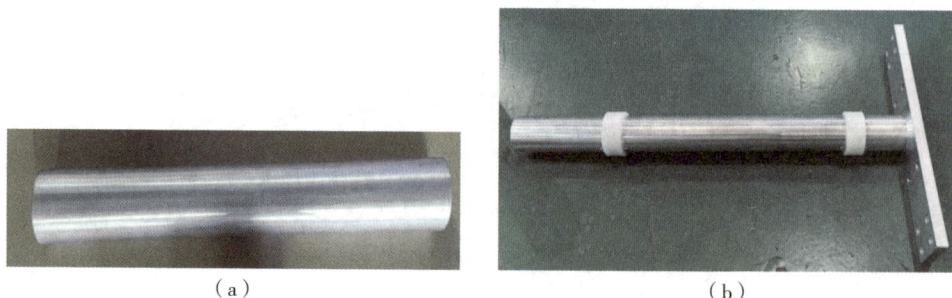

| （a） | （b） |

图 1–13　倒立油 CT 一次导体实物图（一）
（a）单匝结构的导电杆（棒状）；（b）两匝结构的导电杆（管状）

（c）   （d）

（e）   （f）

（g）

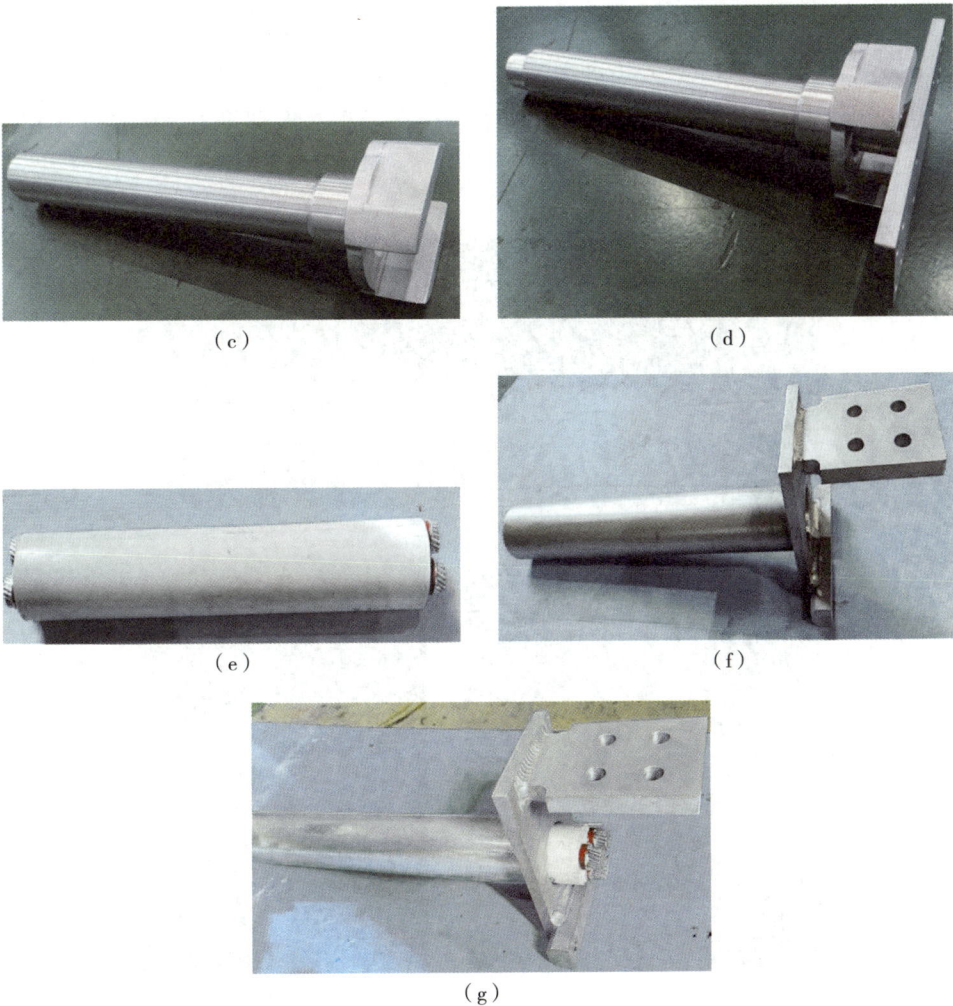

图 1-13　倒立油 CT 一次导体实物图（二）

（c）两匝结构的导电管（棒状）；（d）两匝结构 – 导电杆与导电管的组合；（e）四匝结构的导电杆
（铝绞线）；（f）四匝结构的导电管（管状）；（g）四匝结构 – 导电杆与导电管的组合

1.1.7　一次端子（电流互感器的）
primary terminals（of current transformer）

电流互感器的一次端子是指施加被变换电流的端子，标志为 P1、P2，
称为 P1 端子和 P2 端子。当互感器正常运行时，一次端子的对地电压为运行
电压。

对于独立式 CT，都有属于自身的一次绕组，一次端子从电气连接的角度可视为一次绕组的一部分（即首、尾部分，但从产品部件的角度、一次端子可能会由单独的导电部件来实现），P1、P2 标示在一次端子上，如图 1-14 所示（图中 P2 端子位于 P1 端子的对侧）。

（a）

（b）

（c）

图 1-14　独立式 CT 的一次端子

（a）SF$_6$ 绝缘 CT；（b）倒立油 CT；（c）正立油 CT

部分 110（66）kV 及以上油 CT 可从外观上识别出来一次端子，如图 1-15 所示。

（1）倒立油 CT 或者装设储油柜结构的正立油 CT 的 P1 端子与储油柜之间有一次端绝缘件（材质为瓷、树脂或者尼龙），P2 端子与储油柜直接连接。

（2）倒立油 CT 的 P1 侧有两个三角形连接板、P2 侧有一个三角形连接板和一个矩形连接板（横着连接对应一次绕组串联，竖着连接对应一次绕组并联）。

图 1-15 部分油 CT 的一次端子识别（一）

（a）倒立油 CT 的 P1 端子与绝缘件；（b）倒立油 CT 的 P2 端子；（c）倒立油 CT 的 P2 端子、
P1 端子与绝缘件；（d）正立油 CT 的 P2 端子、P1 端子与绝缘件；（e）倒立油 CT 的 P1 侧

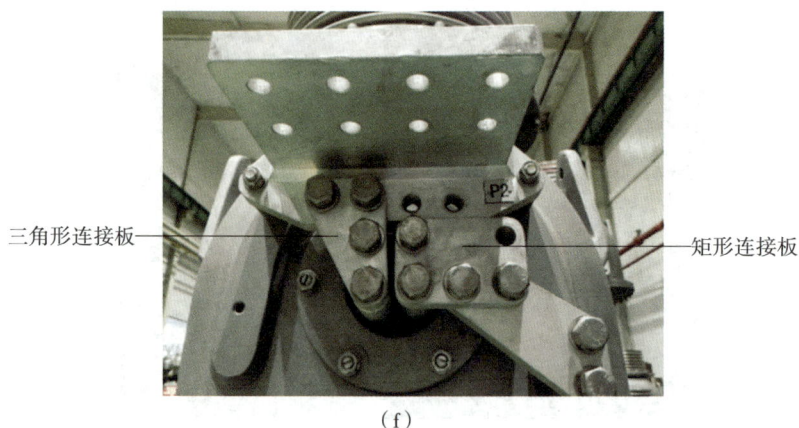

图 1-15　部分油 CT 的一次端子识别（二）

（f）倒立油 CT 的 P2 侧

1.1.8　一次换接板（油浸倒立式电流互感器的）primary replacement board（of oil-immersed inverted current transformer）

110（66）kV 及以上电流互感器的一次换接板是指用于进行一次绕组串、并联换接的导电板。当电流互感器正常运行时，一次换接板对地电压为运行电压。

采用一次换接板实现变比的改变，具体可参考设备的产品说明书、铭牌或其他标识进行操作，倒立油 CT 变比换接典型情况如图 1-15（f）、图 1-16 所示。

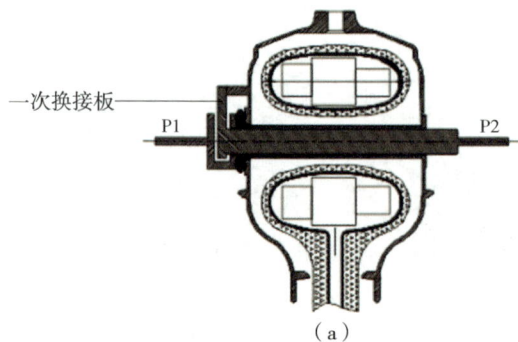

（a）

图 1-16　倒立油 CT 变比换接典型情况（一）

（a）换接原理图

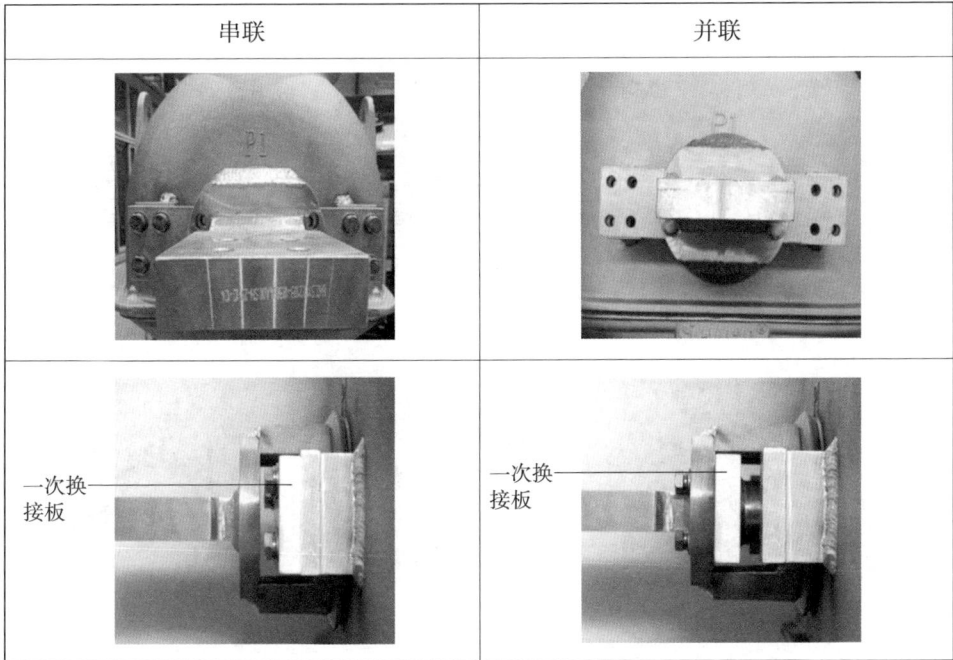

（b）

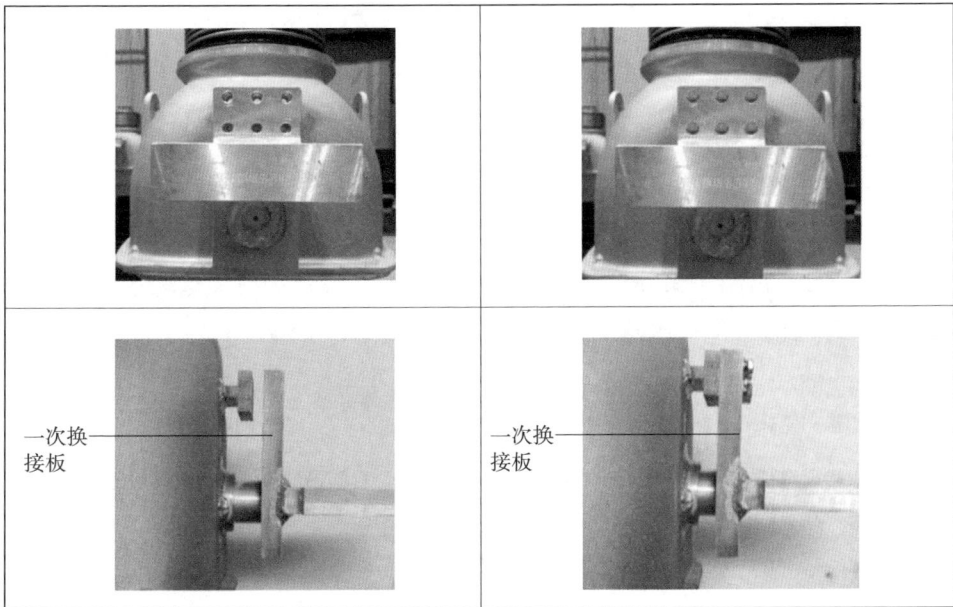

（c）

图 1-16 倒立油 CT 变比换接典型情况（二）

（b）P1 侧实物图；（c）P2 侧实物图

变比	1	2	3
P1 侧	一次换接板		
P2 侧		一次换接板	

（d）

图 1-16　倒立油 CT 变比换接典型情况（三）

（d）1、2、4 三种变比换接的实物图

图 1-15（f）中为一次绕组串联结构，如将矩形连接板竖直连接，则变为一次绕组并联结构。图 1-16（a）中为换接原理图，一次绕组串联结构，如将一次换接板左移与 P1 连接，则变为一次绕组并联结构。图 1-16（b）、（c）为图 1-16（a）的实物图。实际产品中，还存在着一次绕组穿过二次绕组铁芯的匝数为 1、2、4 的三种变比换接情况，如图 1-16（d）所示。

1.1.9　一次端绝缘件（电流互感器的）
primary insulator（of current transformer）

110（66）kV 及以上电流互感器的一次端绝缘件是指使一次端子（通常为 P1 端子）与（油 CT 的）储油柜或（SF$_6$ 绝缘 CT 的）壳体绝缘的部件。其中，油 CT 的一次端绝缘件如图 1-15（a）、（c）、（d）所示。

1.1.10 器身（油浸倒立式电流互感器的）active part（of oil-immersed inverted current transformer）

油浸倒立式电流互感器的器身是由二次绕组、二次绕组屏蔽罩、二次引线、二次引线管、高压屏引出线及主绝缘等组装而成的整体。倒立油 CT 器身实物图如图 1-17 所示，其结构及各部件详见 1.2 节。

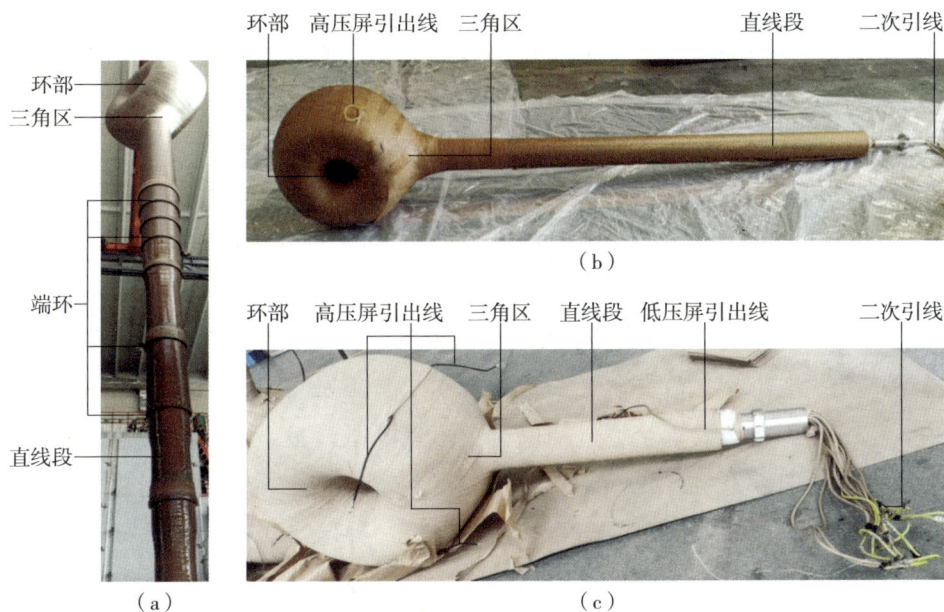

图 1-17 倒立油 CT 器身实物图

（a）某退运 500kV 倒立油 CT 器身（吊起状态）；（b）某退运 220kV 倒立油 CT 器身（平放状态）；（c）（生产过程中）包扎完毕的倒立油 CT 器身（平放状态）

1.1.11 外绝缘套（油浸倒立式电流互感器的）insulating bush（of oil-immersed inverted current transformer）

外绝缘套是指用于实现互感器外绝缘作用的部件，可选

瓷套产品实物展示

023

用高强度电瓷外套（即空心瓷绝缘子，通常还被称为空心瓷套或瓷套）或硅橡胶玻璃钢复合外套（即空心复合绝缘子，通常还被称为复合套），并具有相应的爬电距离和干弧距离。

爬电距离是指在绝缘子正常施加运行电压的导电部件之间沿其表面的最短距离或最短距离之和。

干弧距离是指绝缘子在正常带有运行电压的两个金属部件之间外部空间的最短距离。

空心瓷绝缘子和空心复合绝缘子的技术路线、生产制造、成品检验和自身质量特性完全不同。本节仅介绍空心瓷绝缘子。

空心瓷绝缘子的生产制造工艺有可塑性成型法（即湿法）和等静压成型法（即干法）两种，成品需具备以下 3 个基本性能：

（1）足够高的电气绝缘强度。空心瓷绝缘子工作在空气中，与空气并联实现绝缘，两者之间存在着明显的交界面。当空心瓷绝缘子的极间（如两个金属附件之间或导体与法兰之间）电压超过一定值时，交界面上就可能发生放电或贯穿性的空气击穿，即闪络现象。所以空心瓷绝缘子应耐受一定水平的电压而不发生闪络。此外，如果空心瓷绝缘子在运行中产生电晕，则会引起能量损失并造成无线电干扰，故要求在一定电压水平下不发生有害电晕。在生产过程中，空心瓷绝缘子要逐个通过瓷壁工频耐受电压试验，以剔除废品。

（2）长期承受一定水平的外部机械负荷。空心瓷绝缘子在运行中要承受各种形式的外力作用，其机械强度等级是按规定的机械破坏负荷（主要形式为弯曲负荷和内压力负荷，极特殊情况下会有拉伸负荷或压缩负荷）值来确定的。

（3）经受住不利的环境和变化的大气条件等。空心瓷绝缘子是典型的脆性材料，在烈日下处于运行状态时其表面温度比周围环境温度高 20~30℃。如遇突降暴雨，则其表面骤冷而产生热内应力，可能导致空心瓷绝缘子的损坏。此外，胶装空心瓷绝缘子的胶装部位的三种材料的热膨胀系数存在较大的差别：电瓷的热膨胀系数约为（45~70）$\times 10^{-7}$/℃，水泥约为 100×10^{-7}/℃，金属附件约为 115×10^{-7}/℃。当温度变化时也可能由于膨胀系数的差别所引起的内应力而造成空心瓷绝缘子破坏。

温度循环试验用来衡量空心瓷绝缘子的冷热性能：先将表面温度与环境温度接近的空心瓷绝缘子放入热水池，经过规定的时间后取出，30s 内放入冷水（冷、热水温度差应符合规定）完全浸泡，取出再放入热水中浸泡同等时间，如此循环，不同类别的产品有不同的循环次数要求，达到循环次数后产品不破裂，即满足冷热性能要求。

为满足对电气性能、机械能性和冷热性能的综合要求，有特殊要求的空心瓷绝缘子还需要通过机电热联合试验。

按照 GB/T 23752—2009《额定电压高于 1000V 的电器设备用承压和非承压空心瓷和玻璃绝缘子》的规定，空心瓷绝缘子产品的质量检验项目如表 1-1 所示。

表 1-1　　　　　　　　　　空心瓷绝缘子产品的质量检验项目

项目	型式试验	抽样试验	逐个试验
尺寸和研磨面粗糙度检查	—	√	—
机械破坏负荷试验	√①	√①	—
温度循环试验	√	√	—
孔隙性试验	—	—	—
镀锌层试验	—	√②	—
外观检查	—	—	√
逐个电气试验	—	—	√
逐个机械试验	—	—	√
其他机械试验	—	—	√③
超声波探伤检查	—	—	√④

注　"√"表示 GB/T 23752—2009 标准要求。
①本试验用来验证空心绝缘子或空心绝缘件相关图样规定的机械性能，应在温度循环试验后进行。
②仅适用于装配有热镀锌金属附件的空心绝缘子。
③当图样规定时适用。
④仅适用于瓷壁厚度大于 30mm 的空心瓷绝缘子。

倒立油 CT 所用的瓷套通常由一支空心瓷件与两端的金属（通常为球墨铸铁或铸造铝合金材料）附件（下储油柜或法兰，以及底座或法兰）组成，如图 1-10、图 1-11 及图 1-15（a）~（c）所示。瓷件与金属附件之间应用水泥胶合剂材料胶装连接，并且瓷件和金属附件在与水泥胶合剂接触表面需涂刷一层 10 号建筑沥青作为缓冲层，如图 1-18 所示。其中，下储油柜及底座内

（a）

（b）

（c）

（d）

（e）

（f）

（g）

（h）

图 1–18　倒立油 CT 的瓷套组成

（a）瓷件整体外观；

（b）瓷件局部（端部涂刷了沥青）；

（c）下储油柜 P2 侧外观；

（d）下储油柜内部；

（e）下储油柜与瓷件的胶装连接位置；

（f）底座内部；

（g）底座与瓷件的胶装连接位置；

（h）下储油柜、瓷件与底座组合后的整体

部采用沟槽结构是为了增加与水泥胶合剂的接触面积和附着力。

　　高强度电瓷外套性能参数主要包括机械强度（主要是弯曲强度）、安装尺寸、爬电距离和干弧距离及其比值（称为爬电因数）。

1.1.12 底座（油浸倒立式电流互感器的）base（of oil-immersed inverted current transformer）

　　底座是指用于固定和安装电流互感器器身的基础，其上有接地座（排）、吊攀、铭牌、二次接线盒及放油阀（适用于油绝缘设备）或充放气阀（适用于气体绝缘设备）等。底座通常采用铝合金材质铸造或钢板焊接而成。当电流互感器正常运行时，底座处于地电位。倒立油 CT 底座实物图如图 1-19 所示。

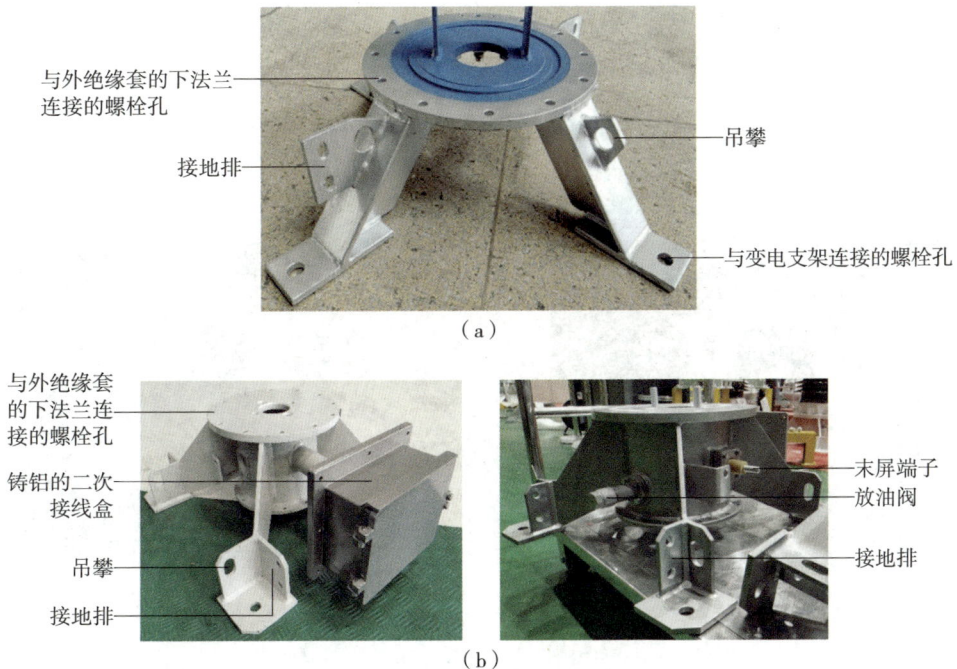

（a）

（b）

图 1-19　倒立油 CT 底座实物图（一）

（a）结构 1；（b）结构 2

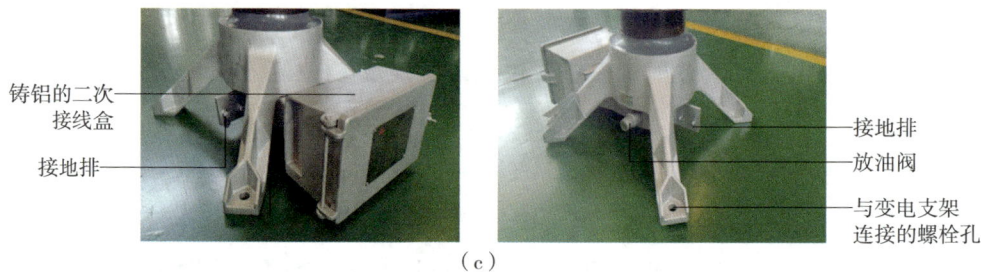

（c）

图 1-19　倒立油 CT 底座实物图（二）

（c）结构 3

1.1.13　二次接线盒 secondary junction box

　　二次接线盒是用于布置二次端子的盒体，实物图如图 1-19（b）、（c）及图 1-20 所示。为防止进水受潮，二次接线盒需良好密封，必要时可配防雨措施。当电流互感器正常运行时，二次接线盒处于地电位。某年四季度，在西南地区某变电站巡视发现一运行 15 年左右的 35kV 倒立油 CT 出现异常后，打开二次接线盒后，可见内部锈蚀严重，如图 1-21 所示。

（a）

（b）

图 1-20　二次接线盒实物图

（a）环氧树脂＋铸铝结构；（b）铸铝结构

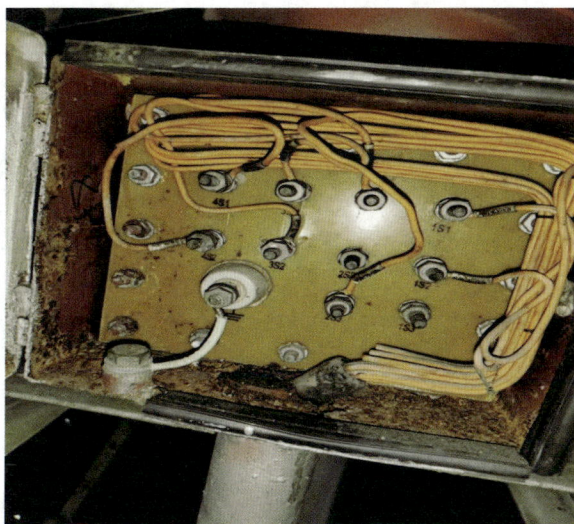

图 1-21　西南地区某运行 15 年的倒立油 CT 的二次接线盒内部

1.1.14　二次端子 secondary terminals

　　二次端子是指向测量仪器、仪表和保护或控制装置或者类似电器传送信息信号的端子，实物图如图 1-22 所示。二次端子布置在二次接线板上，并与二次绕组的引出线相连接。二次端子螺杆用铜或铜合金制成，并应具有防转动措施。

　　电流互感器二次端子的标志为 S1、S2（单电流比），或 S1、S2（中间抽头）、S3（多电流比）。如果有两个及以上二次绕组，各有其铁芯，则表示为 1S1、1S2、2S1、2S2、3S1、3S2 等。电流互感器二次绕组的出线经二次端子引出，有通过小套管引出和通过固定在绝缘板上的接线柱引出两种方式。

　　近年来，为了使用方便，许多制造商在电流互感器二次接线盒内布置了"凤凰（菲尼克斯）端子"：有的是从二次端子接线至凤凰端子，有的则是去掉二次端子而从接线板直接引线至凤凰端子，后者如图 1-23 所示。这种使用方式给制造商或用户带来的变化之一是：二次绕组的耐压试验需要通过凤凰端子来进行，因此凤凰端子的耐压水平及布置需满足二次绕组的绝缘水平要求。

（a）

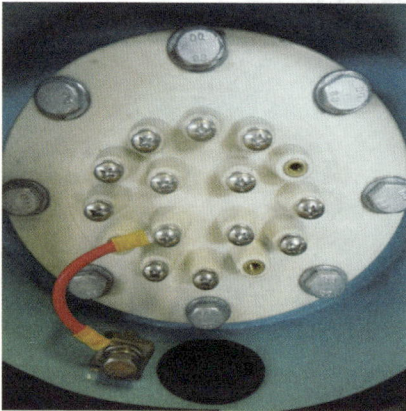

（b）

（c）

———二次端子

（d）

图 1-22　二次端子实物图

（a）倒立油 CT；（b）正立油 CT；（c）电容式电压互感器；（d）0.66kV 套管式 CT（零序 CT）

图 1-23　从接线板直接引线至凤凰端子的 CT 二次接线盒内部

1.1.15　放油阀 injection and drain valve

取油操作

放油阀是设置在油浸式互感器集油最低位置处，用于放油或者取油样的阀体，实物如图 1-19（b）、（c）及图 1-20 所示。放油阀与油浸式互感器的内部之间需确保密封良好。当电流互感器正常运行时，放油阀处于地电位。

倒立油 CT 取油步骤如图 1-24 所示，通过放油阀取油（所需工具包括专用取油工装、油样瓶、六角扳手等）的过程为：

（1）用六角扳手逆时针松开放油阀处油塞，如图 1-24（a）所示；取下后放至清洁无尘处，如图 1-24（b）所示。

（2）将专用取油工装螺纹一侧顺时针旋入取油阀中，适当拧紧即可，如图 1-24（c）所示。

（3）将导油管一端放入油样瓶中，保证取油前的油样瓶清洁、干燥，如图 1-24（d）所示。

（4）旋动取油工装端部，使取油工装顶入取油阀内部，打开放油通道，仔细观察并放出适量变压器油。

（a）

（b）

（c）

（d）

（e）

图 1-24　倒立油 CT 取油步骤
（a）步骤 1；（b）步骤 2；（c）步骤 3；（d）步骤 4；（e）步骤 5

1.2　典型结构——器身部分

油浸倒立式电流互感器器身部分示意图如图 1-25 所示。

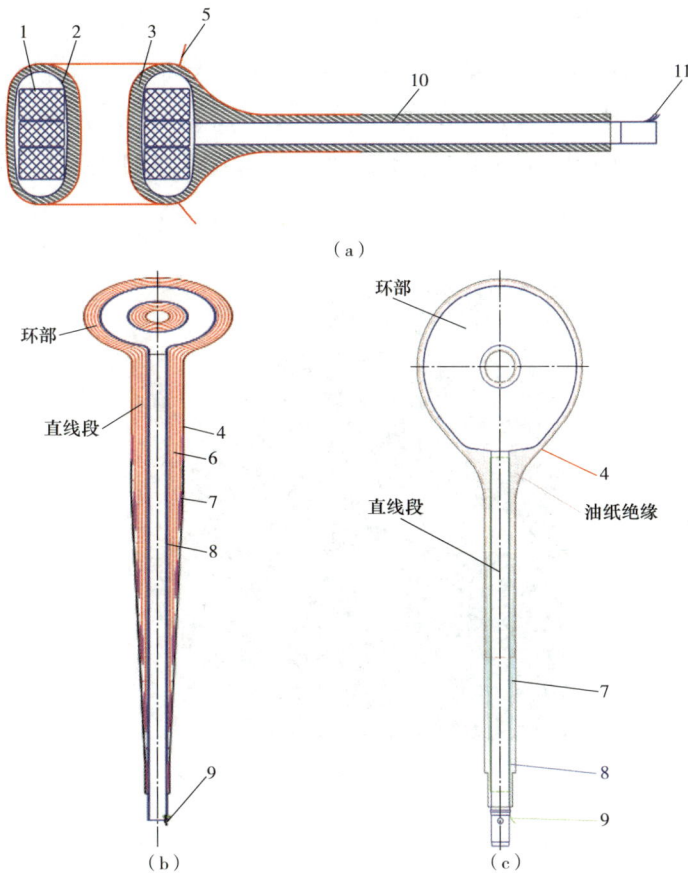

图 1-25　油浸倒立式电流互感器器身部分示意图

（a）器身剖面图；（b）主绝缘典型结构 1；（c）主绝缘典型结构 2

1—二次绕组；2—二次绕组屏蔽罩；3—主绝缘；4—高压屏；5—高压屏引出线；6—中间屏；
7—端屏；8—低压屏；9—低压屏引出线；10—二次引线管；11—二次引线

注：红色代表设备正常运行时处于高电位的部件，蓝色代表设备正常运行时处于地电位的部件。

1.2.1　二次绕组（油浸倒立式电流互感器的） secondary winding（s）（of oil-immersed inverted current transformer）

　　二次绕组是指对测量仪器、仪表、保护或控制装置的电流回路供给电流（电流互感器）或对其电压回路供给电压（电压互感器）的绕组。

电流互感器二次绕组导线多采用漆包线和双玻璃丝包圆铜线,可用单根或多根导线并联绕制。导线截面主要考虑最大二次电流和误差性能要求。为了降低导线电阻对误差性能的影响,一般都适当加大二次绕组导线截面。

某500kV退运倒立油CT二次绕组实物图如图1-26所示,二次绕组之间由木垫块及树脂固定堆叠。

图 1-26　某500kV退运倒立油 CT 二次绕组实物图

对于倒立油CT,由于二次绕组置于产品顶部,因此当二次绕组个数过多时,倒立油CT的头部尺寸增加、质量加大,对设备耐受地震的能力不利。为了满足地震要求,势必会加大瓷套直径,导致设备整体质量和体积增加。并且二次绕组个数过多、额定负荷过高时,对绝缘包扎和干燥注油处理的工艺要求也随之提高,制造难度显著增加。以500kV产品为例,如果有6个二次绕组(包括2个TPY级二次绕组,其质量和体积远超其他二次绕组),则产品质量在1600kg左右。而带有4个TPY级二次绕组的7二次绕组以上产品的质量会达到2600kg以上。不同二次绕组数及额定负荷情况下的倒立油CT头部大小实物对比如图1-27所示。对于SF_6绝缘CT也存在同样问题。由此可见,合理选择倒立式CT(包括倒立油CT和SF_6绝缘CT)的二次绕组数以及额定负荷十分重要。通常情况下,建议220kV及以上电流互感器:额定二次电流的标准值为1A时,二次回路阻抗宜不大于5Ω;额定二次电流的标准值为5A时,二次回路阻抗应不大于2Ω,同时根据实际需求适当减少二次绕组数量。

TPY 级二次绕组的铁芯 —— 测量级二次绕组的铁芯

（a）

二次绕组引出线
二次绕组
穿过一次导体的位置 —— 穿过一次导体的位置
二次绕组屏蔽罩（小）
二次绕组屏蔽罩（大）

（b）

二次绕组数多、额定负荷大
二次绕组数少、额定负荷小

（c）

图 1-27　不同二次绕组数及额定负荷情况下的倒立油 CT 头部大小实物对比
（a）TPY 级与测量级二次绕组的铁芯；（b）二次绕组屏蔽罩内部；（c）二次绕组屏蔽罩外观

1.2.2　二次绕组屏蔽罩（倒立式电流互感器的）secondary winding（s）shielding cover（of inverted-type current transformer）

二次绕组屏蔽罩是指内部装有二次绕组的环形铝合金屏蔽罩，其内环处留有缝隙，以避免形成短路匝。当倒立式电流互感器正常运行时，二次绕组屏蔽罩处于地电位。二次绕组屏蔽罩实物图如图 1-27（b）、（c）及图 1-28 所示。

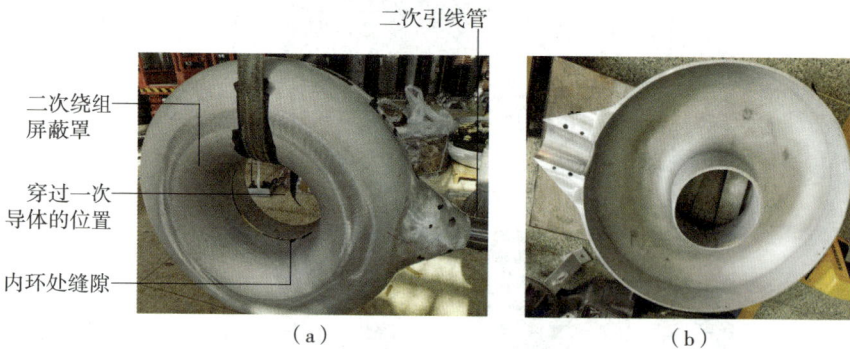

二次引线管
二次绕组屏蔽罩
穿过一次导体的位置
内环处缝隙
（a）　　　　　　　　　　　（b）

图 1-28　某 500kV 退运油 CT 二次绕组屏蔽罩实物图
（a）整体外观；（b）内部

二次绕组屏蔽罩的制造工艺有铸造成型和旋压成型两种，如图 1-29 所示。

（a）　　　　　　　　　　　　（b）

图 1-29　二次绕组屏蔽罩的铸造钢模与旋压成型实物图
（a）铸造钢模；（b）旋压的二次绕组屏蔽罩

1.2.3　主绝缘（油浸倒立式电流互感器的）
main insulation（of oil-immersed inverted current transformer）

倒立油 CT 的主绝缘是指布置在器身上的高压电极（当互感器正常运行时，其对地电压为运行电压）与低压电极（当互感器正常运行时，其处于地电位）之间的油纸复合绝缘，由包扎在二次绕组屏蔽罩和二次引线管上的电容型绝缘组成。在油浸式互感器中，使用电容型绝缘的目的主要是均匀电场分布、提高绝缘利用率。电容型绝缘一般采用同轴电容结构，即在绝缘中布置一系列的电容器。这些电容器的极板被称为电容屏，又可称为主电容屏或主屏。为了改善主电容屏端部电场的不均匀性，可以调整电容屏的尺寸（直径或长度）或者布置位置，还可以在电容屏的端部位置布置"电容极板"（如端屏或端环）。

倒立油 CT 的主绝缘包括环部和直线部分，两部分的结合部位为三角区，如图 1-17 所示。倒立油 CT 的电容型绝缘结构通常分为两种：一种是在整个主绝缘中增设主电容屏，并且在主电容屏端部加入端屏改善端部电场分布，如图 1-25（b）所示；另一种是在环部的绝缘只设高压屏和低压屏而无中间屏，而直线部分的绝缘采用全端屏均压结构，如图 1-25（c）所示。

倒立油 CT 绝缘包扎所用材料有电缆纸、皱纹纸、半导电纸、齿纸、铝箔或铝箔纸、铜箔、绝缘收缩带等，如图 1-30 所示。

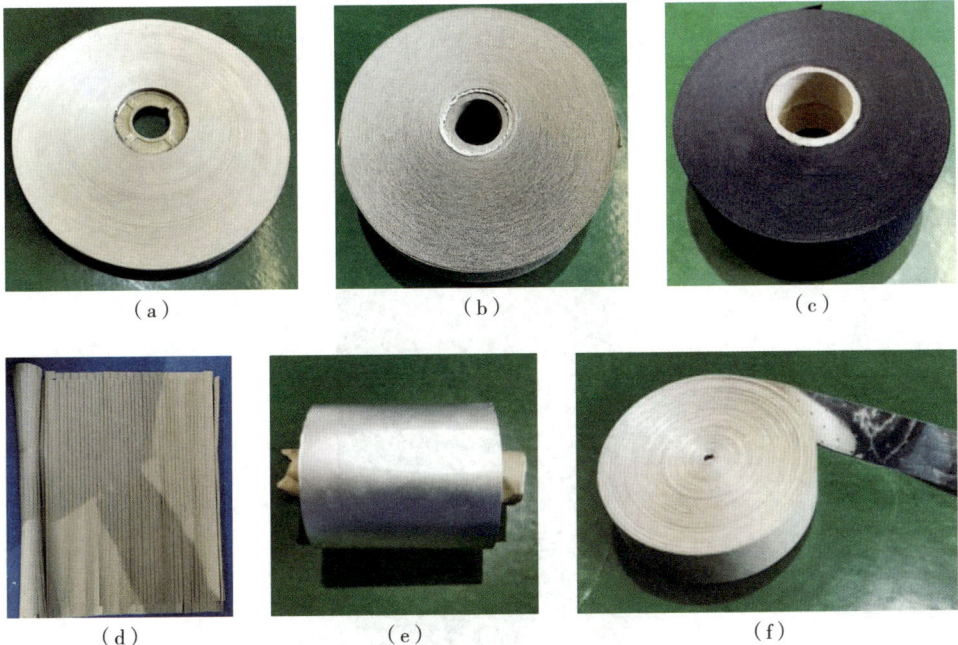

（a）

（b）

（c）

（d）

（e）

（f）

图 1-30 倒立油 CT 绝缘包扎用材料（一）
（a）电缆纸；（b）皱纹纸；（c）半导电纸；（d）齿纸；（e）铝箔；（f）铝箔纸

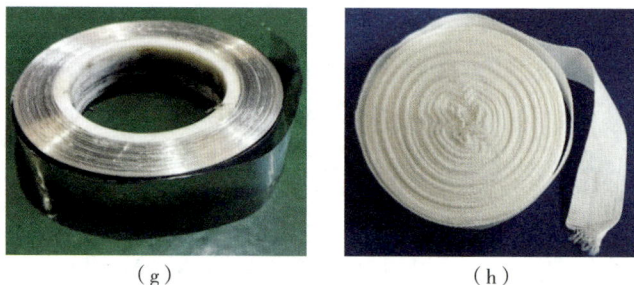

（g）　　　　　　　　　　（h）

图 1-30　倒立油 CT 绝缘包扎用材料（二）

（g）铜箔；（h）绝缘收缩带（直纹布带）

1.2.4　高压屏（油浸倒立式电流互感器的）high voltage screen（of oil-immersed inverted current transformer）

　　高压屏是指正立油 CT 中与一次导体，或倒立油 CT 中与储油柜高压做电气连接的主电容屏。倒立油 CT 的高压屏位于主绝缘的最外层，电极材料有半导电纸（或布）、铜箔、铜编织带、铝箔纸等。某 500kV 退运的倒立油 CT 的高压屏由铜编织带和半导电纸构成，如图 1-31 所示。

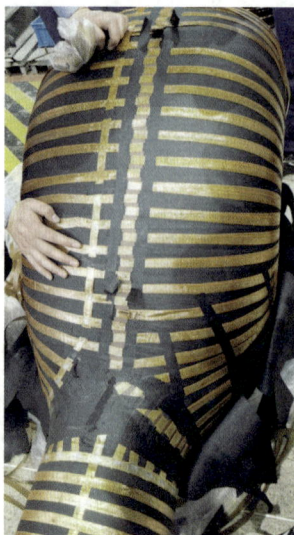

图 1-31　某 500kV 退运的倒立油 CT 高压屏实物图

1.2.5 高压屏引出线（油浸倒立式电流互感器的）
high voltage screen lead-out wire
（of oil-immersed inverted current transformer）

高压屏引出线是实现高压屏与一次高压端等电位连接的导体，其一端与高压屏连接，另一端与倒立油 CT 的储油柜内壁或正立油 CT 的一次导体 P2 侧连接。倒立油 CT 的高压屏引出线实物如图 1-17（b）、（c）所示。倒立油 CT 器身应采用多根高压屏引出线，以降低电感效应从而避免在陡波过电压下出现放电，同时避免单根高压屏引出线出现接触不可靠的风险。

1.2.6 中间屏（油浸倒立式电流互感器的）
middle screen（of oil-immersed inverted
current transformer）

中间屏是指位于高压屏和低压屏间的主电容屏。倒立油 CT 的中间屏的电极材料有半导电纸（或布）、铜编织带等。

1.2.7 端屏（油浸倒立式电流互感器的）
end screen（of oil-immersed inverted
current transformer）

端屏是指在两个主电容屏之间的端部处设置的电屏，用以改善主电容屏端部的电场。倒立油 CT 的端屏位于器身的直线段，电极材料通常为半导电纸或铝箔，后者如图 1-32 所示。

图 1-32 某 220kV 退运倒立油 CT 器身直线段上的端屏（铝箔材质）

1.2.8 低压屏（油浸倒立式电流互感器的）
low voltage screen（of oil-immersed inverted current transformer）

低压屏又称末屏（earthing screen），是指正立油 CT 中最贴近二次绕组或倒立油 CT 中最贴近二次引线管且与二次引线管相连的主电容屏。倒立油 CT 的低压屏位于主绝缘的最内层，电极材料有半导电纸（或布）、铝箔等。此外，部分结构的倒立油 CT 的二次引线管可直接作为低压屏通过引出线单独引出接地，实物图如图 1-19（b）所示。

1.2.9 低压屏引出线（油浸倒立式电流互感器的）
low voltage screen lead-out wire （of oil-immersed inverted current transformer）

低压屏引出线是实现低压屏与接地端连接的导体，其一端与低压屏连接，另一端与正立油 CT 的油箱末屏端子或倒立油 CT 的底座接地端连接。实物图如图 1-17（c）所示。

1.2.10 二次引线管（倒立式电流互感器的）
secondary lead tube（of inverted-type current transformer）

二次引线管是指倒立式电流互感器中用于屏蔽二次绕组引线的铝管，其一端与二次绕组屏蔽罩相连，另一端接地。对于倒立油 CT，二次引线管还起到支撑器身的作用。

1.2.11　二次引线（倒立式电流互感器的）secondary lead-out wire（of inverted-type current transformer）

二次引线是指二次绕组的引出线，引至二次接线盒并与二次端子相连。倒立油 CT 的二次引线实物图如图 1-17（b）、（c）所示。

1.3　解体举例

1.3.1　设备的参数信息与结构

某 500kV 退运倒立油 CT 的参数信息如表 1-2 所示，结构示意图如图 1-33 所示。可以看出，直线段共有 11 层屏，其中第一屏和第六屏分别与器身环部的高压屏和中压屏相连。

表 1-2　　　　　某 500kV 退运倒立油 CT 的参数信息

型号	OSKF 550
额定电压（kV）	550
工频耐受电压（kV）	680
雷电冲击耐受电压（kV）	1550
额定一次电流（A）	1600~3200
额定短时热电流（kA）	63（3s）
额定动稳定电流（kA）	160
总质量（kg）	3285
油重（kg）	690
温度范围（℃）	-25~40

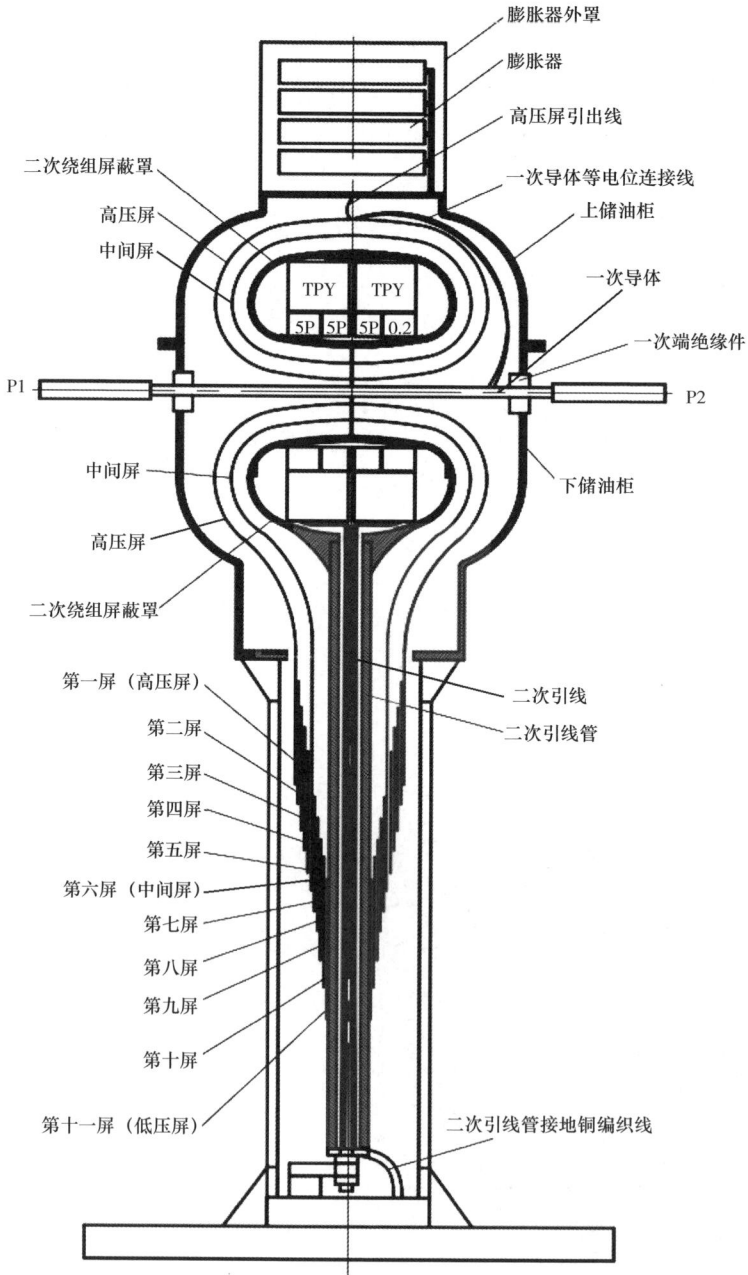

膨胀器外罩

膨胀器

高压屏引出线

二次绕组屏蔽罩

高压屏

中间屏

一次导体等电位连接线

上储油柜

一次导体

一次端绝缘件

P1

P2

中间屏

下储油柜

高压屏

二次绕组屏蔽罩

第一屏（高压屏）

第二屏

第三屏

第四屏

第五屏

第六屏（中间屏）

第七屏

第八屏

第九屏

第十屏

第十一屏（低压屏）

二次引线

二次引线管

二次引线管接地铜编织线

图 1-33　某 500kV 退运倒立油 CT 的结构示意图

1.3.2 解体前的试验情况

该台 CT 解体前，首先进行了例行试验，包括局部放电测量、一次端工频耐压试验、段间工频耐压试验、二次绕组及地屏工频耐压、电容量和介质损耗因数测量、匝间过电压、准确度试验、二次绕组直流电阻等。试验结果未见异常。

随后开展一次端截断雷电冲击耐压试验及局部放电测量、一次端工频耐压试验，试验结果也未见异常。

试验后开展油色谱检测，油色谱数据正常。

1.3.3 解体步骤及结果

依据该台 CT 的结构特点，按照如下步骤开展解体工作：

（1）放油静置。

（2）拆除膨胀器。

（3）拆除一次接线板等附件。

（4）拆除一次导体。

（5）拆除二次接线盒内部的二次引线连接部分，拆除二次引线管底部与底座之间的支撑螺丝。

（6）拆除上储油柜。

（7）吊出器身，检查下储油柜内部加垫纸板情况。

（8）拆除高压屏外部防护纸，检查高压屏以及三角区部位的包扎情况。

（9）逐层拨开绝缘纸，解体检查电容屏。

（10）拆除二次绕组屏蔽罩，检查二次绕组。

解体结果如图 1-34 所示。其中，图 1-34（c）和（d）中的一次导体等电位连接线的一端连接到上储油柜，另一端连接到一次导体（P2 侧），在某些结构的倒立油 CT 中会采用这种方式；一次导体由两根平行导杆构成；吊出器身后，在下储油柜内部可见用于挤紧器身的多个绝缘纸垫；高压屏与直线段的第一屏由铜编织带和半导电纸构成；中间屏由铜编织带和半导电纸构成；直线段每个电容屏的下端部均设置了屏蔽电极，该屏蔽电极的内部用塑料圈

（a）

盒式膨胀器

盒间金属联管

采用杠杆原理
的油位计

（b）

高压屏引出线

器身顶部

一次导体等电位连接线

上储油柜

（c）

一次导体

一次导体等
电位连接线

（d）

二次引线

二次接线盒

（e）

器身

下储油柜

（f）

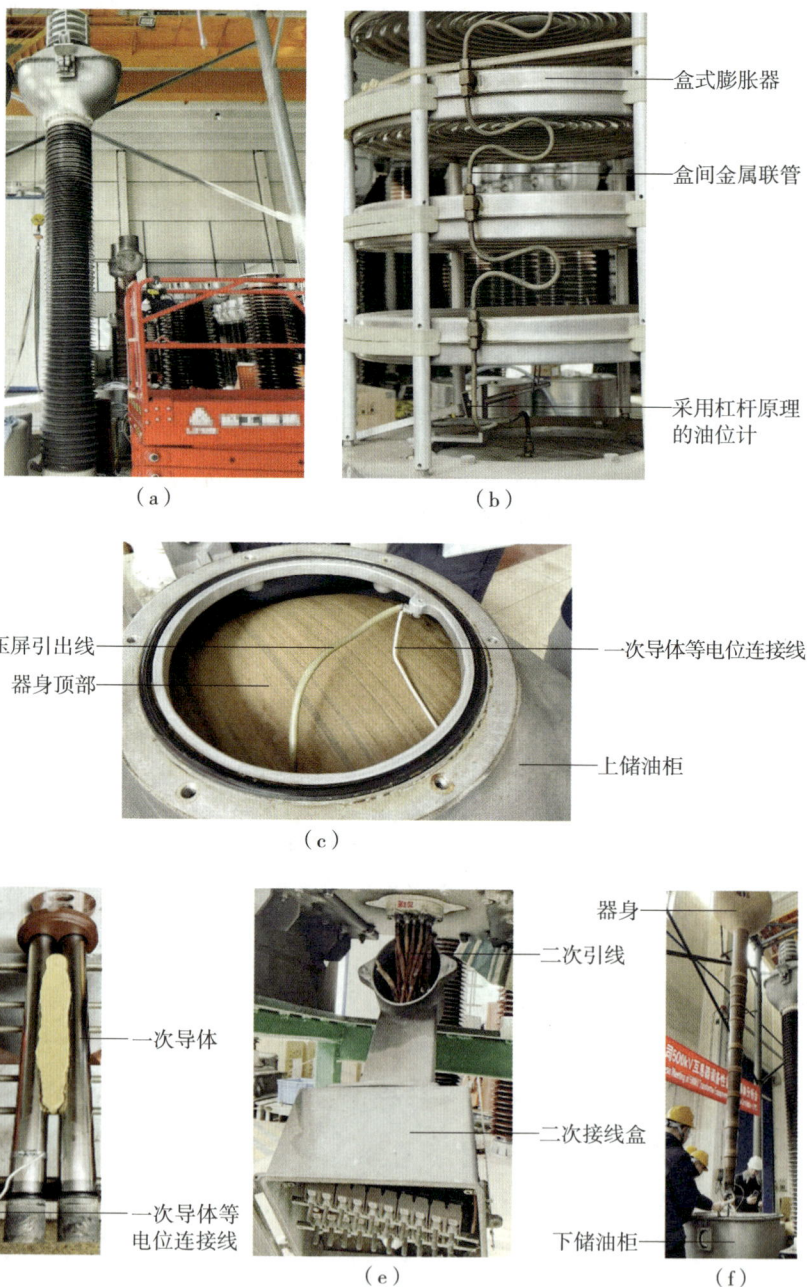

图 1-34　某 500kV 倒立油 CT 的解体结果（一）

（a）解体前设备整体；（b）盒式膨胀器及油位计；（c）设备顶部；（d）一次导体；
（e）设备底部的二次引线与二次接线盒；（f）器身吊出

器身直线段

绝缘纸垫

下储油柜内部

（g）

（h）

（i）

（j）

（k）

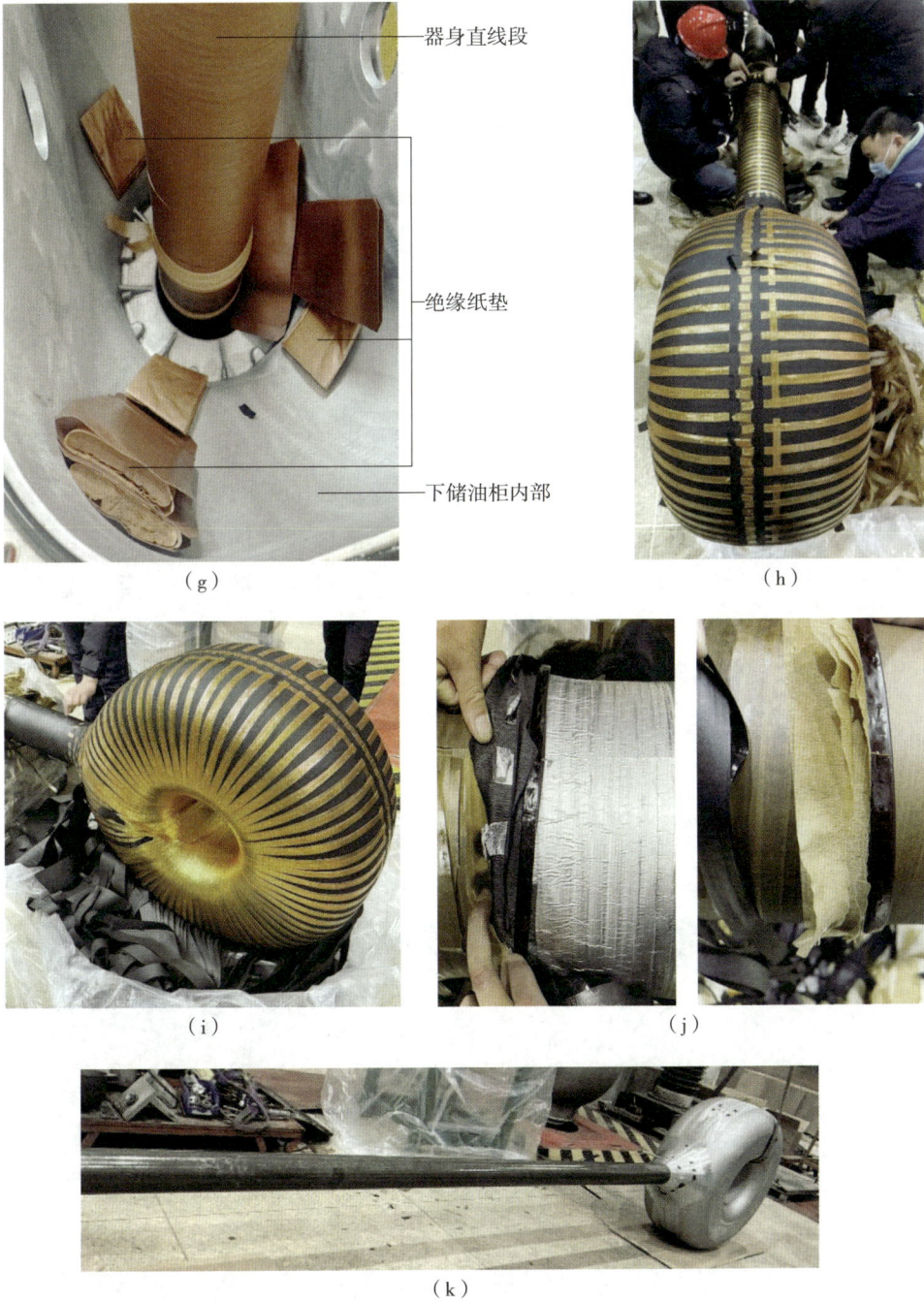

图 1-34　某 500kV 倒立油 CT 的解体结果（二）

（g）下储油柜内部、器身直线段局部及绝缘纸垫；（h）高压屏与直线段的第一屏；（i）中间屏；
（j）直线段电容屏的端部（端环结构）；（k）二次绕组屏蔽罩与二次引线管

为骨架构成圆角，塑料圈外部依次包裹半导电皱纹纸、轴向铝箔导向带、半导电皱纹纸、皱纹纸等，如图 1–34（j）所示；二次绕组屏蔽罩与二次引线管通过螺栓连接压紧，如图 1–34（k）和图 1–28 所示。

由解体结果可知：器身高压屏外部无放电痕迹，三角区部位包扎完好，内部主绝缘也未见异常，与前期试验结果相吻合。

1.4 　制造流程概述

国内的倒立油 CT 制造大致可分为三种技术。即使采用同种技术，不同的制造商之间也会因为工厂地理位置及生产设备条件的不同而在制造流程上存在一定差异，只要能生产出合格产品即可，并不存在"优劣"之分。本节将从互感器用户的角度出发，对三种技术的制造流程进行概述，以便于读者进行学习与比较。

1.4.1　LVB 型产品的典型制造流程

LVB 型产品的典型制造流程如表 1–3 及图 1–35 所示。

表 1–3　　　　　　　　　LVB 型产品的典型制造流程

步骤	工序名称	工序描述	图片
步骤 1	二次绕组卷绕	采用铜线作为导电介质，采用聚酯薄膜作为绝缘介质，按一定要求用双头包绕机进行卷绕（铜线、聚酯薄膜可一起卷绕）	
步骤 2	半成品测试	对卷绕好的二次绕组进行伏安特性、误差等测试	

步骤	工序名称	工序描述	图片
步骤3	二次绕组组合与二次绕组屏蔽罩焊接	将二次绕组按照设计要求依次放入二次绕组屏蔽罩中并进行固定,然后将上、下两部分二次绕组屏蔽罩进行焊接	
步骤4	器身直线段卷绕	(1)采用铝箔作为电屏,采用电缆纸作为绝缘介质,按一定要求(用整张宽幅电缆纸可确保较好的卷绕一致性)用卷绕机绕制器身的直线段。 (2)在绕制过程中通过加热初步去除电缆纸中的水分,以避免直线段在后续真空、干燥过程中出现褶皱	
步骤5	直线段与二次绕组屏蔽罩的对接	将器身直线段与二次绕组屏蔽罩进行连接的操作	
步骤6	器身环部包扎	在二次绕组屏蔽罩和器身直线段之上利用半导电皱纹纸、高压电缆纸、皱纹纸包绕出规定绝缘尺寸的器身环部。 注: (1)相对于手工包绕,机包电缆纸的叠距更均匀,包扎更紧实。 (2)采用设备制作的辅料,尺寸差异较小,可确保叠距更加均匀	
步骤7	接线板浇注	利用模具浇注倒立油CT产品所需引出线	

步骤	工序名称	工序描述	图片
步骤8	产品总装配	（1）将上储油柜倒置放置。 （2）将器身倒置落入上储油柜内并装入一次导体。 （3）在器身外套入下储油柜与瓷套。 （4）依次安装过渡件，并完成接线板引线压接。 （5）完成上、下储油柜之间的焊接。 （6）整体翻转后安装膨胀器以及出线盒	
步骤9	密封性检查	在储油柜顶部装上气压试漏工装和充气装置，将产品充一定压力的气体后吊入水箱中，对储油柜焊接部位、瓷套法兰连接处、瓷套储油柜浇装部位等进行密封性检查	

步骤	工序名称	工序描述	图片
步骤 10	真空干燥注油	（1）将产品放入真空干燥罐。 （2）在真空干燥罐内对产品进行预热、变压、抽真空、保压、破真空、维持真空、降温等操作。 （3）真空注油浸渍。 （4）出罐	
步骤 11	补油与静置	（1）产品出罐后安装膨胀器盖板。 （2）加压排除产品内空气后进行静置	
步骤 12	例行试验	对产品进行工频耐压、局部放电、电容量和介质损耗因数等试验	
步骤 13	后装配	产品外观清理、油位调节、安装膨胀器外罩、补漆	

续表

步骤	工序名称	工序描述	图片
步骤 14	产品包装	在产品的外绝缘套部分包裹珍珠棉，头部用泡沫板固定，外用木板钉装成箱	

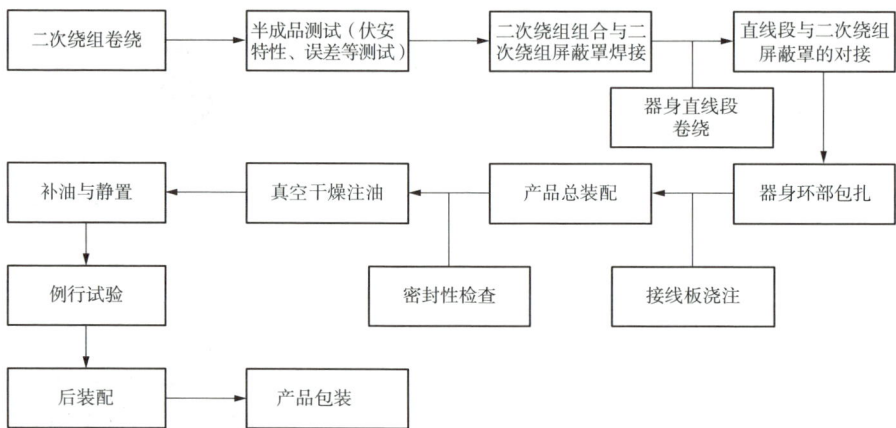

图 1-35　LVB 型产品的典型制造流程

1.4.2　AGU 型产品的典型制造流程

AGU 型产品的典型制造流程如表 1-4 及图 1-36 所示。

表 1-4　　　　　　　　　AGU 型产品的典型制造流程

步骤	工序名称	工序描述	图片
步骤 1	二次绕组卷绕	采用漆包圆铜线作为二次导线，采用聚酯薄膜作为铁芯及层间绝缘，按一定要求用双头包绕机进行卷绕（铜线、聚酯薄膜可一起卷绕）	

步骤	工序名称	工序描述	图片
步骤2	半成品测试	对绕制好的二次绕组进行误差测试及伏安曲线等性能参数测试	
步骤3	二次绕组屏蔽罩及二次引线管焊接	先将各个二次绕组按设计要求依次装入二次绕组屏蔽罩后，再将上、下两部分二次绕组屏蔽罩焊接，最后将二次绕组屏蔽罩与二次引线管焊接为一个整体	
步骤4	绝缘包扎	（1）采用包扎机对器身直线段部分进行绝缘包扎。 （2）手工完成器身环部的绝缘包扎。 注： （1）器身直线段与环部的绝缘包扎需交替进行，以保证衔接部分的充分交叠。 （2）在绝缘包扎过程中按设计要求插入电容屏	
步骤5	器身的真空干燥	将包扎好绝缘的器身放入干燥罐内进行煤油气相干燥	

步骤	工序名称	工序描述	图片
步骤6	总装配	将完成干燥的器身装入已经预装好的瓷套、储油柜、底座等外部件内	
步骤7	（检漏）真空注油	（1）将装配好的产品连接好真空注油管路，在正式抽空前先利用氦气检漏仪对产品进行检漏。 （2）对检漏合格的产品转入抽空阶段。 （3）对抽空合格的产品转入注油阶段并在注满油后转入静置阶段。 （4）静置阶段完成后拆除真空抽空工装及注油管路	
步骤8	例行试验	对产品进行工频耐压、局部放电、电容量和介质损耗因数等试验	

续表

步骤	工序名称	工序描述	图片
步骤 9	整理及包装	进行油位调整，膨胀器防护、安装膨胀器外罩等发货前整理，然后包装发货	

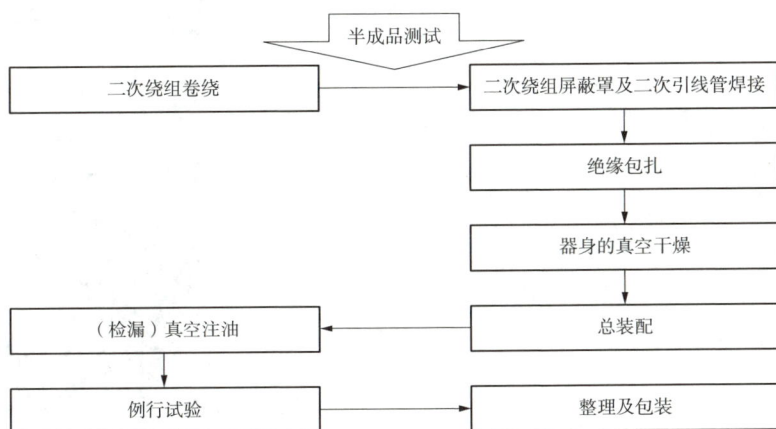

图 1-36 AGU 型产品的典型制造流程

1.4.3 CA 型产品的典型制造流程

CA 型产品的典型制造流程如表 1-5 及图 1-37 所示。

表 1-5 CA 型产品的典型制造流程

步骤	工序名称	工序描述	图片
步骤 1	铁芯绝缘包扎	采用聚酯薄膜、角环及皱纹纸对铁芯进行绝缘包扎	

步骤	工序名称	工序描述	图片
步骤2	二次绕组卷绕	采用耐热漆包铜线作为导电介质，采用聚酯薄膜及皱纹纸作为绝缘介质，按一定要求用双头包绕机进行卷绕	
步骤3	二次绕组半成品测试	对卷绕好的二次绕组进行直阻、准确度、FS/ALF及励磁特性等测试	
步骤4	二次绕组屏蔽罩的装配及半成品测试	（1）将二次绕组组合后放入二次绕组屏蔽罩内并用铆钉进行固定。 （2）对装配好的二次绕组屏蔽罩进行直阻、准确度、FS/ALF及励磁特性、二次耐压等测试	
步骤5	安装二次引线管及器身包扎	（1）将二次引线管安装在二次绕组屏蔽罩上。 （2）采用不同规格的电缆纸和皱纹纸包扎器身。其中，直线段为机器包扎，环部为手工包扎，在直线段的电容屏端部采用均压环来降低沿面场强	

步骤	工序名称	工序描述	图片
步骤6	器身真空干燥	将包扎好的器身放入半成品干燥罐进行加热、真空等工序，除去器身内部水分	
步骤7	总装配	（1）将干燥后的器身装入储油柜及外绝缘套内部，然后安装底座，二次接线板，膨胀器等部件。 （2）总装配完毕后，测量二次绕组极性、导通性、绝缘电阻等，结果符合制造要求后送入成品炉进行干燥及注油	
步骤8	成品干燥及注油	（1）将装配后的成品送入干燥箱，连接真空管路及注油管路。 （2）通过密封性能测试后进行加热抽真空，实现成品干燥。 （3）干燥工艺完成后，降温并在真空下注油	
步骤9	静放	将注油后的产品移出干燥箱，然后连接油压管路进行加减压静放工序。同时进行加压密封性试验	

续表

步骤	工序名称	工序描述	图片
步骤 10	外观检查及例行试验	（1）静放完成后，送入电气试验室进行外观，标识，铭牌等各项检查，并拍照确认。 （2）进行工频耐压、局部放电、电容量和介质损耗因数等例行试验	
步骤 11	附件整理和最终检查	装配附件，进行外观、标识、铭牌等各项检查	
步骤 12	产品包装	将产品放入特制的包装箱，并进行固定和缓冲处理，准备发货	

```
                              ┌──────────┐
                              │ 铁芯绝缘包扎 │
                              └────┬─────┘
                                   │
                                   ▼
┌──────────┐              ┌──────────┐
│二次绕组半成品│◄─────────────│ 二次绕组卷绕 │
│   测试    │              └──────────┘
└────┬─────┘
     │                    ┌──────────┐
     │                    │二次绕组屏蔽罩│
     └───────────────────►│的装配及半成品│
                          │    测试    │
                          └────┬─────┘
┌──────────┐              ┌──────────┐
│ 器身真空干燥 │◄─────────────│安装二次引线管及│
└────┬─────┘              │   器身包扎  │
     │                    └──────────┘
     │                    ┌──────────┐
     └───────────────────►│   总装配   │
                          └────┬─────┘
                                   │
                                   ▼
                          ┌──────────┐
                          │ 成品干燥及注油│
                          └────┬─────┘
┌──────────┐              ┌──────────┐
│外观检查及例行│◄─────────────│    静放    │
│   试验    │              └──────────┘
└────┬─────┘
     │
     ▼
┌──────────┐              ┌──────────┐
│附件整理和最终│─────────────►│   产品包装  │
│   检查    │              └──────────┘
└──────────┘
```

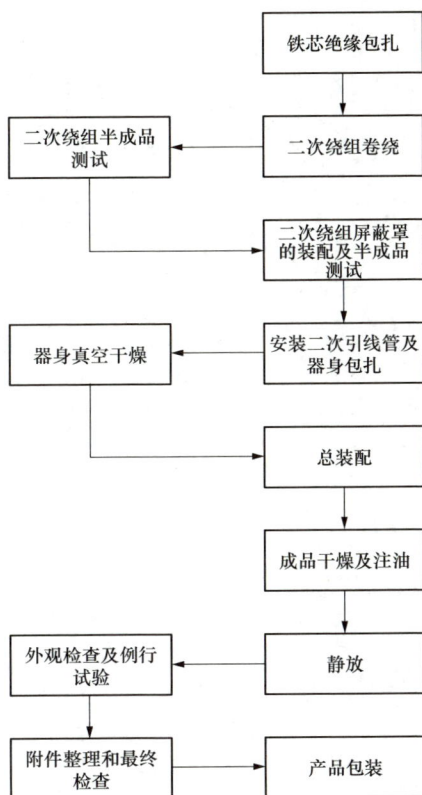

图 1-37 CA 型产品的典型制造流程

2

油浸正立式电流互感器

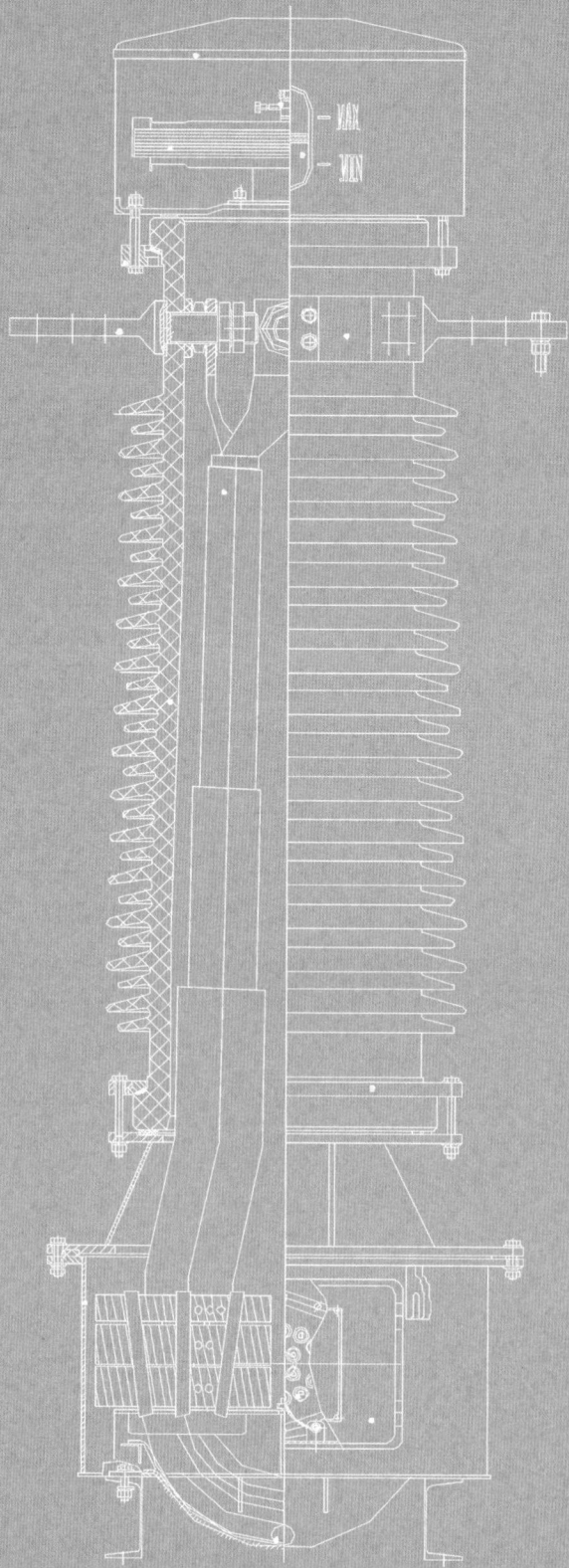

2.1 典型结构——部件部分

油浸正立式电流互感器（oil-immersed vertical current transformer，简称正立油 CT）是指由绝缘纸和绝缘油作为绝缘，二次绕组置于产品下部（油箱中）的电流互感器。油浸正立式电流互感器部件部分示意图如图 2-1 所示。

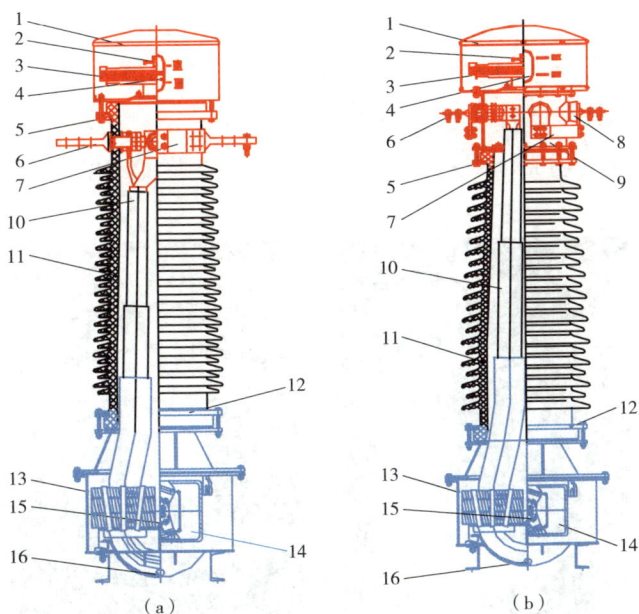

图 2-1　油浸正立式电流互感器部件部分示意图

（a）不装设储油柜结构；（b）装设储油柜结构

1—膨胀器外罩；2—排气塞；3—膨胀器；4—油位观察窗；5—上压圈；6—一次端子；
7—一次换接板；8—一次端绝缘件；9—储油柜；10—器身；11—外绝缘套；12—下压圈；
13—油箱；14—二次接线盒；15—二次端子；16—放油阀

注：红色代表设备正常运行时处于高电位的部件，蓝色代表设备正常运行时处于地电位的部件，黑色表示绝缘。

2.1.1　膨胀器外罩 expander cover

详见 1.1.1。

2.1.2　排气塞 vent plug

详见 1.1.2。

2.1.3　膨胀器（油浸正立式电流互感器的）expander（of oil-immersed vertical current transformer）

油浸式互感器金属
膨胀器思维导图

膨胀器的定义详见 1.1.3。在正立油 CT 上，叠形波纹式膨胀器用作内油型膨胀器，如图 2-2（a）、（b）所示；盒式膨胀器用作外油型膨胀器，且盒内充气后完全密封、与外界没有气体交换的实例如图 2-2（c）所示。

（a）　　　　　　　　　　　　（b）

膨胀器 ———

散热翅片 ———

（c）

图 2-2　正立油 CT 膨胀器实物图

（a）正立油 CT（装设储油柜结构）用叠形波纹式膨胀器；（b）正立油 CT（不装设储油柜结构）
用叠形波纹式膨胀器；（c）某 500kV 正立油 CT 用（外油型）盒式膨胀器

2.1.4 油位观察窗 oil level sight window

详见 1.1.4。

2.1.5 上压圈（油浸正立式电流互感器的）upper conductive voltage coil（of oil-immersed vertical current transformer）

上压圈是连接瓷套与膨胀器或储油柜的部件，对于不装设储油柜的正立油 CT，当一次绕组为串联结构时，还起到导通电流的作用。正立油 CT 运行时，上压圈的对地电压为运行电压。上压圈实物图如图 2-3 所示。

图 2-3 上压圈 / 下压圈实物图（一）

图 2-3　上压圈／下压圈实物图（二）

2.1.6　一次端子（电流互感器的）primary terminals （of current transformer）

详见 1.1.7。

2.1.7　一次换接板（油浸正立式电流互感器的）primary replacement board（of oil-immersed vertical current transformer）

　　一次换接板的定义详见 1.1.8。采用一次换接板实现变比换接的原理如图 2-4（a）所示，一次换接端子（与一次端子和一次换接板配合使用，实现一次绕组串、并联结构变化的端子）的标志是 C1 和 C2，与一次端子 P1 和 P2 配合，即可实现变比可选。图 2-4（a）中为四个绕组的示例，P1 与 C2 之间的导体以及 C1 与 P2 之间的导体均穿过二次绕组铁芯。一次绕组串联接法：P1 端子（与

产品绝缘）——一次绕组—C2 端子—返回导体—C1 端子（与产品绝缘）——一次
绕组—P2 端子。一次绕组并联接法：并联连接板将 P1 换接端子和 C1 端子相
连接——并联连接板将 P2 换接端子和 C2 端子相连接，这种方式可获得两个成
倍数的变比。例如 2×600/5A：一次绕组串联时为 600/5A，一次绕组穿过二次
绕组铁芯的匝数为 2，安匝数为 600×2=1200；一次绕组并联时为 1200/5A，一
次绕组穿过二次绕组铁芯的匝数为 1，安匝数为 1200×1=1200。

如图 2-4（b）所示，当 C1 端子与 C2 端子通过上压圈（连接瓷套与膨胀
器）和一次换接板连接，为一次绕组串联结构（对于不装设储油柜的正立油

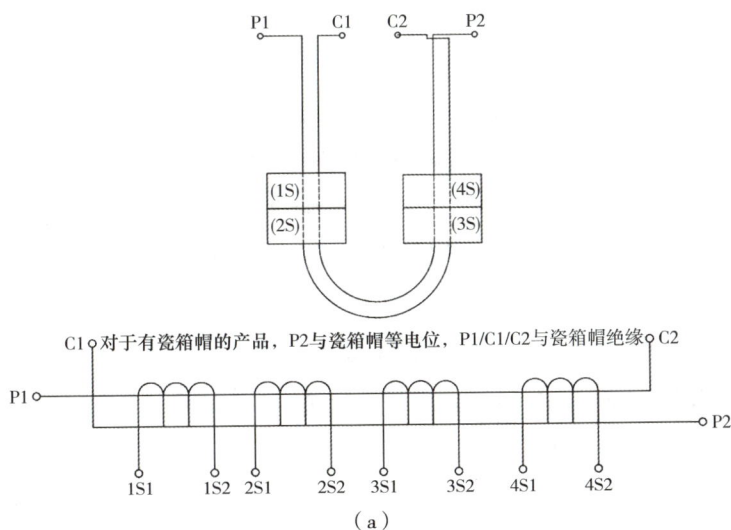

（a）

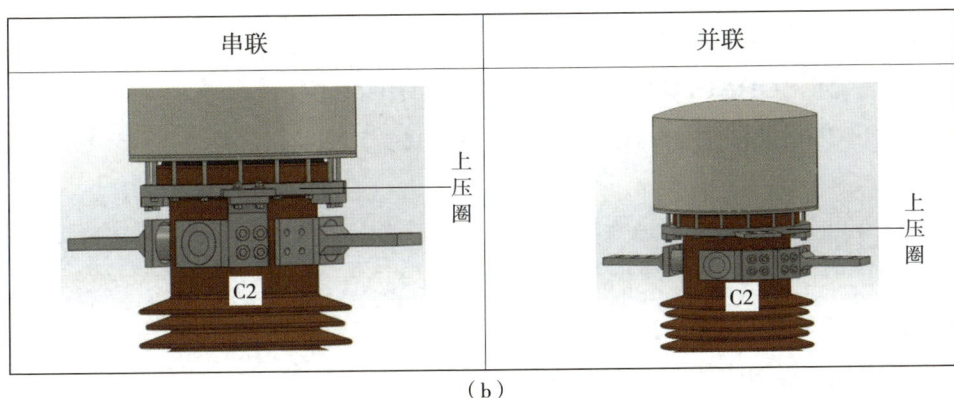

（b）

图 2-4 正立油 CT 的变比换接（一）

（a）原理图；（b）示意图

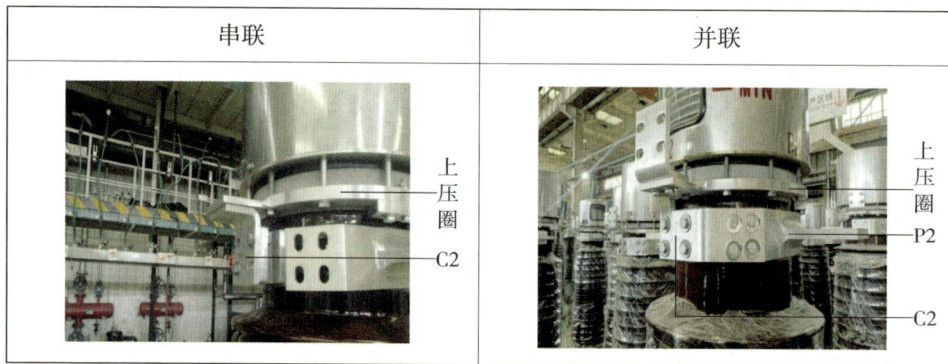

串联	并联

（c）

图 2-4　正立油 CT 的变比换接（二）

（c）实物图

CT，此时上压圈还起到导通电流的作用）；将一次换接板变换为 C1 端子与 P1 端子连接，C2 端子与 P2 端子连接，C2 端子与上压圈做等电位连接，则变为一次绕组并联结构。相应的实物图如图 2-4（c）所示。

2.1.8　一次端绝缘件（电流互感器的）
primary insulator（of current transformer）

详见 1.1.9。

2.1.9　储油柜（油浸正立式电流互感器的）
oil conservator（of oil-immersed vertical current transformer）

正立油 CT 的储油柜是指与膨胀器配合，用以调节电流互感器中油的体积随油温的升降而增大或缩小的装置，其上安装有一次端子、一次端绝缘件等部件。不装设储油柜结构的正立油 CT 实物图如图 2-3 所示，装设储油柜结构的正立油 CT 实物图如图 2-5（a）所示。

正立油 CT 的储油柜通常采用铸铝或不锈钢（适用于额定一次电流较小的情况）材质，其外观及内部结构如图 2-5（b）、（c）所示。其中，一次端子限位槽用于防止一次端子受力转动，这是不装设储油柜结构（瓷套出线）的正立油 CT 所不具备的一项功能。

储油柜

下压圈

（a）

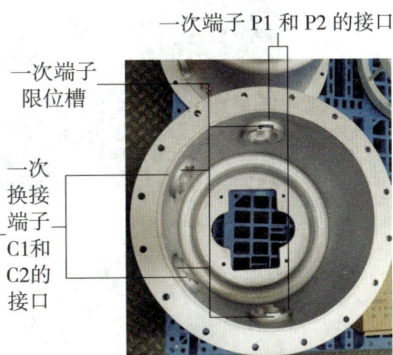

一次端子 P1 和 P2 的接口

一次端子限位槽

一次换接端子 C1 和 C2 的接口

（b）

一次端子 P1 和 P2

一次端子限位槽

一次换接端子 C1 和 C2

一次端子限位槽

（c）

图 2-5 正立油 CT 储油柜实物图

（a）安装在正立油 CT 上的储油柜；（b）储油柜 1 外观和内部；（c）储油柜 2 内部

2.1.10 器身（油浸正立式电流互感器的）active part（of oil-immersed vertical current transformer）

正立油 CT 的器身是由一次绕组、二次绕组、支架及主绝缘等组装完成后的整体。220kV 正立油 CT 器身实物图如图 2-6 所示，其结构及各部件详见 2.2 节。图 2-6 中，器身垫块用于填充和挤紧器身与外绝缘套内壁之间的空间，起到固定器身的作用；绑扎带用于紧固器身，用于克服电流流过一次导体时所产生的电动力。

（a）

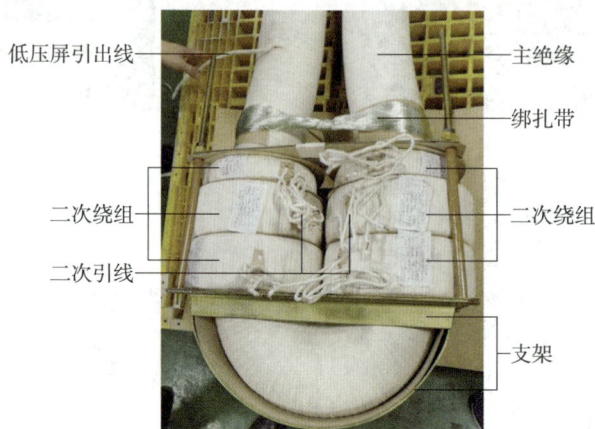

（b）

图 2-6 （生产过程中的）220kV 正立油 CT 器身实物图（一）

（a）器身 1（组装完毕）；（b）器身 2 局部（组装完毕）

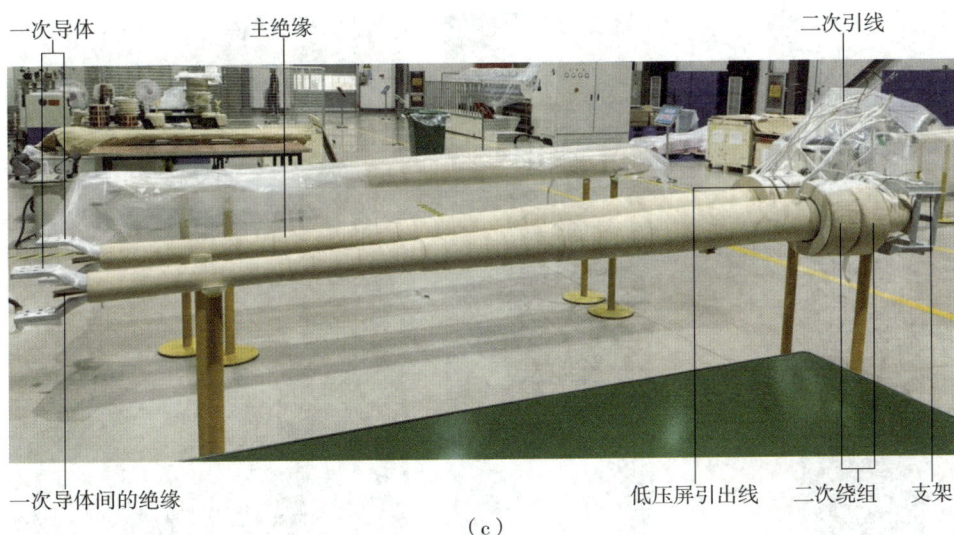

一次导体　　　主绝缘　　　　　　　　　　　二次引线

一次导体间的绝缘　　　　　　　　低压屏引出线　　二次绕组　支架

（c）

图 2-6　（生产过程中的）220kV 正立油 CT 器身实物图（二）

（c）器身 3（组装过程中）

2.1.11　外绝缘套（油浸正立式电流互感器的）insulating bush（of oil-immersed vertical current transformer）

外绝缘套的内容详见 1.1.11，正立油 CT 多使用瓷套，复合套使用较少。

正立油 CT 所用瓷套的外形通常是上细下粗的塔形结构，用以适应一次导体形状并节省油量，如图 2-7（a）所示。瓷套的上部通过上压圈连接储油柜，如图 2-2（a）及图 2-5（a）所示；或通过上压圈连接膨胀器，如图 2-2（b）及图 2-3 所示。瓷套的下部可通过下压圈与油箱连接，如图 2-3 及图 2-5（a）所示；或通过金属法兰与油箱连接，如图 2-7（b）所示，瓷套与金属法兰之间用水泥胶合剂材料胶装连接，并且瓷套和金属法兰在与水泥胶合剂接触表面需涂刷一层重油树脂漆（如 10 号建筑沥青）作为缓冲层。

目前复合套仅用在装设储油柜结构的正立油 CT 上，如图 2-7（c）所示。

（a）　　　　　　　　　（b）　　　　　　　　　（c）

图 2-7　正立油 CT 外绝缘套实物

（a）瓷套整体外观；（b）某通过内部电弧故障试验的 220kV 正立油 CT（试验前）；
（c）某采用复合套的 110kV 正立油 CT

2.1.12　下压圈（油浸正立式电流互感器的）down conductive voltage coil（of oil-immersed vertical current transformer）

下压圈是连接瓷套与油箱的部件，实物图如图 2-3、图 2-5（a）、图 2-8（a）所示。

2.1.13　油箱（油浸正立式电流互感器的）tank（of oil-immersed vertical current transformer）

正立油 CT 的油箱是用于固定器身和安放二次绕组的容器，其外部设有接地座、吊攀、铭牌、二次接线盒及放油阀等，如图 2-8（a）所示。正立油 CT

（a）

（b）　　　　　　　　　（c）

图 2-8　正立油 CT 油箱实物图

（a）油箱外观；（b）某 220kV 故障正立油 CT 的油箱 1；（c）某 220kV 故障正立油 CT 的油箱 2

运行时油箱处于地电位。

正立油 CT 的油箱多采用钢板（如 Q235）型材焊接而成。当油箱因正立油 CT 发生主绝缘击穿故障而受到波及时，通常会出现油箱撕裂的情况，如图 2-8（b）、（c）所示。而倒立油 CT 储油柜（铸铝材质）则会因为其内部某些位置发生主绝缘击穿故障出现碎裂和飞逸现象。

2.1.14　二次接线盒 secondary junction box

详见 1.1.13。

2.1.15 二次端子 secondary terminals

详见 1.1.14。某新正立油 CT 在安装就位后的二次接线过程中发现二次端子 1S1 螺栓接线柱断裂，原因为接线柱所用铜的材质不佳、杂质多、脆性大，如图 2-9 所示。

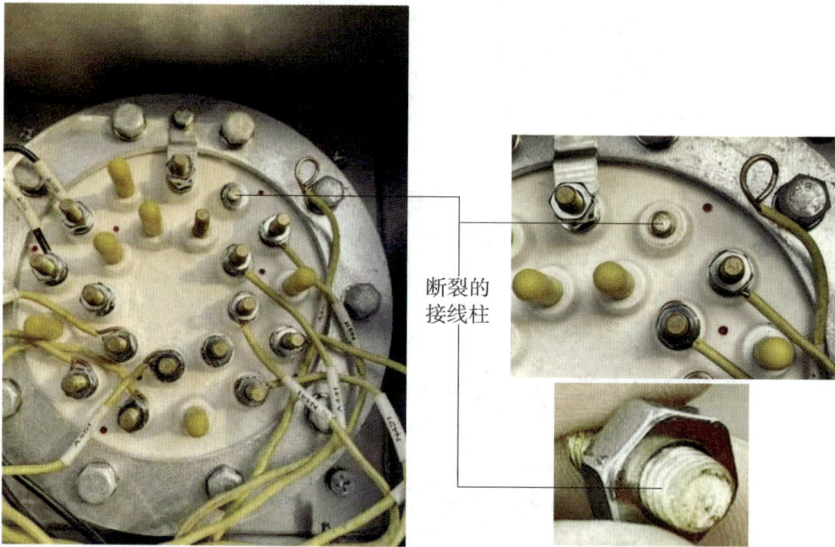

断裂的
接线柱

图 2-9　某新正立油 CT 断裂的二次端子螺栓接线柱

2.1.16 放油阀 injection and drain valve

详见 1.1.15，实物图如图 2-8（a）所示。需要注意的是，正立油 CT 的二次接线盒与放油阀分别布置在油箱的两侧，以方便从二次接线盒引出线。

2.2　典型结构——器身部分

油浸正立式电流互感器器身部分示意图如图 2-10 所示。

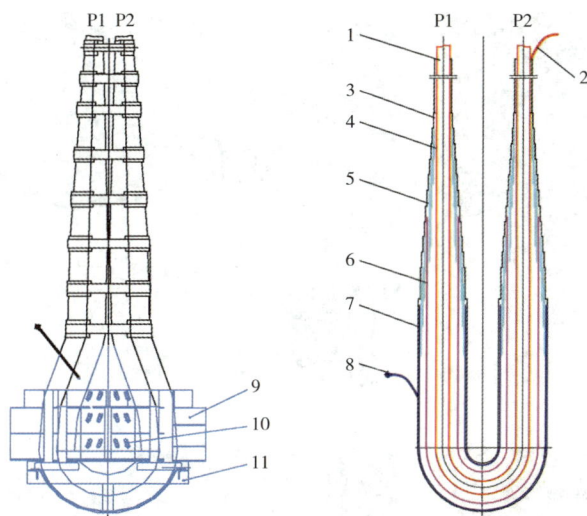

图 2-10　油浸正立式电流互感器器身部分示意图

1—一次导体；2—高压屏引出线；3—主绝缘；4—高压屏；5—端屏；6—中间屏；
7—低压屏；8—低压屏引出线；9—二次绕组；10—二次引线；11—支架

注：红色代表设备正常运行时处于高电位的部件，蓝色代表设备正常运行时处于地电位的部件。

2.2.1　一次导体（油浸正立式电流互感器的）primary conductor（of oil-immersed vertical current transformer）

　　一次导体是电流互感器的一次绕组，当电流互感器正常运行时，一次导体对地电压为运行电压。大部分正立油 CT 的一次导体呈 U 形（材质多采用铝），根据一次电流的大小，可采用单匝（只能通过二次绕组的抽头改变变比）、双匝或四匝结构，如图 2-11（a）、（b）所示。

　　如图 2-11（c）、（d）所示，不装设储油柜结构的正立油 CT 的一次导体端部需加装软连接导体，而装设储油柜结构的正立油 CT 的一次导体端部则无需加装软连接导体。

　　某些场合，如电容器组的桥差保护用电流互感器，其额定一次电流通常只有数安培。这种电流互感器的变比小、一次绕组匝数多，如图 2-11（e）和图 2-12 所示，可以看到一次引线比较细。

（a）

（b）

一次导体　软连接　　高压屏
间的绝缘　导体　　　引出线　　　　　　一次导体
　　　　　　　　　　　　　　　　　　　间的绝缘

（c）　　　　　　　　　　　　　　　（d）

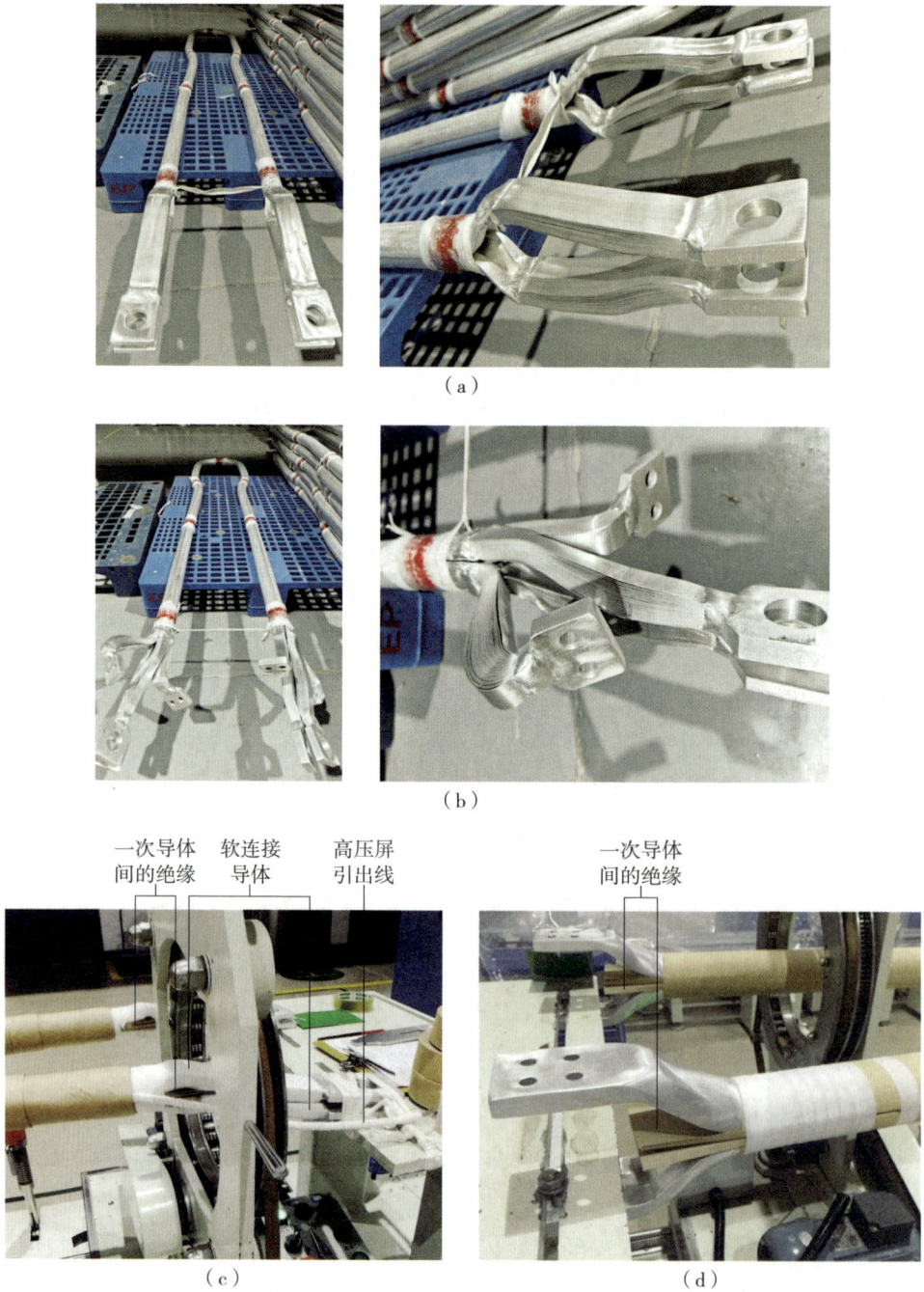

图 2-11　正立油 CT 的一次导体（一）

（a）1/2 管一次导体（串联双匝、并联单匝）；（b）1/4 管一次导体（串联四匝、并联双匝）；
（c）不装设储油柜结构的一次导体端部；（d）装设储油柜结构的一次导体端部；

低压屏
引出线

（e）

图 2-11　正立油 CT 的一次导体（二）

（e）多匝 U 形结构的一次导体

（a）

（b）

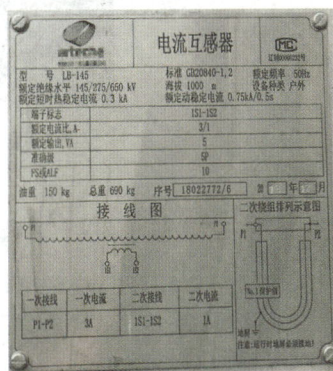

（c）

图 2-12　一次导体多匝结构（小变比）的正立油 CT

（a）整体外观；（b）顶部外观；（c）铭牌

在正常工作条件下，电流互感器一次绕组匝间电压很低。但当雷电冲击或操作冲击电流流过时，由于冲击电流的波前很陡，相当于高频电流作用，需考虑一次绕组两端的最大电压（峰值）对匝间绝缘的影响。220kV 以下电压等级的电流互感器，可通过自身绝缘设计［如图 2-6（c）和图 2-11（c）、（d）中的"一次导体间的绝缘"］解决这一问题。根据 GB/T 20840.2—2014《互感器　第 2 部分：电流互感器的补充技术要求》的 6.203 条对油浸式电流互感器结构要求的规定，"对于设备最高电压 $U_m \geqslant 252$kV 的电流互感器，若用户有要求或结构上需要（例如，一次绕组为导体较长的 U 形），应在一次出线端子间加装（外置式）过电压保护器。过电压保护器的参数应由制造方与用户协商确定"。某在运正立油 CT 上安装的（外置式）过电压保护器（小型氧化锌避雷器）如图 2-13 所示。

图 2-13　某在运正立油 CT 上安装的过电压保护器

2.2.2　高压屏引出线（油浸正立式电流互感器的）
high voltage screen lead-out wire
（of oil-immersed vertical current transformer）

高压屏引出线的定义详见 1.2.5。正立油 CT 的高压屏引出线实物图如图 2-11（c）所示。

2.2.3 主绝缘（油浸正立式电流互感器的）
main insulation（of oil-immersed
vertical current transformer）

正立油 CT 的主绝缘是指布置在器身上的高压电极（当互感器正常运行时，其对地电压为运行电压）与低压电极（当互感器正常运行时，其处于地电位）之间的油纸复合绝缘，由包扎在一次导体上电容型绝缘组成。由此可知，正立油 CT 的发热控制难于倒立油 CT，因为倒立油 CT 器身的主绝缘包扎在二次绕组屏蔽罩和二次引线管上。为控制发热，有些正立油 CT 会在一次端子附近采用散热翅片，如图 2-14 所示。其中，图 2-14（b）的散热翅片局部如图 2-2（c）所示。

（a）   （b）

图 2-14　正立油 CT 的散热翅片

（a）某型 500kV 正立油 CT（车间内）整体外观及（运行现场）局部；
（b）某型 500kV 正立油 CT（车间内）整体外观

在油浸式互感器中使用电容型绝缘的目的主要是均匀电场分布，提高绝缘利用率。电容型绝缘一般采用同轴电容结构，即在绝缘中布置一系列的电容器。这些电容器的极板被称为电容屏，又可称为主电容屏或主屏。正立油CT铝箔材质的主屏如图2-15所示。

铝箔材质的主屏

图2-15　正立油CT（解体过程中）铝箔材质的主屏

通常正立油CT会按照电压等级设置主电容屏，在主电容屏之间根据需要设置端屏，如图2-10所示。

正立油CT绝缘包扎所用材料有电缆纸、铝箔、铜编织带、半导电纸、齿纸、绝缘收缩带等，如图1-30和图2-16所示。

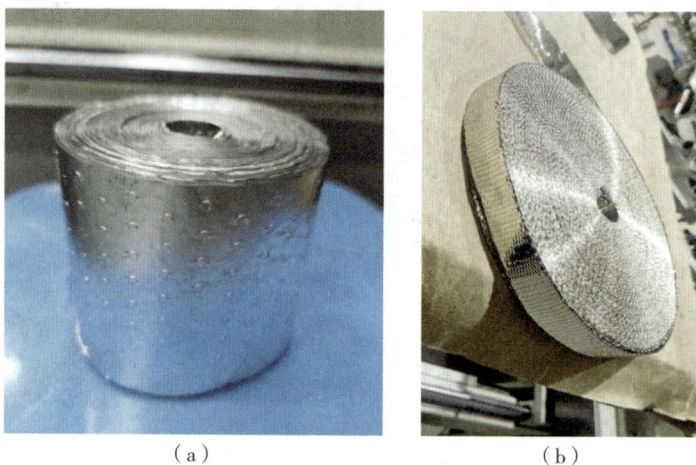

（a）

（b）

图2-16　正立油CT绝缘包扎用铝箔与铜编织带
（a）打孔铝箔；（b）铜（镀锡）编织带

2.2.4　高压屏（油浸正立式电流互感器的）
high voltage screen（of oil-immersed
vertical current transformer）

　　高压屏的定义详见 1.2.4。正立油 CT 的高压屏位于主绝缘的最内层，靠近一次导体，电极材料有铝箔、铜编织带、半导电纸等。某正立油 CT 的高压屏由打孔铝箔构成，如图 2-17 所示。

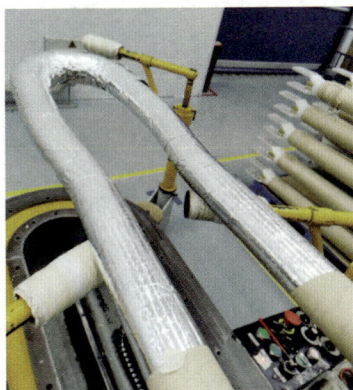

图 2-17　某正立油 CT 的高压屏

2.2.5　端屏（油浸正立式电流互感器的）
end screen（of oil-immersed vertical current transformer）

　　端屏的定义详见 1.2.7。正立油 CT 的端屏对称布置于器身的直线段部分，电极材料通常为铝箔或半导电纸，如图 2-18 所示。

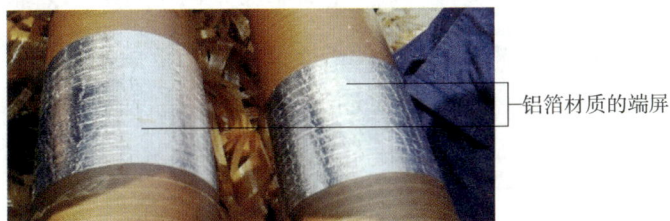

铝箔材质的端屏

图 2-18　某 220kV 正立油 CT（解体过程中）的端屏

2.2.6　中间屏（油浸正立式电流互感器的） middle screen（of oil-immersed vertical current transformer）

中间屏的定义详见 1.2.6。正立油 CT 的中间屏的电极材料有铝箔、半导电纸等。

2.2.7　低压屏（油浸正立式电流互感器的） low voltage screen（of oil-immersed vertical current transformer）

低压屏的定义详见 1.2.8。正立油 CT 的低压屏位于主绝缘的最外层，电极材料有铝箔、铜编织带、半导电纸等。

近年来，在运正立油 CT 发生主故障击穿故障最多的位置有两处，如图 2-19（a）所示：一是低压屏的上端部，该位置处于外绝缘套的内部（为了改善产品外绝缘放电特性，利用内绝缘对外绝缘的屏蔽作用，低压屏需高出油箱顶部一定尺寸），因此故障会造成瓷套的崩碎与飞逸，同时常在一次导体低压屏上端部产生放电点，如图 2-19（b）、（c）所示；二是器身底部，在此处的一次导体底部圆弧段的绝缘最薄位置电场强度最高，放电点通常会在一次导体底部，如图 2-19（d）所示。

故障典型成因：①油箱内积水导致器身底部绝缘降低，因此需在制造阶段严格控制设备内部的水分同时做好密封；②对完成主绝缘包扎后的一次导体套装二次绕组时，需要将 U 形器身"拽开"，当套装好二次绕组后，又需要将 U 形器身"合拢"并绑扎，"拽开"与"合拢"这两个步骤容易造成器身主绝缘损伤，如绝缘纸出现褶皱或铝箔屏被撕裂及移位等。为解决铝箔屏撕裂问题，可选用铜编织带或者半导电带等韧性和强度大于铝箔的材料制作电容屏。

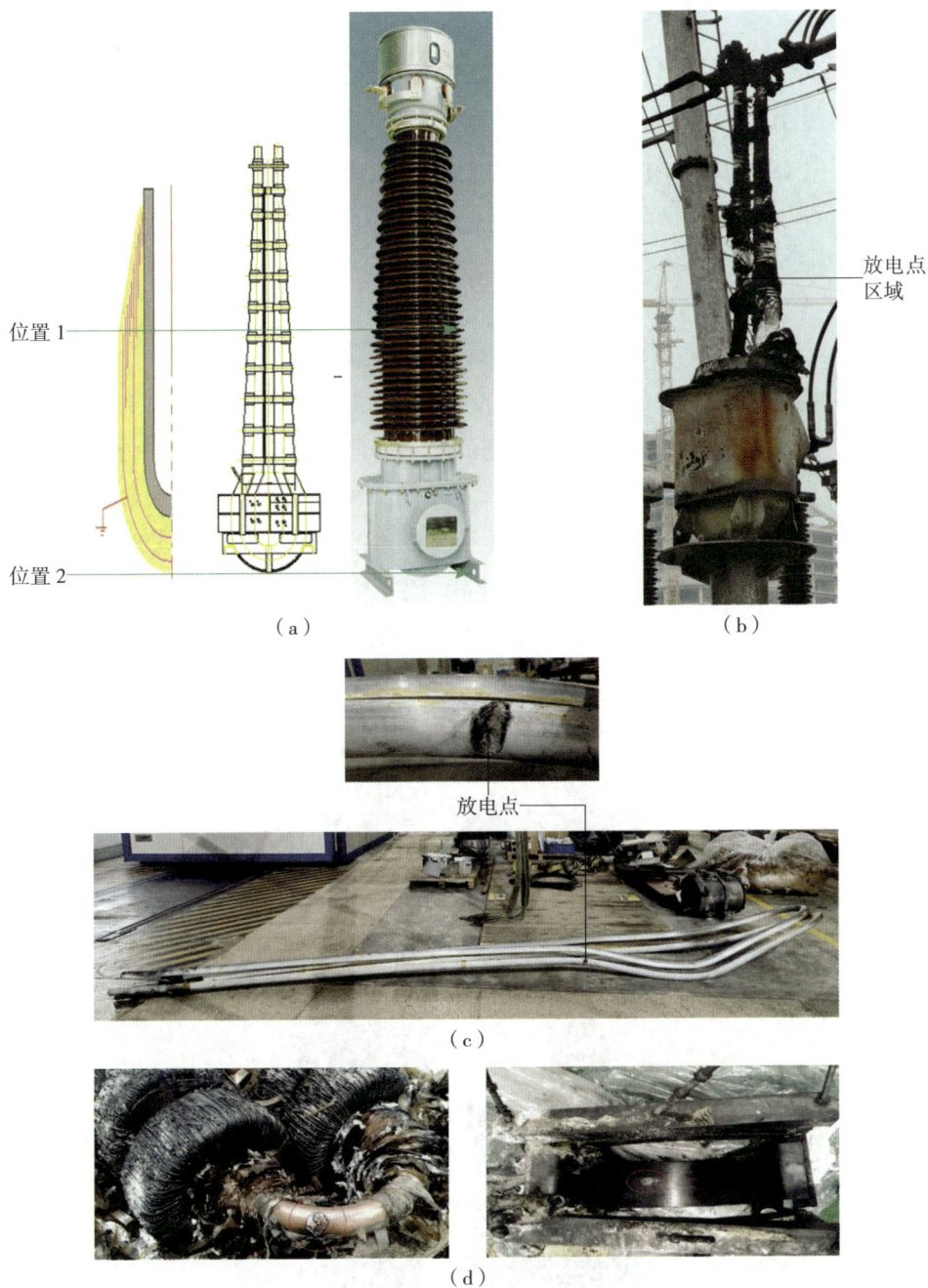

位置 1

位置 2

（a）

放电点
区域

（b）

放电点

（c）

（d）

图 2-19　正立油 CT 的主绝缘击穿故障位置
（a）故障位置示意；（b）某 220kV 故障正立油 CT 一次导体上的放电点区域；
（c）某 500kV 故障正立油 CT 的一次导体及其上的放电点（局部和整体）；
（d）某 220kV 故障正立油 CT 一次导体底部和器身支架上的放电点

2.2.8　低压屏引出线（油浸正立式电流互感器的）
low voltage screen lead-out wire
（of oil-immersed vertical current transformer）

低压屏引出线的定义详见 1.2.9，实物图如图 2-6 及图 2-11（e）所示。

2.2.9　二次绕组（油浸正立式电流互感器的）
secondary winding（s）
（of oil-immersed vertical current transformer）

二次绕组的定义详见 1.2.1。对于正立油 CT，置于产品下部的二次绕组通常对称分布。但电压等级较高（如 500kV）的正立油 CT，为了限制油箱体积，通常将二次绕组布置在器身的一侧，使得一次导体呈现一侧大的偏心 U 形结构，如图 2-20 所示（为图 2-14 所示设备的器身）。

（a）　　　　　　（b）

图 2-20　500kV 正立油 CT 器身（二次绕组布置在右侧）实物图
（a）器身 1；（b）器身 2

2.2.10 二次引线（油浸正立式电流互感器的）
secondary lead-out wire
（of oil-immersed vertical current transformer）

二次引线的定义详见 1.2.11。正立油 CT 二次引线实物图如图 2-6 所示。

2.2.11 支架（油浸正立式电流互感器的）
bracket（of oil-immersed vertical current
transformer）

正立油 CT 的支架是指在油箱中支撑并固定一次绕组和二次绕组的部件，如图 2-6 和图 2-21 所示。

图 2-21 某 220kV 正立油 CT 的支架

2.3 解体举例

2.3.1 设备参数信息及结构

某 110kV 退运正立油 CT 的参数信息如表 2-1 所示，其器身共有 7 个主屏（1 个高压屏，5 个中间屏，1 个低压屏）、主屏之间有 4 个端屏。

表 2-1　　　　　　某 110kV 退运正立油 CT 的参数信息

型号	LB6-110W2
生产日期	2008.03
额定电压（kV）	126
额定频率（Hz）	50
额定绝缘水平（kV）	126/185/450
额定电流比（A）	$2 \times 600/5$
额定短时热电流（kA）	31.5~45
额定动稳定电流（kA）	80~115
总质量（kg）	700
油重（kg）	175

2.3.2　解体前的试验情况

解体前，采用正接线及反接线法对该 CT 的 A 相、B 相、C 相末屏进行试验。其中一次对末屏的介质损耗值中，A 相、B 相数据正常，C 相介质损耗值大幅度上升，达到 0.52%（2019 年测量的介质损耗值为 0.165%）；三相末屏对地试验数据中，A 相、B 相正常，C 相介质损耗值达到了 20.4%。随后开展了油化验试验及油中溶解气体检测，数据未见异常。

2.3.3　解体步骤及结果

依据该台 CT 的结构特点，按照如下步骤开展解体工作：

（1）放油静置。

（2）拆除膨胀器。

（3）拆除一次接线板等附件。

（4）拆除瓷套与法兰连接处螺丝，拆除瓷套。

（5）拆除二次接线盒内部的二次引线连接部分，拆除二次接线板。

（6）吊出器身，检查油箱内部情况。

（7）拆除末屏外部防护纸。检查末屏，检查末屏引出线与末屏连接处情况。

（8）解体器身，测量电容屏尺寸，检查主绝缘情况。

解体结果如图 2-22 所示，可以看出，末屏接地罩的内置弹簧片存在弹性疲劳，从而导致末屏开路或者接地不良，进而引起高压放电。除此之外，未见其他异常，与前期试验结果相吻合。

（a）

（b）

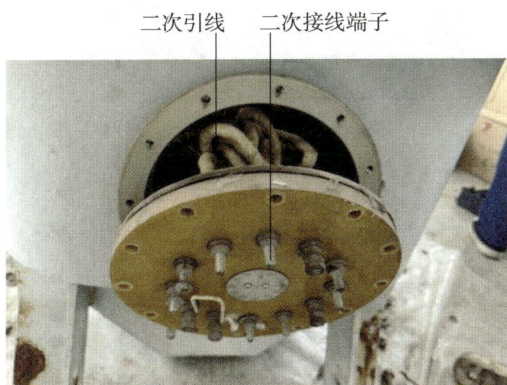

二次引线　二次接线端子

（c）

器身

支架

油箱

（d）

图 2-22　LB6-110W2 型正立油 CT 的解体实物（一）

（a）解体前设备整体；（b）膨胀器；（c）二次引线与二次接线端子；（d）油箱内部及器身局部

（e）

（f）

器身

油箱

（g）

（h）

（i）

（j）

（k）

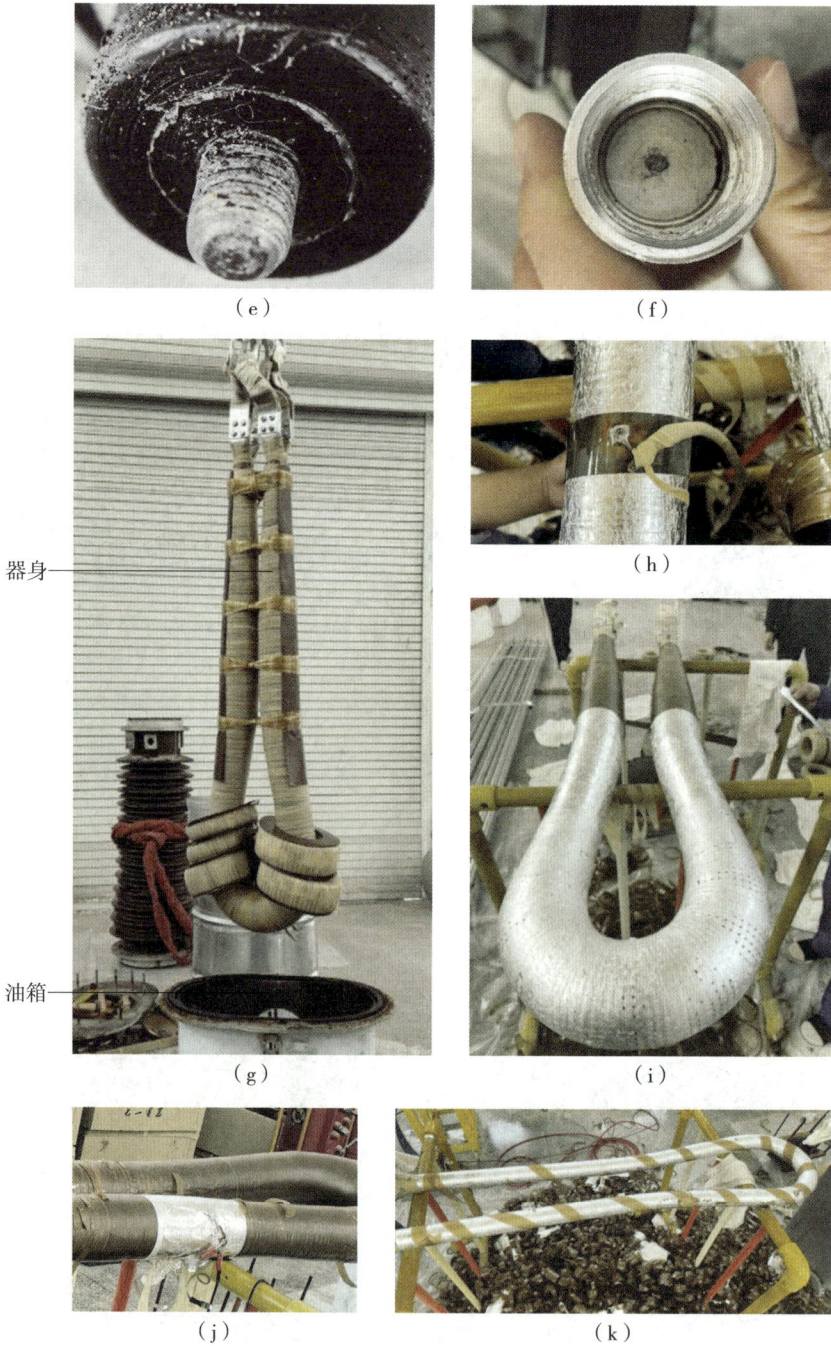

图 2-22　LB6-110W2 型正立油 CT 的解体实物（二）

（e）末屏引出线表面及终端触头；（f）末屏接地罩；（g）器身吊出；（h）末屏引线及其与末屏的连接处；
（i）末屏；（j）端屏；（k）高压屏

2.3.4 解体数据

该台 CT 的主绝缘结构如图 2-23 所示，测量所得的屏尺寸如表 2-2~ 表 2-7 所示。

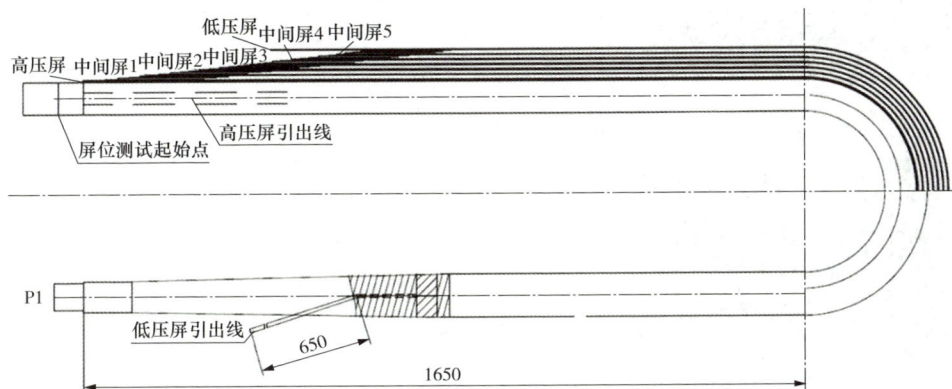

图 2-23 LB6-110W2 型正立油 CT 的主绝缘结构图

表 2-2 高压屏及其端屏尺寸数据 （mm）

屏号 （第一位数字 0 代表高压屏， 第二位数字代表端屏）	0	01	02	03	04
包纸厚度		1	1	1	1
绝缘外径	61	63	65	67	69
屏位置尺寸		55	85	115	140
屏长		220	220	220	220

表 2-3 中间屏 1 及其端屏尺寸数据 （mm）

屏号 （第一位数字 1 代表中间屏 1， 第二位数字代表端屏）	1	11	12	13	14
包纸厚度		1	1	1	1
绝缘外径	71	73	75	77	79
屏位置尺寸	165	185	215	240	260
屏长		220	220	220	220

表 2-4 　　　　　　　中间屏 2 及其端屏尺寸数据　　　　　　（mm）

屏号 （第一位数字 2 代表中间屏 2， 第二位数字代表端屏）	2	21	22	23	24
包纸厚度		1	1	1	1
绝缘外径	81	83	85	87	89
屏位置尺寸	285	310	335	360	380
屏长		220	220	220	220

表 2-5 　　　　　　　中间屏 3 及其端屏尺寸数据　　　　　　（mm）

屏号 （第一位数字 3 代表中间屏 3， 第二位数字代表端屏）	3	31	32	33	34
包纸厚度		1	1	1	1
绝缘外径	91	93	95	97	99
屏位置尺寸	410	430	445	465	485
屏长		220	220	220	220

表 2-6 　　　　　　　中间屏 4 及其端屏尺寸数据　　　　　　（mm）

屏号 （第一位数字 4 代表中间屏 4， 第二位数字代表端屏）	4	41	42	43	44
包纸厚度		1.5	1	1	1
绝缘外径	102	105	107	109	111
屏位置尺寸	510	530	550	570	590
屏长		220	220	220	220

表 2-7 　　　　　中间屏 5 及其端屏、低压屏尺寸数据　　　　　（mm）

屏号 （第一位数字 5 代表中间屏 5， 第二位数字代表端屏）	5	51	52	53	54	低压屏
包纸厚度		1	1	1	1	1
绝缘外径	113	115	117	119	121	123
屏位置尺寸	610	620	640	665	690	460
屏长		220	220	220	220	

2.4 制造流程概述

2.4.1 LB 型产品的典型制造流程一

LB 型产品的典型制造流程如表 2–8 及图 2–24 所示。

表 2–8　　　　　　　　　　LB 型产品的典型制造流程 1

步骤	工序名称	工序描述	图片
步骤 1	一次绝缘包扎	在铝材质的一次导体上利用高压电缆纸、打孔铝箔、铝箔包绕出规定绝缘尺寸的主绝缘	
步骤 2	二次绕组绕制	采用铜线作导电介质，采用聚酯薄膜做绝缘介质，按一定要求用双头包绕机进行绕制（铜线、聚酯薄膜可一起卷绕）	
步骤 3	半成品测试	对卷绕好的二次绕组进行伏安特性、误差等测试	
步骤 4	组合套装	（1）二次绕组按电流比、准确级依次套入器身。（2）器身头部加垫木垫块、用玻璃纤维带和热收缩带在相应位置进行器身绑扎	
步骤 5	尺寸检验、极性测试	使用万用表测二次绕组极性是否正确	

步骤	工序名称	工序描述	图片
步骤6	总装配	（1）油箱搬运至流水线。 （2）将器身吊放至油箱内，放置压板紧固并安装二次接线板。 （3）在器身外套上瓷套。 （4）将导电杆和一次导线紧固后，测量直流电阻。 （5）安装检漏工装。 （6）完成油箱、瓷套之间的焊接	 引线套装至导电杆上
步骤7	焊接、检漏	（1）产品充入洁净氮气，充气至连接头处气压表读数为0.2MPa。 （2）在瓷套上法兰处紧固检漏工装，产品充气后吊放至水槽中，静放10min，观察产品外表有无气泡漏出。其中，油箱、焊缝、水泥胶装处、接线板密封面为重点观察点	
步骤8	真空干燥注油	（1）将产品放入真空干燥罐。 （2）在真空干燥罐内对产品进行预热、变压、抽真空、保压、破真空、维持真空、降温等操作。 （3）真空注油浸渍。 （4）出罐	

步骤	工序名称	工序描述	图片
步骤9	产品补油与静放	（1）安装并拧紧膨胀器盖板螺母。 （2）连接补油管至产品底部放油阀，把产品膨胀器内补满油。 （3）待膨胀器盖板上排气塞有油溢出后，用手拍打膨胀器四周，反复松紧排气塞，排净膨胀器内气泡，直至无气泡冒出，产品静放 ≥ 144h	 补油管接头　放油阀 集油器
步骤10	例行试验	进行工频耐压、局部放电、准确级、电容量和介质损耗因数等试验	
步骤11	产品包装	在产品的外绝缘套部分包裹珍珠棉，头部用泡沫板固定，外用木板钉装成箱	

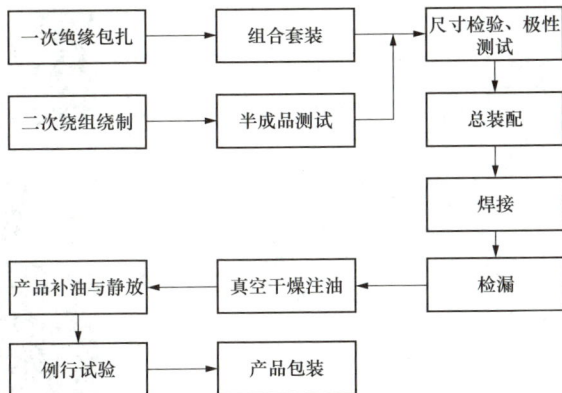

图 2-24　LB 型产品的典型制造流程 1

2.4.2 LB 型产品的典型制造流程二

LB 型产品的典型制造流程如表 2-9 及图 2-25 所示。

表 2-9 LB 型产品的典型制造流程 2

步骤	工序名称	工序描述	图片
步骤 1	一次绝缘包扎	使用半自动卷绕机包扎，采用 0.12~0.13mm 高压电缆纸作主绝缘，按照图纸设计尺寸布置电容屏（0.013mm 铝箔）均压，绝缘尺寸偏差控制在 ±0.5mm	
步骤 2	二次绕组绕制	采用缩醛铜圆线作为二次导线，聚酯薄膜作为层间绝缘介质，按一定要求用双头包绕机进行卷绕（铜线、聚酯薄膜可一起卷绕）	
步骤 3	器身装配	将二次绕组套装在一次导体的两条"腿"上，使用无纬绑带固定二次绕组及支架	

步骤	工序名称	工序描述	图片
步骤4	半成品测试	对卷绕好的二次绕组进行伏安特性、直阻、误差等测试	
步骤5	真空干燥	器身转至干燥罐，预热保持一定时间后降压，保持一定时间后破空，循环变压数次后进入高真空阶段，测试露点 < −50℃保持一定时间后降温出炉	
步骤6	出炉装配	产品转运至装配工位，依次将各个已清洁干燥的部件组装，在整个过程中控制金属杂质清洁、螺栓力矩及密封压缩量等参数，装配时长需控制在1h以内	
步骤7	真空注油	（1）产品抽空至10Pa以下，保持一定时长后开启注油操作并控制过程中的油流速。 （2）在注油过程中保持真空，注油后打压至少0.1MPa并保持一定时长后以加强浸渍，并检查产品是否存在漏点	
步骤8	膨胀器顶油	通过工装对膨胀器排气、并顶油至一定高度	

续表

步骤	工序名称	工序描述	图片
步骤9	静放	为提高器身绝缘浸渍效果，将产品转至烘箱并绑扎膨胀器，在一定温度下保持24h后，再常温静放至少24h	
步骤10	高压例行试验	对产品进行绝缘电阻、工频耐压、局部放电、电容量和介质损耗因数、变比、误差、匝间绝缘、绕组直阻等试验	
步骤11	油样试验	产品高压试验结束后静置24h后取测绝缘油，检测绝缘油的击穿电压、介质损耗值、水分及色谱	

步骤	工序名称	工序描述	图片
步骤12	上证装配	产品安装避雷器、连接片等配件,检查工序检验卡、试验记录及产品外观	
步骤13	包装	依据包装图纸及运输规范,将产品固定至钢支架	

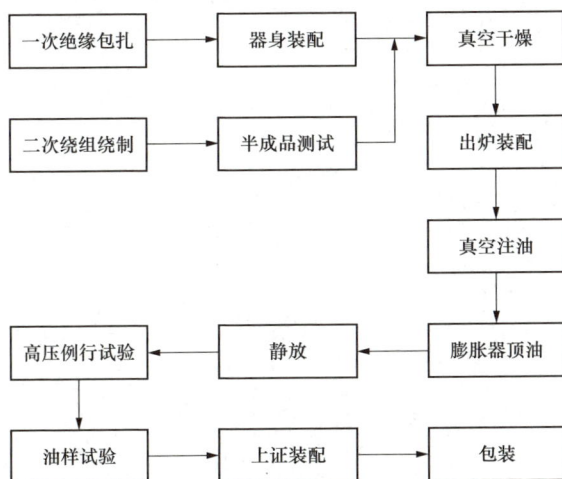

图 2-25 LB 型产品的典型制造流程 2

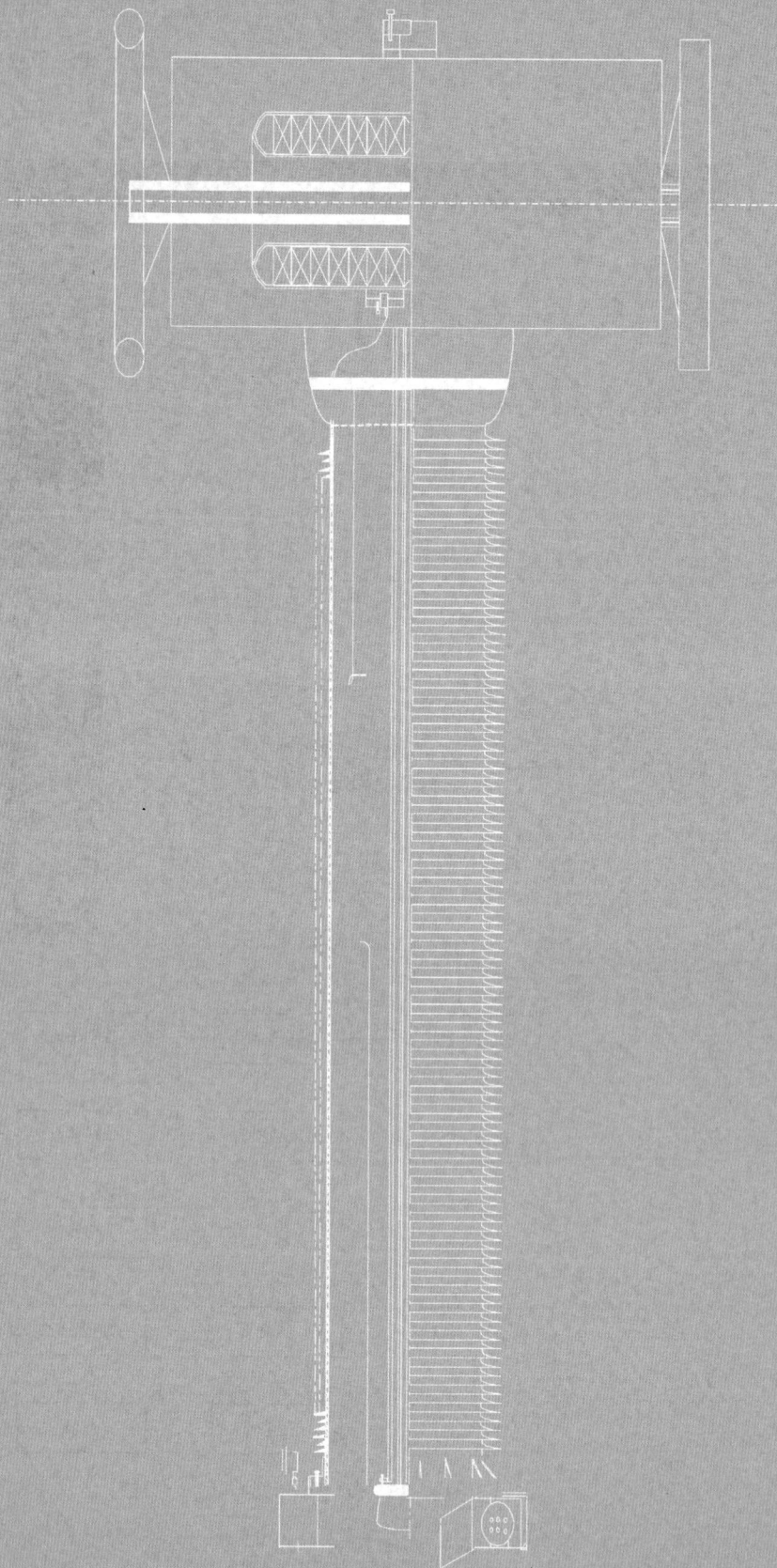

3

独立式SF$_6$气体绝缘电流互感器

3.1 典型结构——部件部分

独立式 SF$_6$ 气体绝缘电流互感器（freestanding SF$_6$ gas-insulated current transformer，简称 SF$_6$ 绝缘 CT）是指由 SF$_6$ 气体作为主要绝缘介质，二次绕组置于产品顶部（倒立式）的电流互感器。独立式 SF$_6$ 气体绝缘电流互感器部件部分示意图如图 3-1 所示。其中，立式壳体结构又可称为钟罩型结构，卧式壳体结构又可称为 T 字型结构。

独立式 SF₆ 气体绝缘
电流互感器思维导图

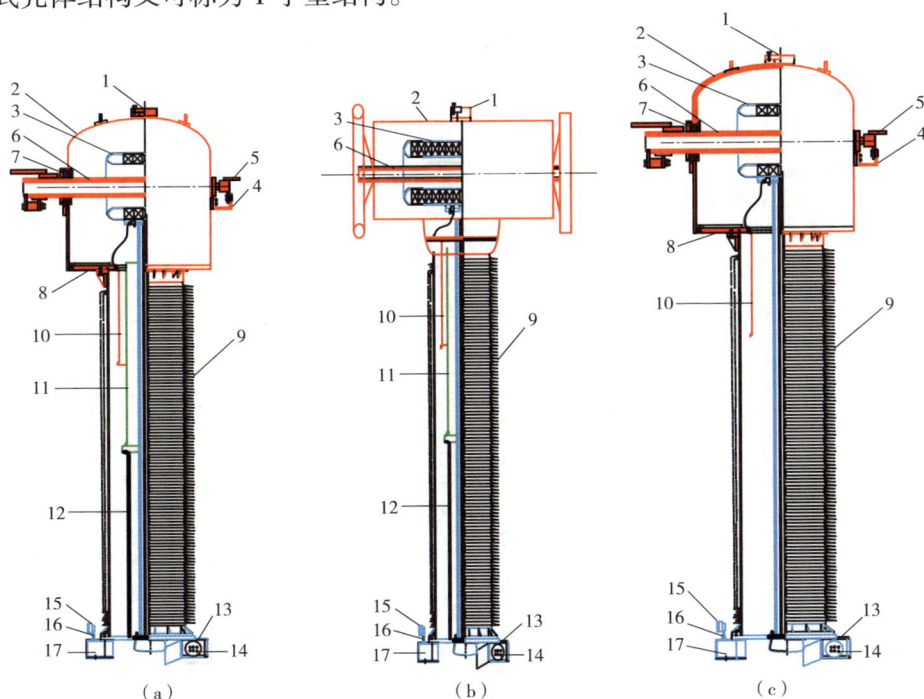

（a）   （b）   （c）

图 3-1　独立式 SF$_6$ 气体绝缘电流互感器部件部分示意图

（a）立式壳体（330kV 及以上电压等级）结构；（b）卧式壳体（330kV 及以上电压等级）结构；
（c）立式壳体（220kV 及以下电压等级）结构

1—压力释放装置；2—壳体；3—器身；4——次换接板；5——次端子；6——次导体；
7——次端绝缘件；8—底板；9—外绝缘套；10—高压屏蔽筒；11—中压屏蔽筒；12—绝缘筒；
13—二次接线盒；14—二次端子；15—压力式 SF$_6$ 气体密度控制器；16—充放气阀；17—底座

注：红色代表设备正常运行时处于高电位的部件，蓝色代表设备正常运行时处于地电位的部件，绿色代表设备正常运行时处于中间电位的部件，黑色表示绝缘。

3.1.1 压力释放装置 pressure relief device

压力释放装置是指用于限制互感器内部危险过压力的一种装置。SF_6 绝缘 CT 正常运行时，其压力释放装置的对地电压为运行电压。

爆破片产品
实物展示

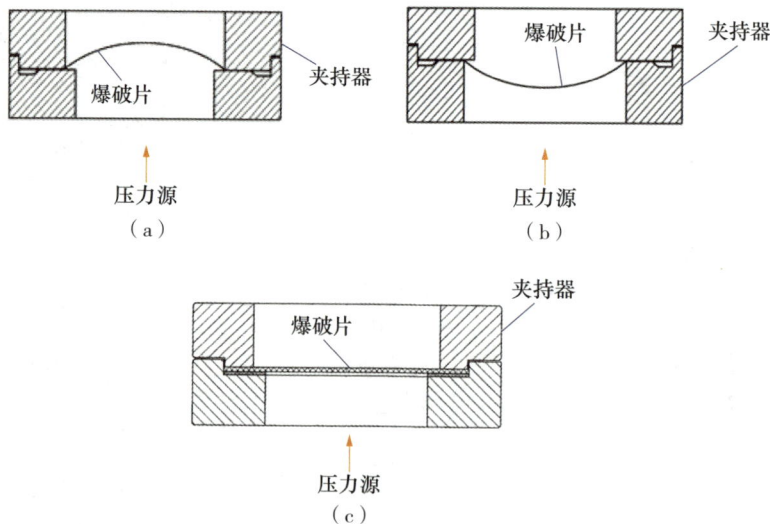

互感器用压力释放装置通常指爆破片装置。按照结构形式可分为正拱形（凹面处于压力系统的高压侧）、反拱形（凸面处于压力系统的高压侧）和平板形三类，如图 3-2 所示。平板形和正拱形爆破片为拉伸破坏，可用于气相、液相或气—液两相介质的泄放；反拱形爆破片为失稳破坏，常被用于气相介质（如 SF_6 气体绝缘的互感器）的泄放。爆破片实物图如图 3-3 所示。

图 3-2　典型爆破片安装示意图

（a）正拱形爆破片；（b）反拱形爆破片；（c）平板形爆破片

爆破片需要安装在夹持器或者与夹持器具有同等功能（定位、支撑、密封及保证泄放面积等）的装置（如金属膨胀器的法兰）上，安装质量对于爆破片的长期稳定运行和泄放功能实现至关重要。需要注意以下几个方面：

（1）在进行爆破片安装前，应仔细阅读安装说明书，核对铭牌信息，严格按照安装说明书的要求进行操作，安装前应将法兰、夹持器、爆破片等部

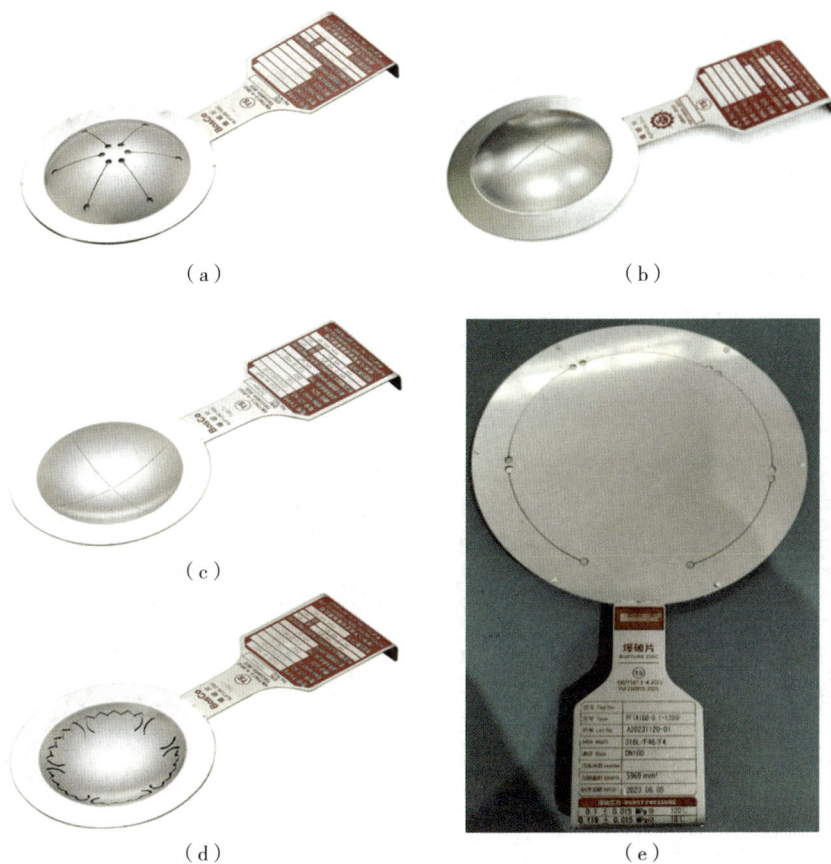

图 3-3　爆破片实物图

（a）正拱开缝型；（b）正拱带槽型；（c）反拱带槽型；（d）反拱开缝型；（e）平板开缝型

件密封面擦拭干净，擦拭时应避免密封面损伤。

（2）爆破片为精密压力元件，安装过程中应避免掉落、机械损伤、触碰或按压爆破片拱面等，以避免因压力设定元件损伤而造成爆破片的提前或滞后爆破。

（3）在安装过程中，应注意紧固螺栓力矩的均匀施加，倾斜安装或过度拧紧会使夹持件受力不均匀或变形，从而导致爆破片失效，因而应严格按照生产厂商对夹持装置的装配要求进行安装。

互感器用爆破片可依据 GB 567—2012《爆破片安全装置》的要求进行设计、制造及检验；对于有一定使用年限和疲劳性能要求的爆破片还应根据用户需求进行疲劳性能测试；爆破片的额定泄放量取值应大于使用工况的需求泄放量，若不能准确提供，则可根据工程经验进行确定。

对于 SF₆ 绝缘 CT，在壳体的顶部装有爆破片，其爆破压力一般与压力容器的设计压力有关，在泄放温度下的设定爆破压力值通常为设备额定工作压力（相对压力）的 2 倍。由于充气前需要抽真空，因此常用带夹持件的反拱形爆破片装置，如 YC（反拱带槽）、YE（反拱鳄齿）、YF（反拱开缝）型等。压力释放装置实物图如图 3-4 所示。爆破片外部应设置防护装置，以防止爆破片直接受到日晒、雨淋、积水、积雪或磕碰，同时应考虑防护装置对爆破片泄放效率的影响。

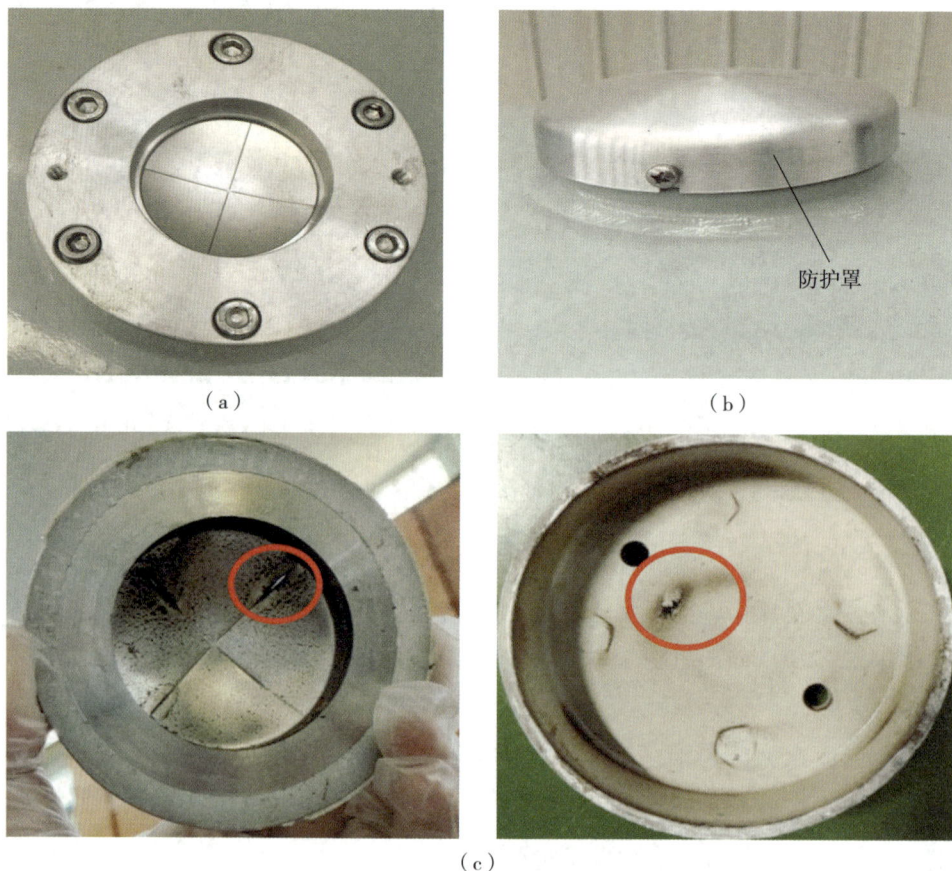

（a）

（b）

防护罩

（c）

图 3-4　SF₆ 绝缘 CT 压力释放装置实物图（一）

（a）安装防护罩前；（b）安装防护罩后；（c）某 500kV SF₆ 绝缘 CT 故障后的爆破片（有一处细缝，未全部冲开）和防护罩内侧（可见黑色放电分解物痕迹）

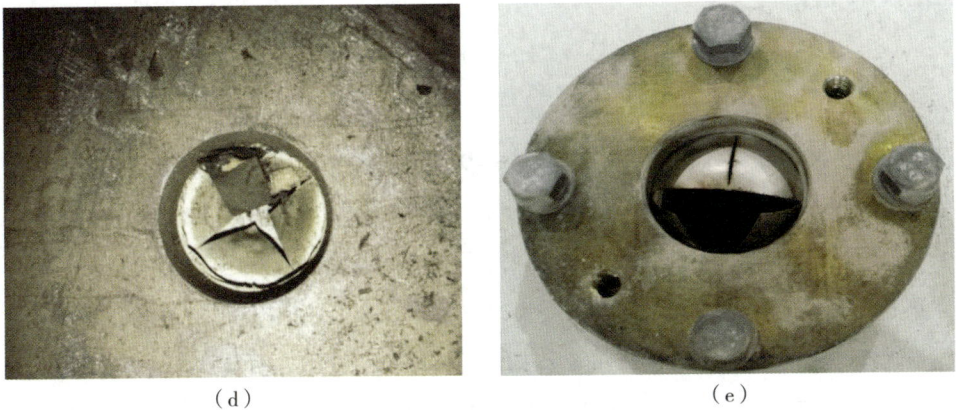

（d）　　　　　　　　　　　　　　　　　　（e）

图 3-4　SF$_6$ 绝缘 CT 压力释放装置实物图（二）

（d）某 220kV SF$_6$ 绝缘 CT 故障后的爆破片；（e）某 110kV SF$_6$ 绝缘 CT 故障后的爆破片

操作压力比是爆破片在选型应用时需要考虑的一个重要因素，其定义为被保护承压设备最大工作压力与爆破片最小爆破压力的比。通常来说，正拱形爆破片的允许操作压力比不大于 80%，而反拱形爆破片的允许操作压力比可达到 90%。试验研究表明：同种工况下，操作压力比越小，爆破片耐疲劳性能越好，使用寿命越长。因而，在进行爆破片的设定爆破压力值选择时，应在允许的范围内尽量增大其与最大工作压力的差值。爆破片各压力设定点的关系如图 3-5 所示。

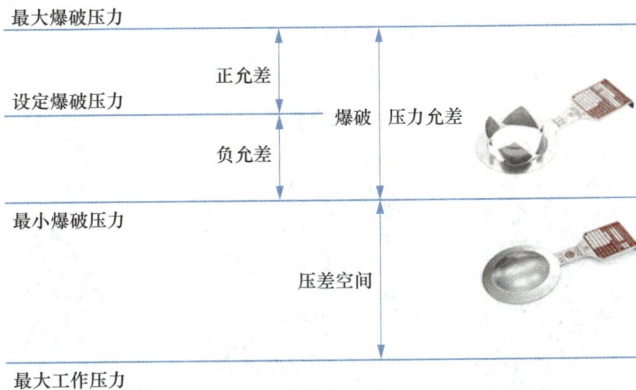

图 3-5　爆破片各压力设定点的关系

爆破片选型时应考虑操作压力比的影响。假设被保护设备的最大工作压力为 0.85MPa，设定爆破压力值不超过 1.0MPa，则考虑到正拱形爆破片的最高允许操作压力比通常为 80% 而不满足使用要求，则应选择反拱形爆破片作为压力泄放装置。

爆破片可采用的材质及最高允许使用温度为：铝（Al）——100℃、铜（Cu）——200℃、镍（Ni）——400℃、奥氏体不锈钢（SS）——400℃、石墨——200℃。当爆破片表面覆盖密封膜或保护膜时，应考虑该类覆盖材料对使用温度的影响。

需要说明的是，SF_6 绝缘 CT 故障后导致爆破片动作的占比较小。在 2022 年底前笔者掌握的 28 起故障案例中，除了爆破片因自身质量问题导致开裂的情况外，仅 3 起发生防爆膜动作，如图 3-4（c）~（e）所示。

此外，对于油 CT，通常选用正拱形爆破片，如 LC（正拱带槽）、LF（正拱开缝）型或者选用平板形爆破片，以满足气、液两相泄放的需求。

3.1.2 壳体 shell

壳体是指能提供适合于预期用途的防护类型及其等级的壳形件，通常由碳钢板、不锈钢、铝合金或铸铝合金等低导磁材料加工而成，一般有立式和卧式两种结构，实物图如图 3-6 所示。

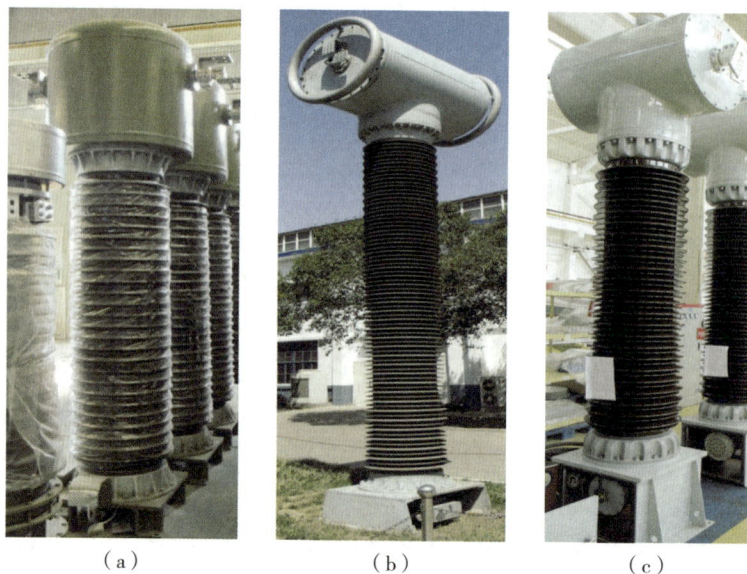

| （a） | （b） | （c） |

图 3-6 SF_6 绝缘 CT 壳体实物图（一）

（a）立（钟罩型）式壳体，瓷套；（b）卧（T 字型）式壳体，复合外绝缘套；（c）卧（T 字型）式壳体，瓷套

（d）

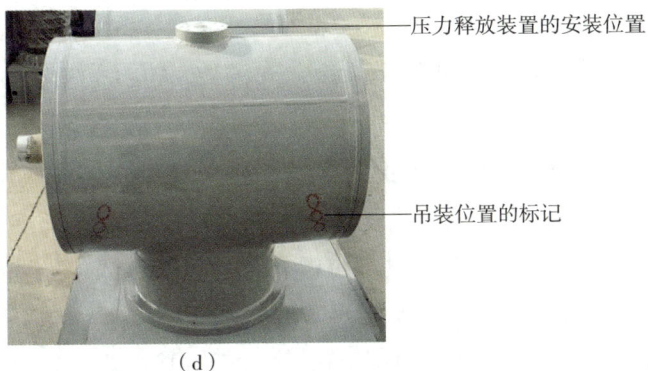

图 3-6　SF₆ 绝缘 CT 壳体实物图（二）

（d）卧（T 字型）式壳体

SF₆ 绝缘 CT 正常运行时，其壳体的对地电压为运行电压。通常情况下，若 SF₆ 绝缘 CT 内部发生主绝缘击穿故障，壳体不会出现破损，而其内部有可能存在放电点和电弧灼伤痕迹，如图 3-7 所示。

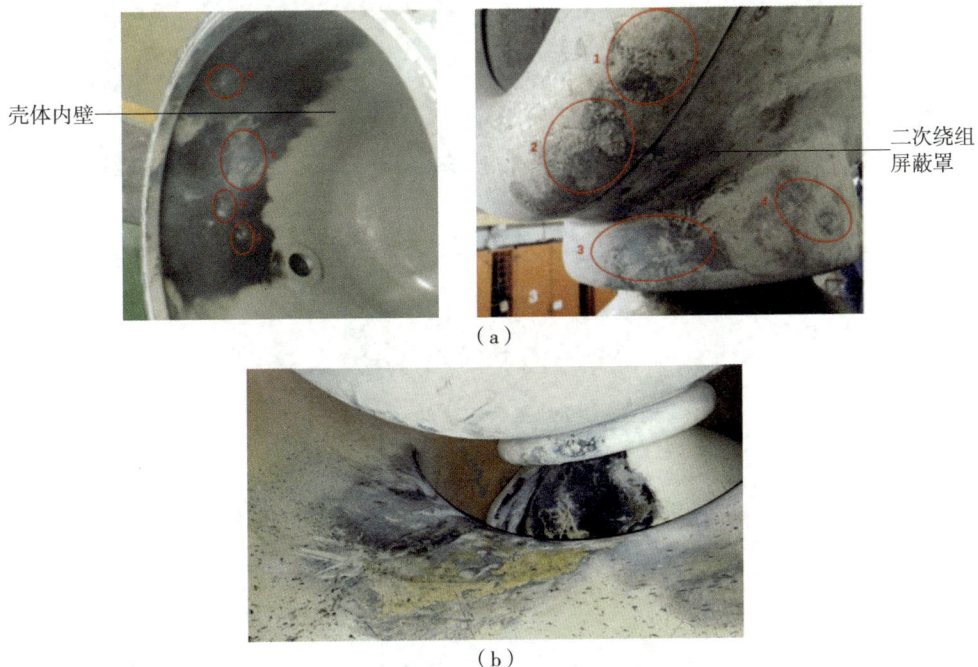

（a）

（b）

图 3-7　故障 SF₆ 绝缘 CT 壳体内部的放电点和电弧灼伤痕迹

（a）立（钟罩型）式壳体（靠近 P1 侧）；（b）卧（T 字型）式壳体（底部）

3.1.3 器身（独立式 SF₆ 气体绝缘电流互感器的）active part（of freestanding SF₆ gas-insulated current transformer）

SF₆ 绝缘 CT 的器身是指由二次绕组、二次绕组屏蔽罩、支撑绝缘件和二次引线管组装完成后的整体。器身实物图如图 3-8 所示（图中二次绕组不可见），其结构及各部件详见 3.2 节。SF₆ 绝缘 CT 正常运行时，器身的二次绕组屏蔽罩（内含二次绕组）和二次引线管处于地电位。

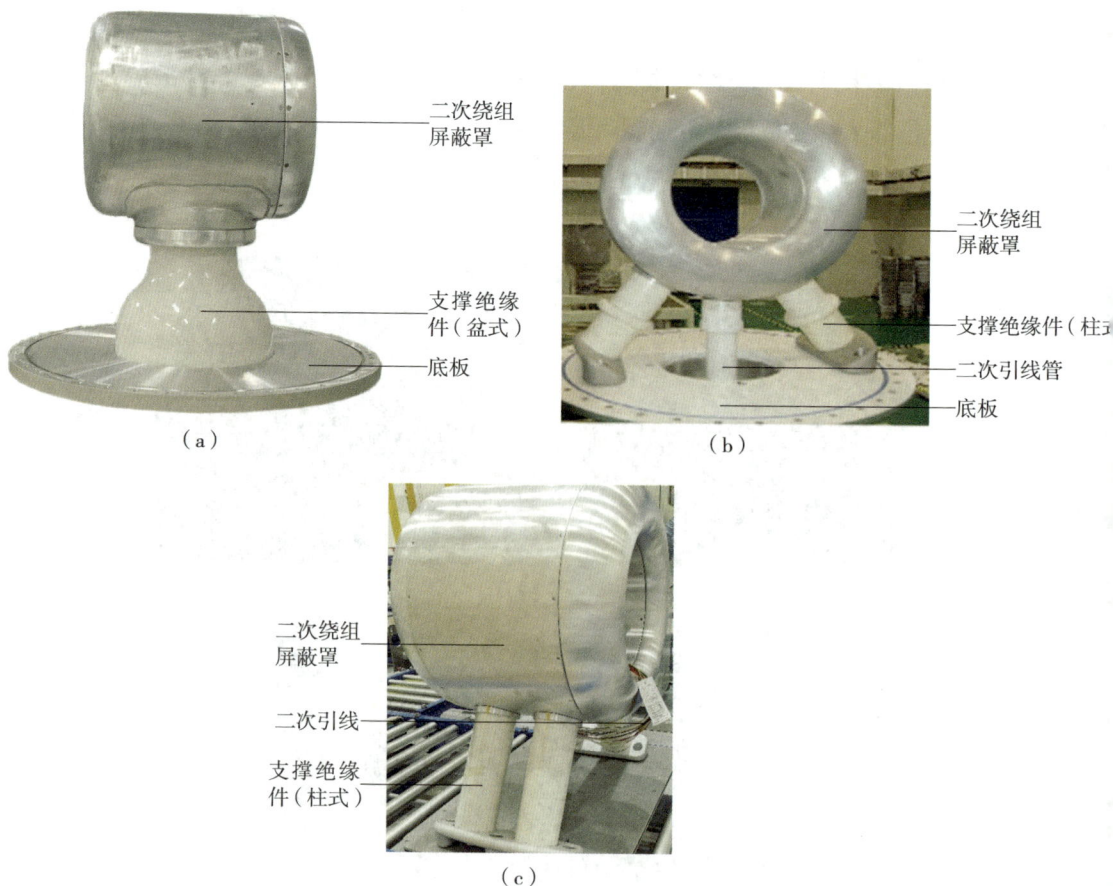

（a）

二次绕组屏蔽罩
支撑绝缘件（盆式）
底板

二次绕组屏蔽罩
支撑绝缘件（柱式）
二次引线管
底板

（b）

二次绕组屏蔽罩
二次引线
支撑绝缘件（柱式）

（c）

图 3-8 SF₆ 绝缘 CT 器身实物图

（a）盆式支撑绝缘件的器身；（b）220kV SF₆ 绝缘 CT 的柱式支撑绝缘件的器身；
（c）500kV SF₆ 绝缘 CT 的柱式支撑绝缘件的器身

3.1.4 一次换接板（独立式 SF₆ 气体绝缘电流互感器的）primary replacement board（of freestanding SF₆ gas-insulated current transformer）

110（66）kV 及以上电流互感器的一次换接板是指用于进行一次绕组串、并联换接的导电板。当 SF₆ 绝缘 CT 正常运行时，一次换接板的对地电压为运行电压。

采用一次换接板实现变比的改变，具体可参考设备的产品说明书、铭牌或其他标识进行操作，SF₆ 绝缘 CT 变比换接典型情况如图 3-9 所示。图 3-9（a）中为一次绕组并联结构，如将一次换接板安装在 P1 侧，则变为一次绕组串联结构。图 3-9（b）给出了图 3-9（a）的实物照片。图 3-9（c）为一次绕组串联结构，如将导电杆向右移与 P1 侧导电排连接，则变为一次绕组并联结构。图 3-9（d）、（e）给出了图 3-9（c）的实物照片。实际产品中，还存在着一次绕组穿过二次绕组铁芯的匝数为 2、4 的两种变比可选的情况（P1 和 P2 侧均有一次换接板），如图 3-9（f）所示。

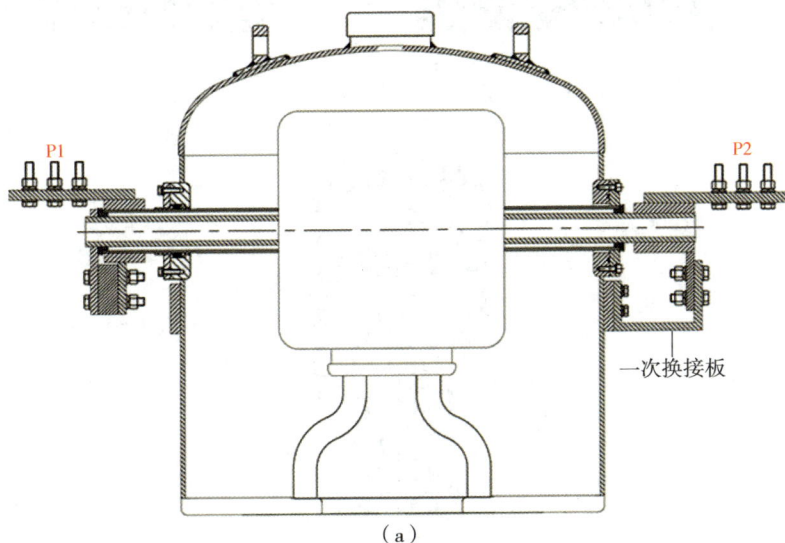

（a）

图 3-9 SF₆ 绝缘 CT 变比换接典型情况（一）
（a）结构 1 的换接原理（并联结构）

	串联	并联
P1 侧		
P2 侧		

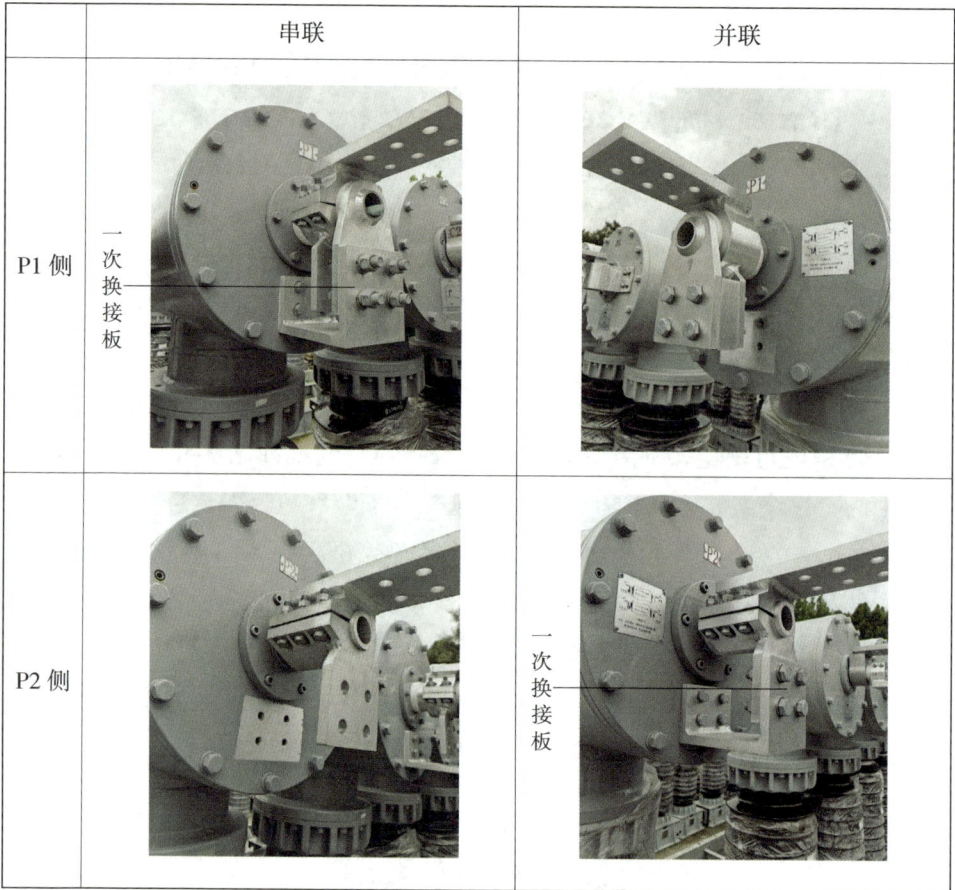

（b）

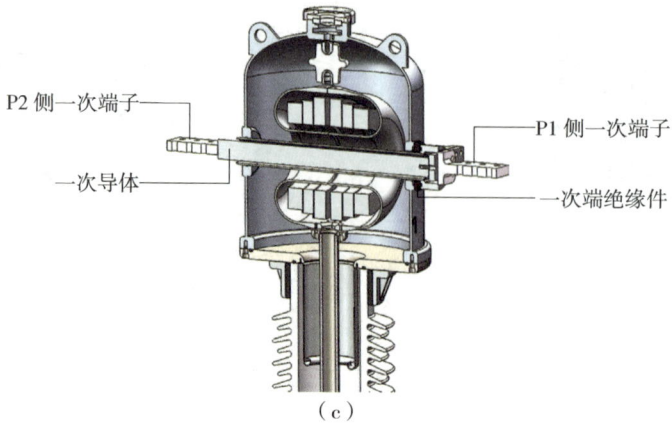

P2 侧一次端子 —

P1 侧一次端子

一次导体 —

一次端绝缘件

（c）

图 3-9　SF₆ 绝缘 CT 变比换接典型情况（二）

（b）串并联实物图；（c）结构 2 的换接原理（串联结构）

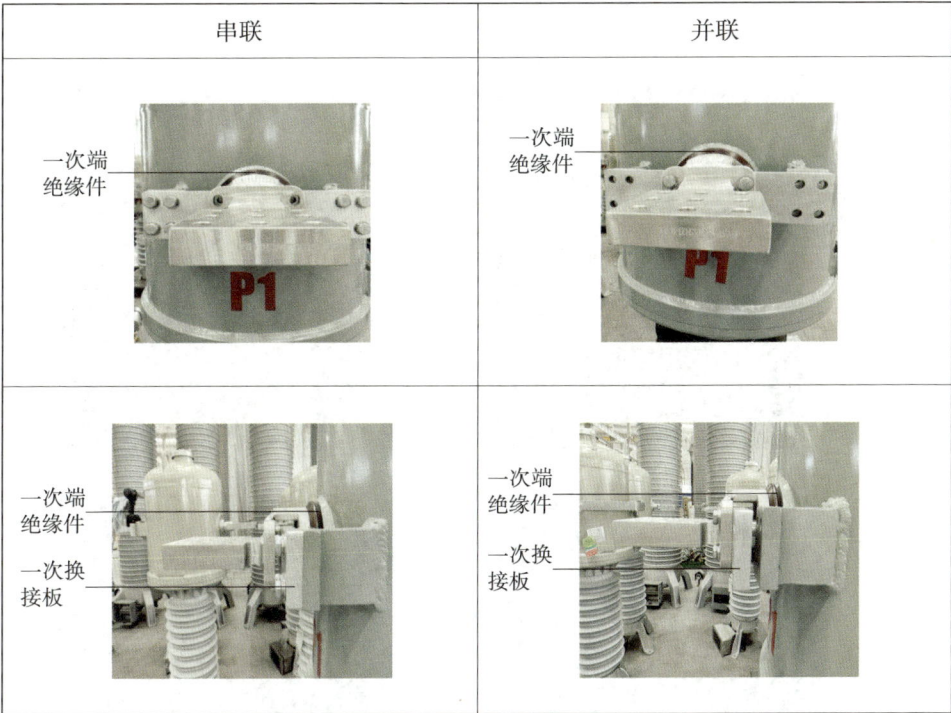

（d）

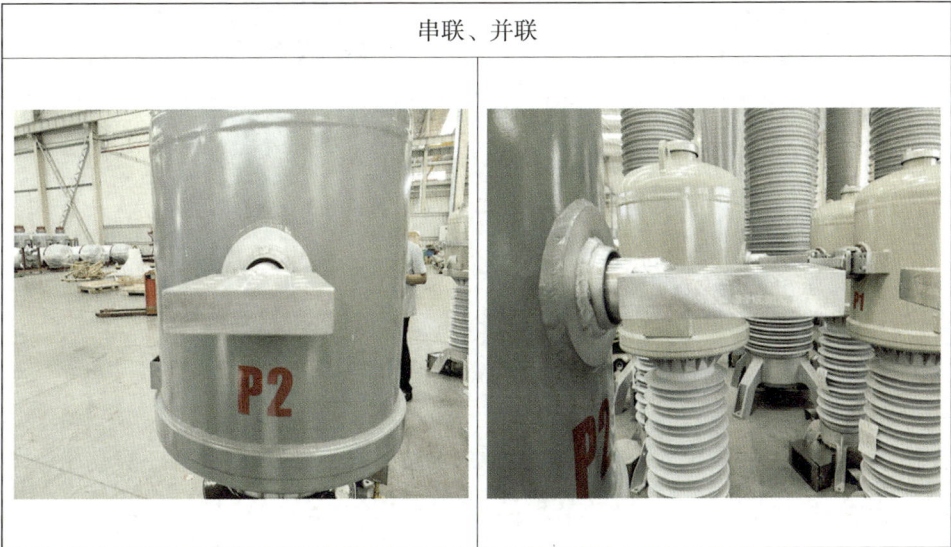

（e）

图 3-9 SF₆ 绝缘 CT 变比换接典型情况（三）

（d）P1 侧实物图；（e）P2 侧实物图

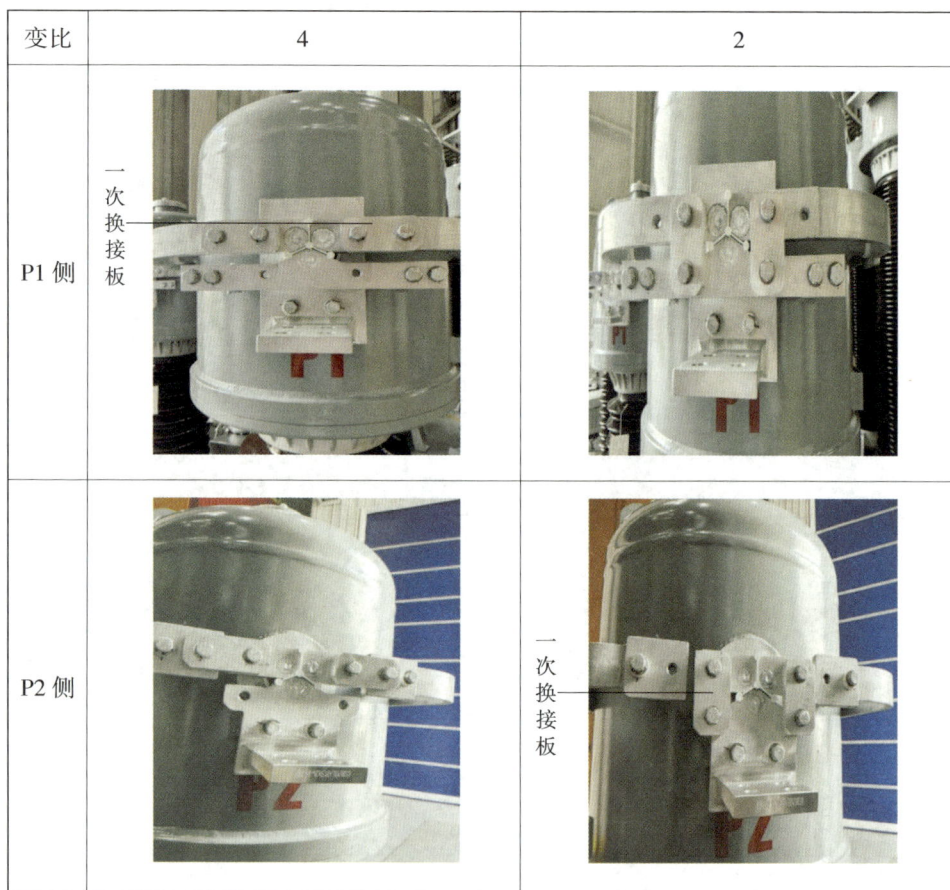

变比	4	2
P1 侧	一次换接板	
P2 侧		一次换接板

（f）

图 3-9 SF₆ 绝缘 CT 变比换接典型情况（四）

（f）2、4 两种变比换接的实物图

3.1.5 一次端子（电流互感器的）
primary terminals（of current transformer）

部分 110（66）kV 及以上 SF₆ 绝缘 CT 可从外观上识别出来一次端子，如图 3-10 所示。

（1）图 3-10（a）～（d）中，P1 端子与壳体之间有一次端绝缘件（材质为聚四氟乙烯、环氧树脂或者尼龙），P2 端子与壳体直接连接。

（2）图 3-10（e）～（h）为图 3-9（f）所用的一次端子。

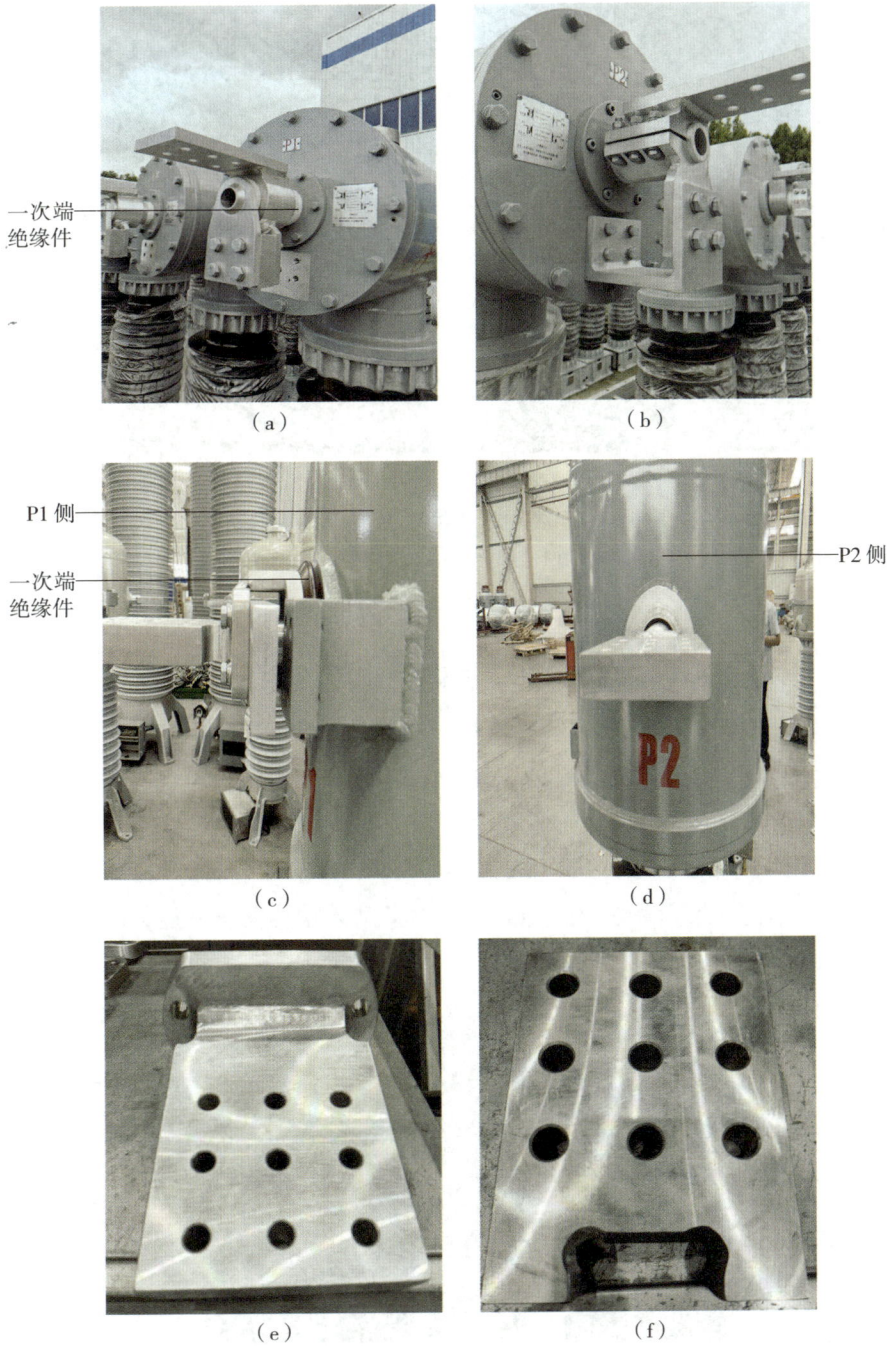

（a）

（b）

（c）

（d）

（e）

（f）

图 3-10　SF₆ 绝缘 CT 的一次端子识别（一）

（a）P1 端子与绝缘件；（b）P2 端子；（c）P1 端子与绝缘件；（d）P2 端子；
（e）两匝结构的 P1 端子；（f）两匝结构的 P2 端子

一次端
绝缘件

P1 侧

一次端
绝缘件

P2 侧

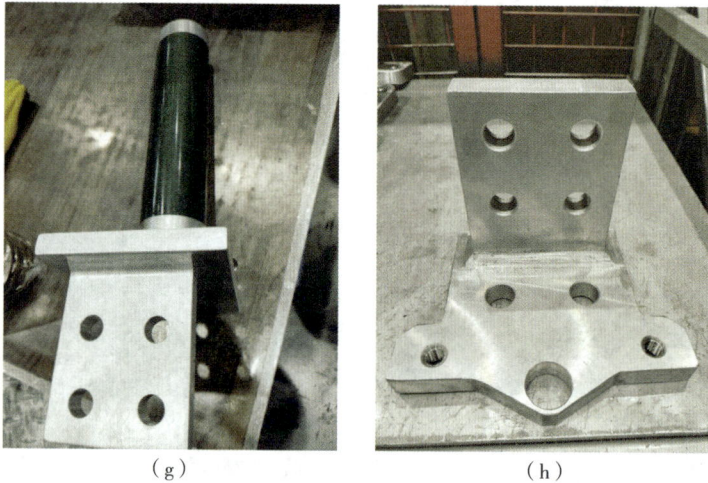

（g）　　　　　　　　　　　　（h）

图 3-10　SF$_6$ 绝缘 CT 的一次端子识别（二）

（g）四匝结构的 P1 侧端子；（h）四匝结构的 P2 侧端子

3.1.6　一次导体（独立式 SF$_6$ 气体绝缘电流互感器的）primary conductor（of freestanding SF$_6$ gas-insulated current transformer）

一次导体是电流互感器的一次绕组，SF$_6$ 绝缘 CT 的一次导体的典型结构为两匝管状结构，实物图如图 3-11 所示。当电流互感器正常运行时，一次导体的对地电压为运行电压。

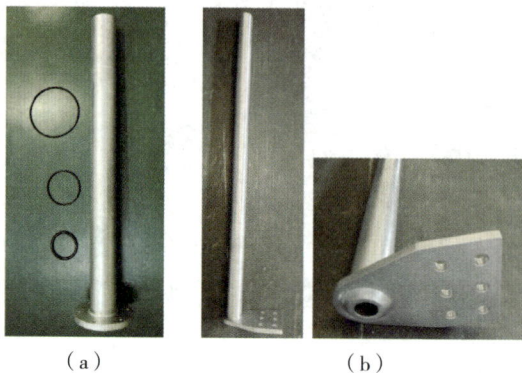

（a）　　　　　　　　　　　（b）

图 3-11　SF$_6$ 绝缘 CT 一次导体实物图

（a）两匝结构的外导电管；（b）两匝结构的内导电管

3.1.7 一次端绝缘件（电流互感器的）primary insulator（of current transformer）

SF$_6$ 绝缘 CT 一次端绝缘件如图 3-9（c）、（d）和图 3-10（a）及图 3-12 所示。

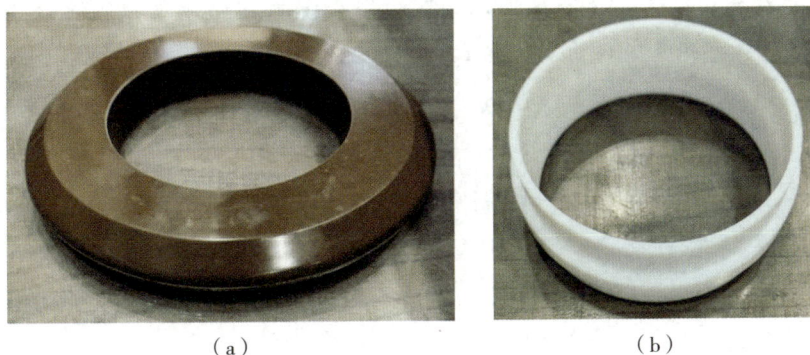

（a）　　　　　　　　　　　　　　　　（b）

图 3-12　SF$_6$ 绝缘 CT 一次端绝缘件实物图

（a）环氧树脂材质；（b）聚四氟乙烯材质

3.1.8 底板 baseplate

底板是指用于固定壳体及支撑绝缘件的部件，如图 3-6（a）和图 3-8（a）所示。SF$_6$ 绝缘 CT 正常运行时，底板的对地电压为运行电压。

3.1.9 外绝缘套（独立式 SF$_6$ 气体绝缘电流互感器的）insulating bush（of freestanding SF$_6$ gas-insulated current transformer）

复合外绝缘套产品
实物展示

SF$_6$ 绝缘 CT 的外绝缘套可选择空心瓷绝缘子和空心复合绝缘子。本节仅介绍空心复合绝缘子。

空心复合绝缘子解决了空心瓷绝缘子属于瓷材料及自身其结构方面的一些不足（如在极端条件下发生爆炸、脆断的运行问题），以及提升了有限的耐污秽闪络、耐雨雾闪络特性等,但其抗老化性能和刚性远不及空心瓷绝缘子。

空心复合绝缘子的主要组成部分包括以有机材料玻璃纤维浸渍环氧树脂缠绕制成的主绝缘管(主要承担机械负荷和内部器身的电、热、内压力负荷)、以有机材料硅橡胶制成的外绝缘伞套(提供必要的爬电距离和保护主绝缘管不受外界环境影响,以及提供优异的耐污秽闪络和雨雾闪络性能的主材制品)、两端金属法兰(通常为铝合金材料,也用到球墨铸铁材料)、密封圈(将空心复合绝缘子的内部界面位置与外界大气相隔离)等。

空心复合绝缘子的生产制造工艺流程如图 3-13 所示,可概述为以下步骤:

(1)用玻璃纤维浸渍环氧树脂缠绕制成主绝缘管。

(2)先将主绝缘管布置于伞套模具中,然后将硅橡胶材料高温注射到伞套模具之中,压制出高温硫化成型的硅橡胶外绝缘伞套,使外绝缘伞套粘接

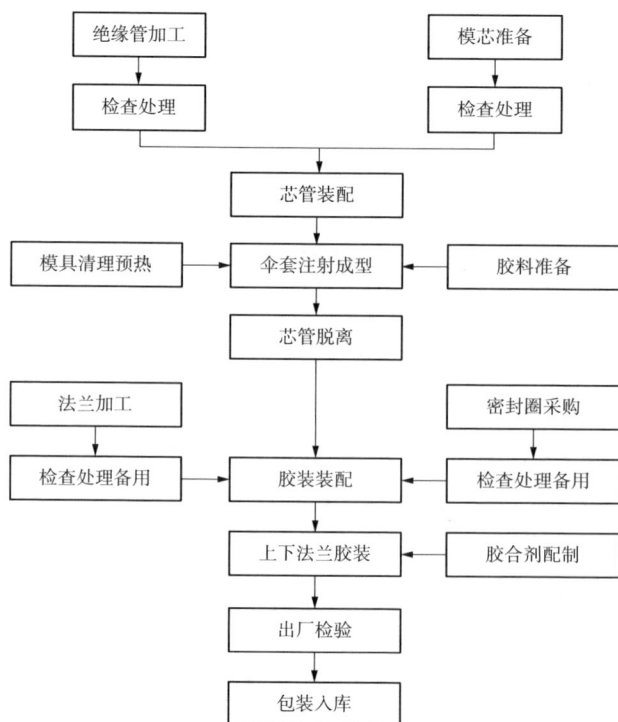

图 3-13 空心复合绝缘子的生产工艺(间隙胶装)流程

在主绝缘管的外表面。

（3）将提前装好密封圈的金属法兰装配固定在主绝缘管端部，然后用高强度胶合剂将金属法兰和主绝缘管黏接固化，这一过程被称为间隙胶装，最终形成空心复合绝缘子的成品整体。此外，也可采用过盈胶装的方法形成空心复合绝缘子的成品整体，即加热金属法兰使其热胀后套在主绝缘管端部，待金属法兰降温冷缩后密封压紧主绝缘管端部。

空心复合绝缘子具有如下 6 个显著的性能特点：

（1）优异的憎水性和憎水性迁移特性。硅橡胶材料的表面能很低，水在其表面会形成一种相互分离的水滴或水珠状态，因此硅橡胶材料具有良好的憎水性。在硅橡胶配方中，所有填充进去的无机物都不具备憎水性，因此憎水性需要通过硅橡胶本身的特性来实现。这就要求在混炼胶料的过程中，通过硅橡胶把所有无机物包裹起来，从而使胶料对外界显示出硅橡胶的憎水性。

硅橡胶材料在沉积覆盖污层后，污层表面也会呈现憎水性，即水分在污层表面不会形成连续水膜，而会凝聚成彼此分离的水珠，其中较大的水珠在重力作用下从表面滑落，这就是硅橡胶材料特有的憎水迁移特性。现场运行的复合绝缘子的积污时间都很长，污层表面一般都具有明显的憎水迁移性。

（2）较好的耐污闪特性。憎水性和憎水迁移特性决定了复合绝缘子具有优异的耐污性能，因此在湿润的环境下污层不易受潮，仅有较少部分的盐能被溶解，而绝大多数的污秽不能被溶解成导电的离子，这就有效限制了污层表面的泄漏电流，难以形成局部电弧，从而不易发生沿面污秽闪络。因此复合绝缘子在污湿环境中具有较好的耐污闪特性。

（3）适宜的耐漏电起痕和耐电蚀损性能。伞套是以硅橡胶材料为基体，通过添加偶联剂、阻燃剂、补强剂、抗老化剂等填料经高温硫化而成的。硅橡胶材料的化学性能稳定，具有耐高、低温性能，耐大气老化性能，耐臭氧老化性能。但是，硅橡胶分子间的距离大、分子间作用力弱，致使硅橡胶本身的机械强度不高，同时其硬度、耐磨性也较差，耐漏电起痕和耐电蚀损性能也不高。为克服这些弱点，需在硅橡胶中添加补强剂和阻燃剂等来改善其机械性能、耐漏电起痕和耐电蚀损性能。尽管这些填料可以提高硅橡胶的某些性能，但是填料的加入也对硅橡胶本身的性能产生了影响。例如，补强剂在提高硅橡胶机械强度的同时，也会降低硅橡胶制品的电阻和工频击穿电压，增大工频相对介电常数和介质损耗；阻燃剂虽可提高制品的耐漏电起痕和电蚀损性能，但会减弱硅橡胶材料的憎水性能。

（4）显著的防爆特性。空心复合绝缘子的机械强度和主绝缘性能主要由主绝缘管承担。主绝缘管除了具备水扩散性能、无渗透无虹吸性能、较高的机械强度、与固态高温硫化硅橡胶良好黏接的注射成型工艺特性、内腔可与 SF_6 或绝缘油良好相容等特性之外，还具备显著的防爆特性，不会在过压力下发生爆炸。

（5）机械强度存在蠕变特性。复合绝缘子的机械强度会随施加荷载时间的延长而有下降，即机械强度存在蠕变现象，这一现象是由主绝缘管结构和端部金属法兰连接结构造成的：主绝缘管由上百万根玻璃纤维与树脂黏合缠绕而成，每根纤维本身的破坏强度和状态各不相同，法兰内部或靠近法兰部分的应力分布通常也不均匀，这样会使某些部位的纤维受到的应力增大。因此，当长时间较高水平的机械负荷作用于复合绝缘子时，尽管整体没有断裂，但是内部可能已有一些纤维因受到超过自身强度的负荷而断裂。断裂纤维原先承担的负荷会转移到其他纤维上，从而加大了其他纤维的应力。如果其他纤维继续因附加负荷的增大而断裂，则负荷将继续转移。如此循环，纤维断裂逐渐增加，剩余纤维平均受力将逐渐增大，整体强度逐渐下降，即表现为机械强度的蠕变现象。因此，在进行复合绝缘子的机械强度参数选型时，必须考虑对蠕变的控制，例如，优先选择破坏强度高的产品；选择合理的使用负荷与优良的端部连接结构，使端部应力集中降到最小。

（6）耐候性较差。复合绝缘子属于有机材料制品，其耐候性较差的老化特性是与生俱来的，因此在一些强紫外强风沙地区的使用受到限制。根据当前的实际经验，运行服役的高压空心复合绝缘子的平均寿命能够在 15 年左右就比较理想了。

按照 GB/T 21429—2008《户外和户内电气设备用空心复合绝缘子定义、试验方法、接收准则和设计推荐》的规定，空心复合绝缘子产品的试验检验规则如表 3-1 和表 3-2 所示。

SF_6 绝缘 CT 用空心复合绝缘子的部件、胶装及成品检验如图 3-14 所示。

表 3-1　　　　　　　　　　空心复合绝缘子设计试验

设计有下列改变时		应重新进行下列试验		
		介面	伞套	管
1	伞套材料	√	√	—
2	伞套的设计	—	√	—
3	伞套到管的介面（附着方法）	√	√	—
4	管材料	√	—	√
5	管的设计	—	—	√
6	伞套制造过程	√	√	—
7	管制造过程	√	—	√
8	金属附件材料	√	—	—
9	金属附件设计①	√	—	—
10	伞套到端部附件的介面（附着方法和几何形状）	√	√	—
11	连接区（附着方法和几何形状）	√	—	—

注　"√"表示 GB/T 21429—2008 标准要求。
①厚度更大时不需要重新进行试验。

表 3-2　　　空心复合绝缘子的型式试验、抽样试验和逐个试验

试验项目	型式试验	抽样试验	逐个试验
机械负荷试验	√	—	—
尺寸检查	—	√	—
镀锌层试验	—	√①	—
机械试验	—	√	—
界面试验	—	√	—
外观检查	—	—	√
逐个压力试验	—	—	√
逐个机械试验	—	—	√
逐个密封试验	—	—	√
管材料的逐个试验	—	—	√

注　"√"表示 GB/T 21429—2008 标准要求。
①仅适用于装配有热镀锌金属附件的空心绝缘子。

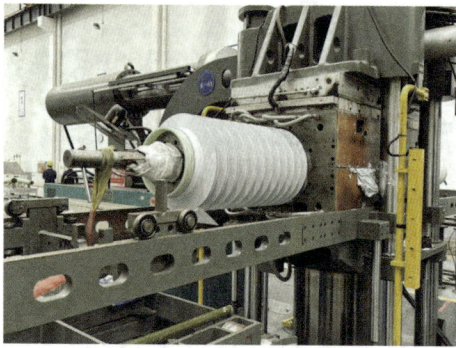

（a）　　　　　　　　　　　　　　　　　（b）

（c）

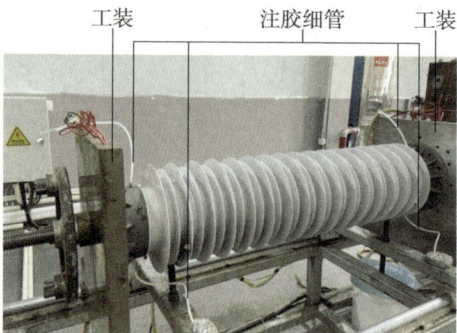
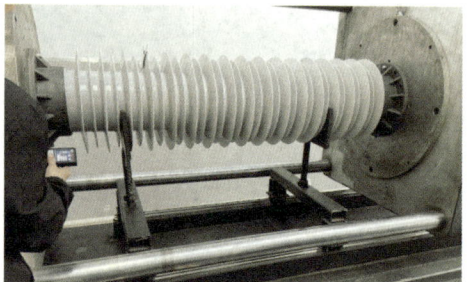

（d）　　　　　　　　　　　　　　　　　（e）

图 3-14　SF$_6$ 绝缘 CT 用空心复合绝缘子的部件、胶装及成品检验（一）

（a）主绝缘管布置在伞套模具中进行硅橡胶外绝缘伞套的高温硫化成型；

（b）主绝缘管 + 硅橡胶外绝缘伞套的整体及局部；（c）金属法兰；

（d）间隙胶装结构；（e）过盈胶装结构

(f)

(g)　　　　　　　　　　　　　　（h）

图 3-14　SF$_6$ 绝缘 CT 用空心复合绝缘子的部件、胶装及成品检验（二）

（f）空心复合绝缘子成品及其局部；（g）压力密封检测；（h）气体试漏检测

　　空心复合绝缘子性能参数主要包括主绝缘管与绝缘油的相容性（主要是油介损）性能（针对用于油浸式互感器的场合）、主绝缘管的水扩散性能、外绝缘伞套材料的耐电痕化和蚀损性能、老化性能及其评价、机械强度（主要是弯曲强度）、安装尺寸、密封性能等。

　　作为外绝缘伞套的主体，具备优异的耐老化性能是硅橡胶材料配方设计和选择的关键，否则就会在预期运行年限内出现问题。如图 3-15 所示，2017年一季度，西南某地通过精确测温发现某制造商生产的 3 台 500kV SF$_6$ 绝缘

CT（2008 年 11 月投运）的空心复合绝缘子的中下部异常发热。其中，B 相温差达 11.78K。至 2018 年 1 月，发现 C 相设备出现外绝缘放电现象，放电位置在外绝缘伞套中部（从底部往上第 16 伞裙到 28 伞裙之间）。退运后解体发现：伞套存在较多裂纹，尤其在伞根部的裂纹已深可见内部的主绝缘管、存在潮气和水分侵入的通道，且裂纹口整齐平滑；伞裙边缘已出现明显径向裂纹（尤其以放电位置最为明显），伞裙表面人为弯曲后可见龟裂现象；部分伞套与主绝缘管没有完全耦合，伞套内表面与主绝缘管的外表面光滑，无黏合剂附着，可轻松剥离。

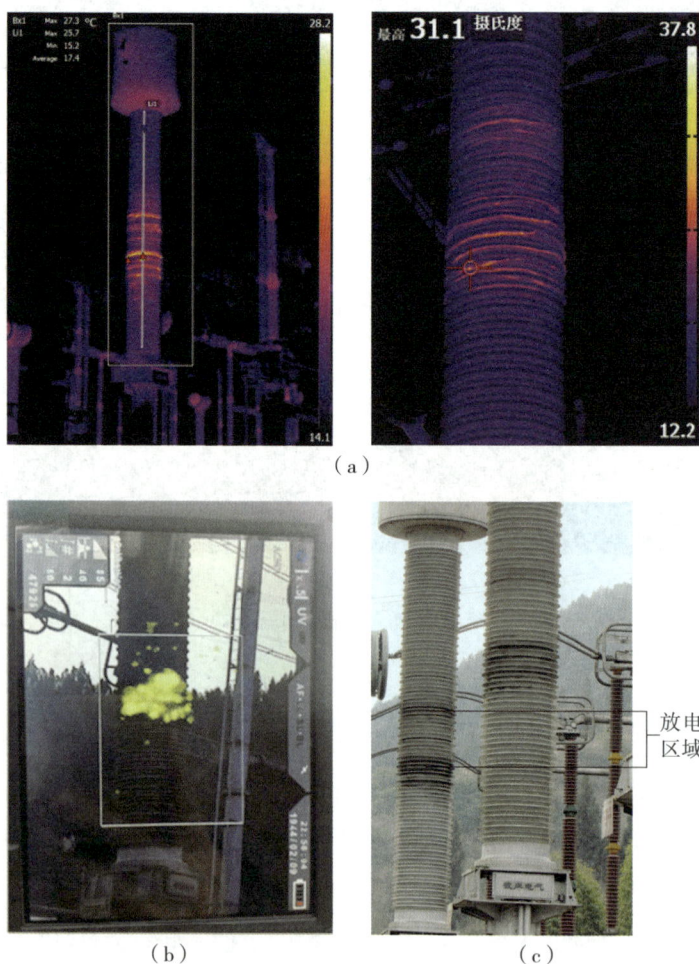

（a）

（b）

（c）

图 3-15　某 SF$_6$ 绝缘 CT 的缺陷空心复合绝缘子（一）

（a）红外图谱；（b）紫外图像；（c）设备外观照

（d）

（e）

（f）

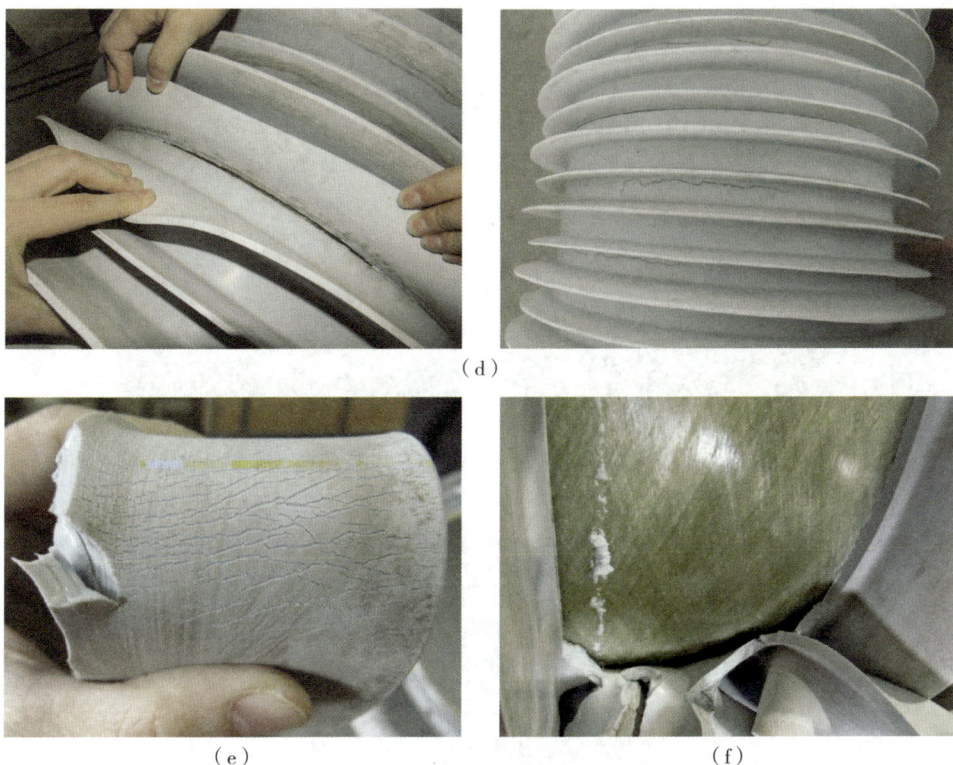

图 3-15　某 SF$_6$ 绝缘 CT 的缺陷空心复合绝缘子（二）

（d）外绝缘伞套根部的平滑裂纹；（e）伞裙表面的龟裂；（f）伞套与主绝缘管可轻松剥离

3.1.10　高压屏蔽筒 high voltage shield cylinder

高压屏蔽筒是指用于改善 SF$_6$ 绝缘 CT 电场分布的铝合金部件，正常运行时，其对地电位为运行电压。高压屏蔽筒位于外绝缘套的顶部位置（见图 3-1）。实物图如图 3-16 及图 3-17（c）所示，高压屏蔽筒安装在钟罩型结构 SF$_6$ 绝缘 CT 的底板上或者 T 字型结构 SF$_6$ 绝缘 CT 的壳体底部。

高压屏蔽筒的下端往往是电场较高处。对于运行多年的、采用空心复合绝缘子的 SF$_6$ 绝缘 CT，高压屏蔽筒的下端所对应的外绝缘套表面硅橡胶的老化（电蚀导致表面碳化、憎水性下降导致积污增加）速度会快于其他部分，外观上颜色发黑且发黑程度高于其他部分。这一问题的解决或改善从根本上有赖于高压屏蔽筒的良好设计。

（a）

（b）

（c）

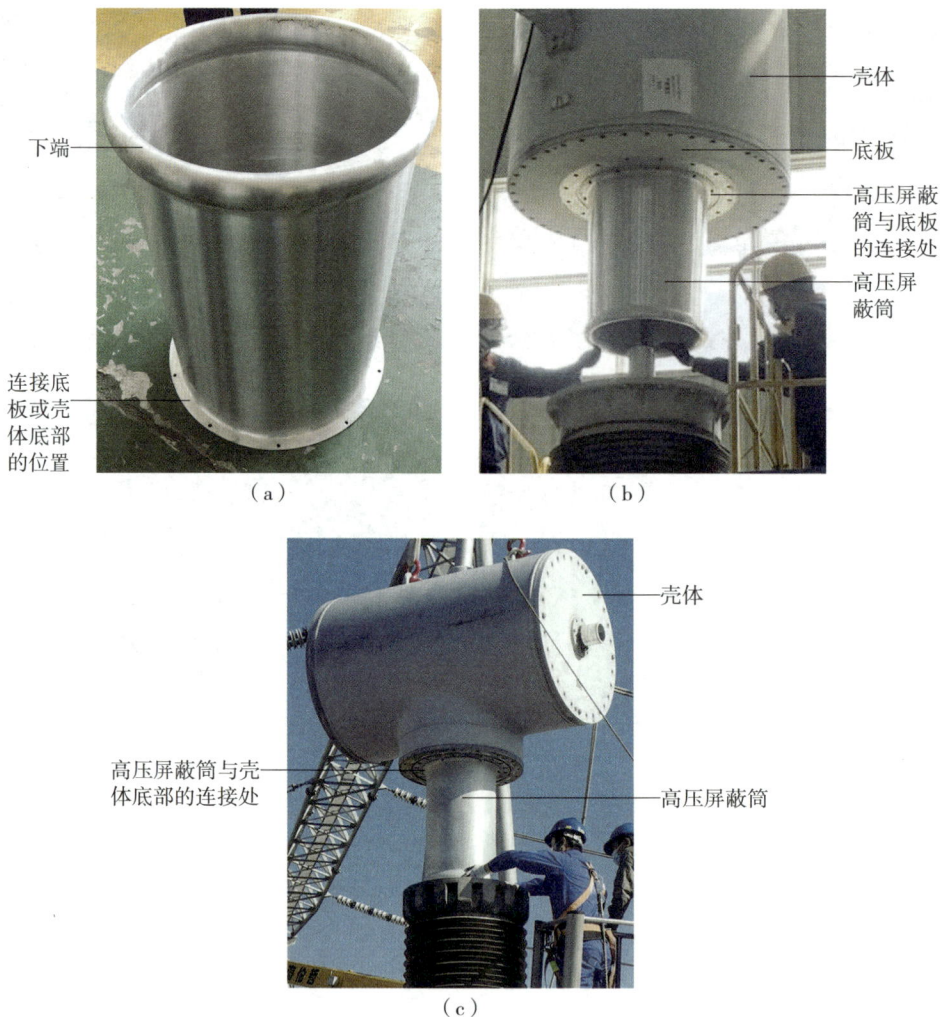

图 3-16   SF$_6$ 绝缘 CT 高压屏蔽筒实物图
（a）某故障设备解体拆解后的高压屏蔽筒；（b）钟罩型结构（厂内解体）；
（c）T 字型结构（运行现场解体）

3.1.11   中压屏蔽筒 middle voltage shield cylinder

如图 3-1（a）、（b）所示，中压屏蔽筒是 330kV 及以上电压等级 SF$_6$ 绝缘 CT 中的部件，是指位于高压屏蔽筒与二次引线管之间，用于改善 SF$_6$ 绝缘 CT 电场分布的铝合金部件。正常运行时，其对地电位介于运行电压与地电位之间。中压屏蔽筒实物图如图 3-17 所示。

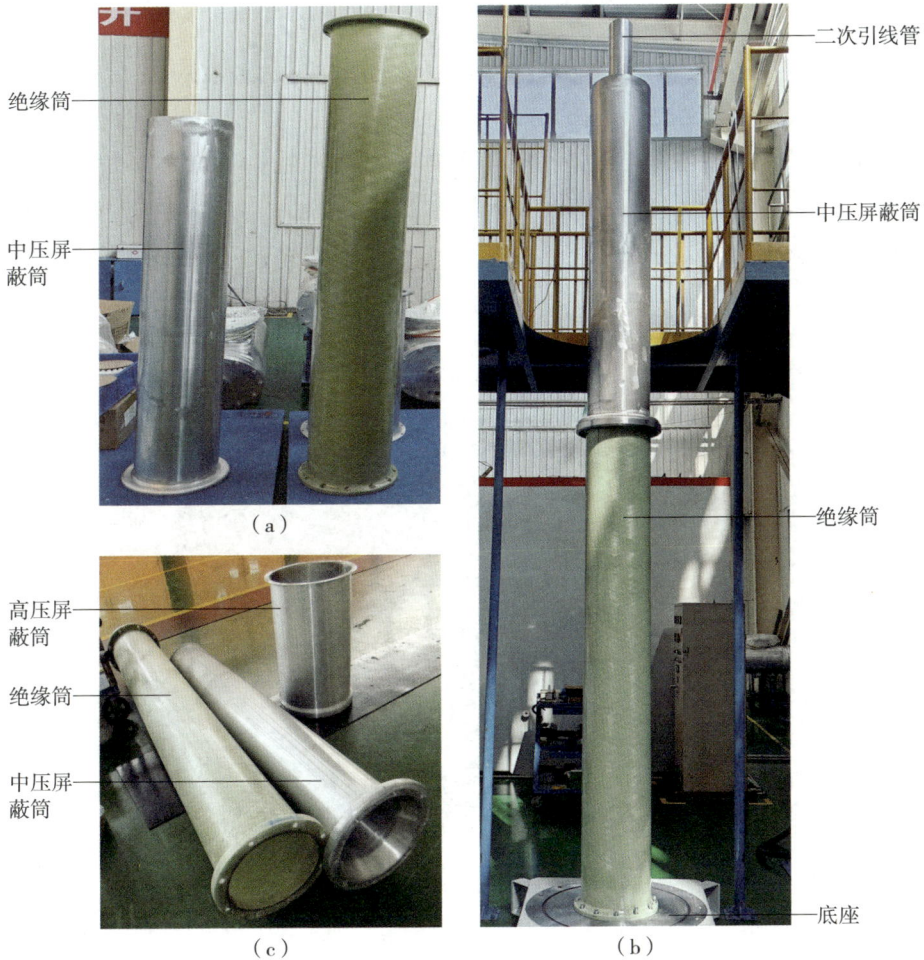

图 3-17 SF₆ 绝缘 CT 中压屏蔽筒实物图

（a）（生产过程中）组装前的中压屏蔽筒和绝缘筒；（b）（生产过程中）组装好的二次引线管、
中压屏蔽筒、绝缘筒和底座；（c）故障设备解体后的高压屏蔽筒、中压屏蔽筒和绝缘筒

3.1.12 绝缘筒 insulating cylinder

如图 3-1（a）、（b）所示，绝缘筒是 330kV 及以上电压等级 SF₆ 绝缘 CT 中的部件，是指用于支撑中间屏蔽筒的绝缘部件，实物图如图 3-17 所示。

3.1.13 二次接线盒 secondary junction box

SF$_6$ 绝缘 CT 的二次接线盒常选择铸铝材质或不锈钢折弯焊接结构，前者与倒立油 CT 的铸铝材质二次接线盒类似，后者的实物图如图 3–18 所示。当电流互感器正常运行时，二次接线盒处于地电位。

图 3–18 SF$_6$ 绝缘 CT 的底座、不锈钢折弯焊接结构的二次接线盒实物图

3.1.14 二次端子 secondary terminals

内容详见 1.1.14。

3.1.15 压力式 SF$_6$ 气体密度控制器
pressure type SF$_6$ gas density monitor

根据 GB/T 22065—2008《压力式六氟化硫气体密度控制器》规定，压力式 SF$_6$ 气体密度控制器是一种以弹簧管（作者注：也包括波纹管）为测量元件，带有温度补偿装置，并具有指示及控制电气信号通断功能的控制器。如

无特殊说明，在本书中将其简称为"气体密度控制器"，主要用于监控密封容器（如 SF₆ 气体绝缘互感器）中 SF₆ 气体的内部密度值（20℃压力值），实物图如图 3-19 所示。

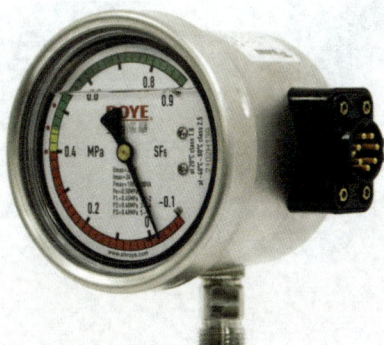

图 3-19　气体密度控制器实物图

气体密度控制器在额定压力下工作。在未发生气体泄露的前提下，当环境温度变化时，SF₆ 气体的压力也随温度发生变化，气体密度控制器内部的温度补偿装置对变化的压力进行修正，从而准确指示 SF₆ 气体密度值。如发生 SF₆ 气体泄漏，则当 SF₆ 气体密度降至报警设定值时，气体密度控制器的一对接点输出报警信号，提醒用户进行补气；如果 SF₆ 气体密度继续下降至闭锁设定值时，则另一对接点输出闭锁信号，以实现对设备的安全运行保护。

（1）按照压力测量方式，可将气体密度控制器分为弹簧管式和波纹管式。

1）弹簧管式。如图 3-20 所示，弹簧管（或巴登管、C 形管）是一个弯成圆形的中空薄壁元件，材质一般为铜。根据压强公式，弹簧管内部压强均等，但由于外侧面积大于内侧，所以外侧受到的压力会明显大于内侧。当压强增大时弹簧管会向外延伸，直至因压强增大所导致外侧增加的压力 $\triangle F$ 被弹簧管自身弹性形变产生的弹力抵消。通过机芯组件进行放大将弹簧管自身弹性形变的变化量体现在指针的位移上，即显示出压力变化值。

2）波纹管式。波纹管式气体密度控制器结构示意图如图 3-21 所示，预设置一个参考气室（密封气室 G2），通过波纹管 2 两端压力的差值所导致的波纹管 2 的自身位移来进行测量：即用位移距离是否触发微动开关的预设位置，来判断压力是否达到报警值，也可通过将此位移转换成指针位移来指示

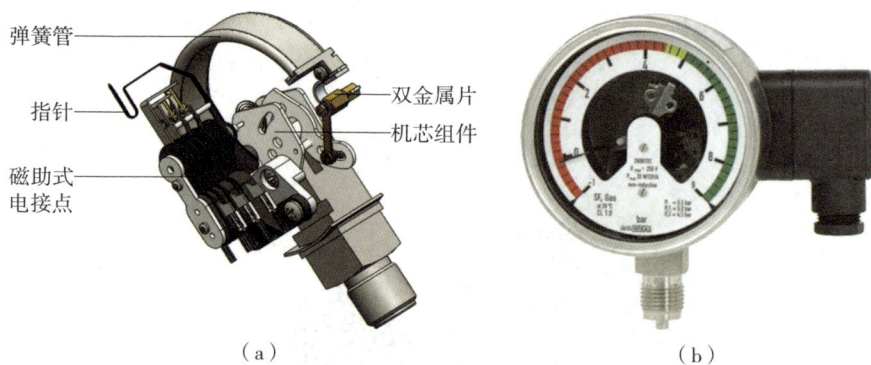

图 3-20　弹簧管式气体密度控制器
（a）内部结构示意图；（b）实物图

压力变化。

根据帕斯卡定律和胡克定律可得：

$$L = \frac{9.8(P_1 - P_2) \cdot S}{K} = \frac{9.8 \Delta P \cdot S}{K} \quad\quad (3-1)$$

式中　P_1 ——密封气室 G1 的压力，MPa；

P_2 ——密封气室 G2 的压力，MPa；

S ——波纹管 1 的有效面积，cm^2；

K ——波纹管 2 的弹性系数，kg/mm；

L ——波纹管 2 的形变量，mm；

ΔP ——密封气室 G1 的压力 P_1 和密封气室 G2 的压力 P_2 之间的压力差。

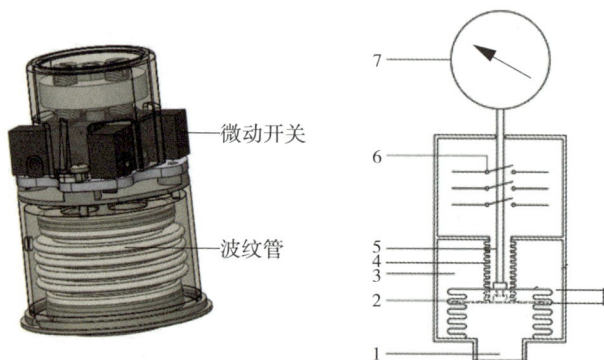

图 3-21　波纹管式气体密度控制器结构示意图
1—密封气室 G1；2—波纹管 1；3—密封气室 G2；4—波纹管 2；
5—信号触发机构；6—微动开关；7—显示机构

波纹管式气体密度控制器的具体工作原理为：在同样的温度环境下，密封气室 G1 和密封气室 G2 的气体密度值相等，压力值也相等；在 20℃时，如果将密封气室 G2 的充气压力值设置为报警设定值（即报警设定值的压力与密封气室 G2 的充气压力之间的压力差为 0MPa），则 $L=0$mm，此时报警接点动作；不论温度升高或降低，如果密封气室 G1 的气体发生了泄漏，则当其压力值 $P_1=P_2$，即 $\triangle P=0$MPa 时，$L=0$mm，就发出相应的报警信号。

波纹管式气体密度控制器的优点在于：作为测压元件的波纹管，在结构上仅受单一直线运动方向的冲击影响，因此在同等压强下具有更大的应力可以阻滞振动对表计的影响，从而具有更好的抗振性能。

（2）按照接点输出形式，可将气体密度控制器分为磁助作用式和微动开关式，实物图如图 3-22 所示。

1）磁助作用式。磁助作用式气体密度控制器工作原理为：当气体压力下降至设定（报警或闭锁）压力时，由于磁钢的磁性作用，使（报警或闭锁）触点快速吸合，此时电气回路接通；当气体压力上升时，弹簧管（见图 3-20）产生的复位力大于接点间的磁性吸力，（报警或闭锁）触点迅速打开，电气回路断路。

如图 3-22（a）所示，由于动触头和静触头都是圆柱体，二者之间是点接触（接触面积小），加之磁力不能太大，所以其接通能力有限，现场运行时间久会出现接触不可靠问题。特别是在沿海地区，由于空气潮湿且含有盐雾，更易导致触点的接触不良。

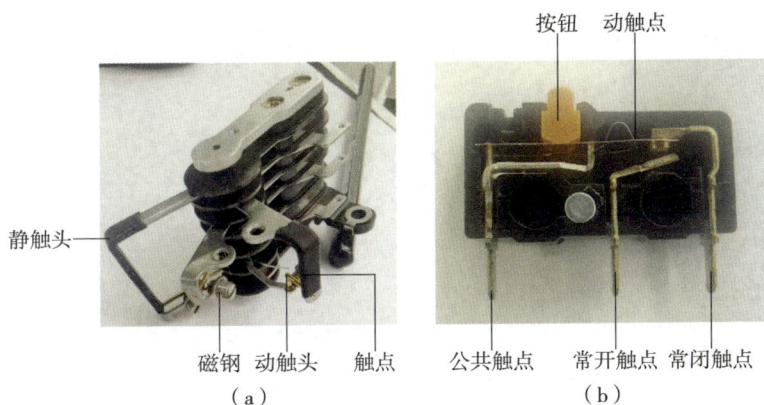

图 3-22　气体密度控制器控制接点实物图
（a）磁助作用式；（b）微动开关式

2）微动开关式。微动开关式气体密度控制器的工作原理为：当外力通过按钮作用于动触点簧片上，使簧片位移达到临界点时产生瞬时动作，动触点与常开触点快速接通，进而使整个电气回路也快速连通；当外力撤去后，动触点簧片产生反向动作力至反向行程达到簧片的动作临界点后，动触点会与常开触点脱离，从而恢复初始状态，整个电气回路也恢复到不连通状态。

由于动触头和常开或常闭触点都是平面，二者的接触为面接触（接触面积大），所以其导通能力好、接点的电气性能佳、使用寿命长。并且微动开关可以同时输出常开和常闭触点，能够满足更复杂的应用场合。

（3）按照温度补偿方式，可将气体密度控制器分为双金属片式与气体补偿型，如图 3-23 所示。

1）双金属片式。如图 3-23（a）所示，双金属片式气体密度控制器由两种不同感温特性、不同膨胀系数的金属轧制而成，双金属片受温度影响张开或收缩，以抵消气体压力因环境温度变化而产生的影响。例如，当环境温度高于 20℃时，气室内压力升高，巴登管管端产生位移，带动指针向压力增大方向运动。同时，双金属片受高温影响张开，带动指针向压力减小方向运动，两者运动位移相互抵消，从而保持指针指示的气体密度值不变（作者注：此

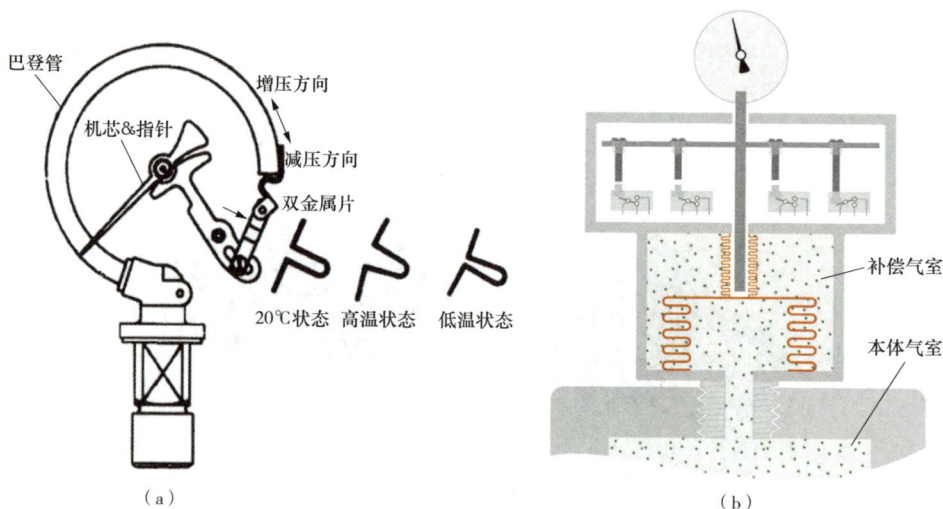

图 3-23　气体密度控制器的温度补偿原理示意图
（a）双金属片式；（b）气体补偿型

处不考虑补偿误差）。反之，当环境温度低于 20℃时，由于双金属片收缩抵消温度影响的压力变化，保持指针指示值不变。

双金属片式气体密度控制器结构简单，工艺成熟稳定，成本较低。但是，双金属片为热敏材料，在不同温度下其形变量呈非线性，难以兼顾高温和低温补偿性能。例如，当高温的温度补偿性能好时，其低温的温度补偿性能就会降低。另外，双金属片易受到光照影响，特别是在一些早晚温差较大的地区，更易触发误报警信号。

2）气体补偿型。气体补偿型气体密度控制器一般采用波纹管作为感压元件。如图 3-23（b）所示，当环境温度高于 20℃时，本体气室膨胀，波纹管伸张，同时补偿气室内的气体也同样膨胀，给本体气室的波纹管以反向压缩，从而保持顶杆相对位置不变、示值不变。也就是说，环境温度变化对本体气室内压力的影响程度与其对补偿气室内压力的影响程度相同。当环境温度低于 20℃时，由于补偿气室压力减小抵消了温度所影响的压力变化，从而保持顶杆相对位置不变、示值不变。

当 SF₆ 绝缘 CT 漏气时，若本体气室的密度值下降到一定程度，上述平衡关系即被打破，继而输出对应接点信号。

由于补偿气室内的气体与被测量气体相同，因此气体补偿型气体密度控制器受温度的影响与 SF₆ 绝缘 CT 的气室接近，因此能够实现高精度补偿。

表 3-3 对比了上述两种气体密度控制器的特点。

表 3-3　　　　　　　**两种气体密度控制器的特点比较**

类型	气体补偿型	磁助作用式
接点方式	微动开关	磁助作用式电接点
温度补偿方式	标准气体补偿	双金属片式
接触电阻	小	较大
防震油	有 / 无	有
抗震性	好	一般
温度适应性	好	一般
长期可靠性	好	一般

鉴于运行中的 SF_6 绝缘 CT 的气体密度控制器的位置较高、巡视与取气不便这一现实情况，近年来已有用户开展了将气体密度控制器下移至近地位置的工作，如图 3-24 所示。

如图 3-24（a）所示，需在柱体上安装不锈钢固定卡箍并用螺栓锁紧，同时将三通阀安装在卡箍支架上，再将气体密度控制器安装在三通阀的表接口上，用连接气管（宜采用铜材质管）将三通阀本体接口与 SF_6 绝缘 CT 本体气室连通，连接气管外面用不锈钢包塑软管保护。同时建议：新增的三通阀需具备无需开闭操作，可直接对气室进行补气或对气体密度控制器进行不拆卸校验的功能，以防止现场误操作。

气体密度控制器专用三通阀使用方法

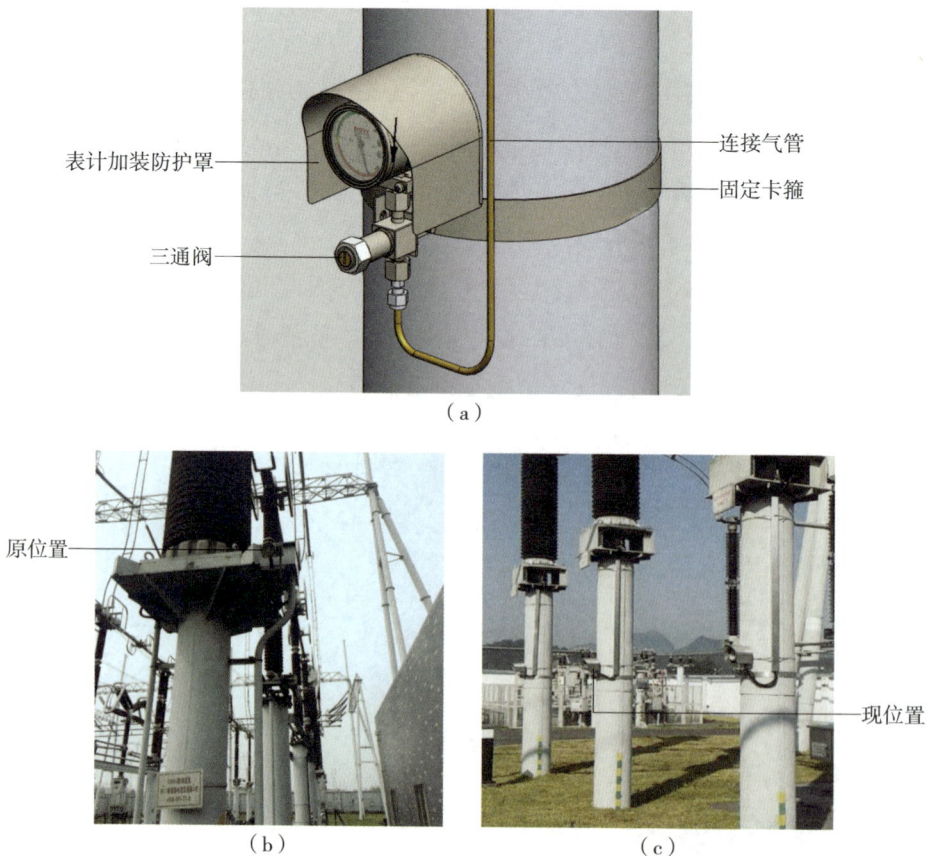

（a）

（b）

（c）

图 3-24 气体密度控制器下移改造方案及现场实物图

（a）改造方案示意图；（b）下移改造前；（c）下移改造后

前述按照压力测量方式、接点输出形式和温度补偿方式的气体密度控制器类别划分均基于机械结构。近年来在上述机械结构的基础上增加了数字化远传部分的数字化气体密度控制器，对于打造绿色低碳电网、实现更经济节能的状态检修具有重要意义：以实现 SF_6 气室压力数字化采集、一键推送 PMS 及智辅系统等方式替代人工巡视，为设备的状态监测、趋势分析、缺陷预警、故障研判提供数据支撑。

数字化气体密度控制器的实物及典型功能结构如图 3-25 所示，内置高精度温度传感器、压力传感器、微处理器、存储器以及有线/无线通信模块，具备实时监测压力、气体温度并计算 SF_6 气体密度（P20），低压、闭锁、超压报警，以及密度下降、液化、异常等报警功能，同时在本地可进行数据存储，也可通过远传通信模块与主站后台进行数据交互。

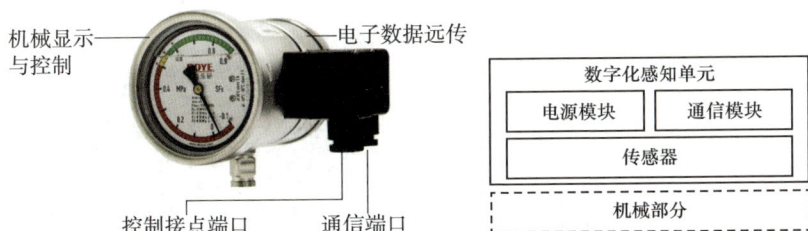

图 3-25　数字化气体密度控制器的实物及典型功能结构图

针对 SF_6 绝缘 CT，根据近年来若干起气体密度控制器缺陷故障的分析处理情况，提出如下建议供读者参考：

（1）依据 DL/T 259—2023《六氟化硫气体密度继电器校验规程》，现场运行的气体密度控制器（作者注：即气体密度继电器）应定期进行校验，至少每3年检查一次整定值。为提高校验效率，Q/GDW/Z 12437.4—2024《智慧变电站技术规范　第4部分：数字化远传表计》推荐采用具备自校验功能的气体密度控制器。

（2）高海拔地区（海拔≥1000m）应选用绝压型气体密度控制器。

（3）优先选用无油气体密度控制器，以避免漏油隐患。

（4）为确保动作接点的可靠性以及使用寿命，沿海潮湿地区宜优先选用微动开关式气体密度控制器。

（5）对于数字化气体密度控制器，需关注现场指针显示与远传后台数据

127

的偏差。Q/GDW/Z 12437.4—2024《智慧变电站技术规范 第 4 部分：数字化远传表计》要求：对于准确度等级 1.0 级的数字化表计，现场指针显示与远传数据一致性要小于等于 ±1%。

3.1.16 充放气阀 inflation and deflation valve

充放气阀是指用于充、放气的阀门，运行中外接气体密度控制器。

《国家电网有限公司十八项电网重大反事故措施》的 11.2.1.4 要求"SF$_6$ 密度继电器（作者注：即气体密度控制器）与互感器设备本体之间的连接方式应满足不拆卸校验密度继电器的要求，户外安装应加装防雨罩"。因此，运行现场多使用三通阀（专用装配接头），通过三通阀与互感器本体连接，充放气阀即为三通阀的"阀门"之一，如图 3-26 所示。因此本节重点介绍三通阀（专用装配接头）。

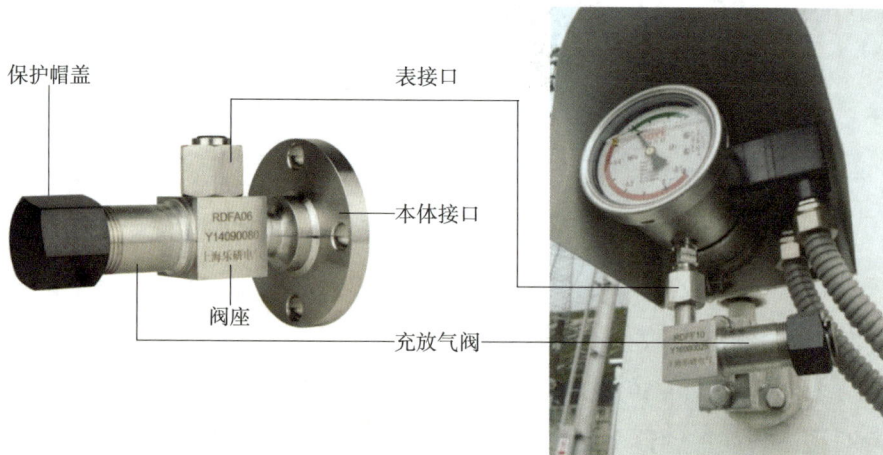

图 3-26 三通阀（专用装配接头）实物图

三通阀一般由阀座、充放气阀（又称自封阀，装上表，补气接头或者校验接头后就会导通，拔出后就会封闭气路，以实现设备充气运行状态下的换表、补气或校验。正常运行时处于关闭状态）、表接口、本体接口等构成。其中，阀座的内部含有相互连通的通气道，并预置了具有气路切换及隔断功能的阀门组件（截止阀），使得阀座可以自动根据外部接入的不同接头及工作状态改变内部气路的导通状态。

如图 3-27（a）所示，在工作状态时，阀座内部的截止阀是自动开启的，能够使通气道和气体密度控制器的气路相连通，此时气体密度控制器与 SF$_6$ 绝缘 CT 本体之间在气路上是相通的，气体密度控制器实时监测气体密度值。

如图 3-27（b）所示，当需要校验时，在充放气阀上连接校验过渡接头。该过渡接头有一内管从充放气阀的后端插入其内腔，打开充放气阀，并可以使截止阀自动关闭而将本体通气道封堵，使校验过渡接头与气体密度控制器通气道相通，实现不用拆卸校验气体密度控制器。

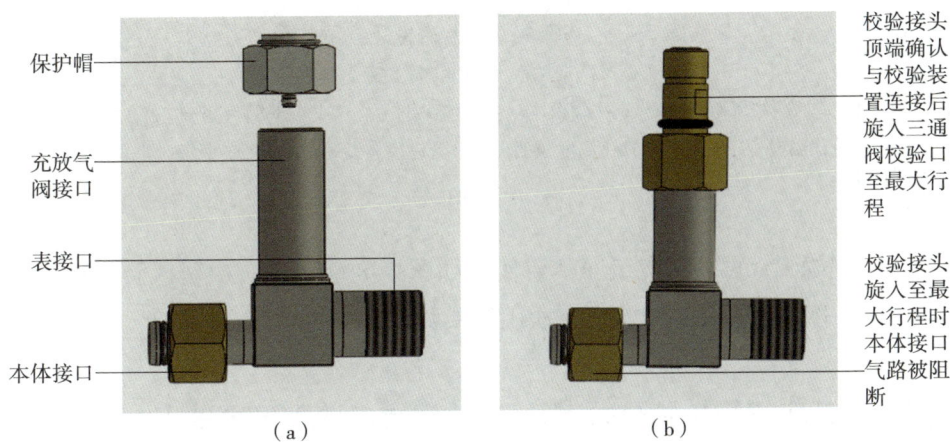

图 3-27　三通阀校验原理示意图
（a）正常工作时；（b）校验状态时

3.1.17 底座（独立式 SF$_6$ 气体绝缘电流互感器的）base（of freestanding SF$_6$ gas-insulated current transformer）

SF$_6$ 绝缘 CT 底座实物如图 3-18 所示。

3.2　典型结构——器身部分

SF$_6$ 绝缘 CT 器身部分示意图如图 3-28 所示。

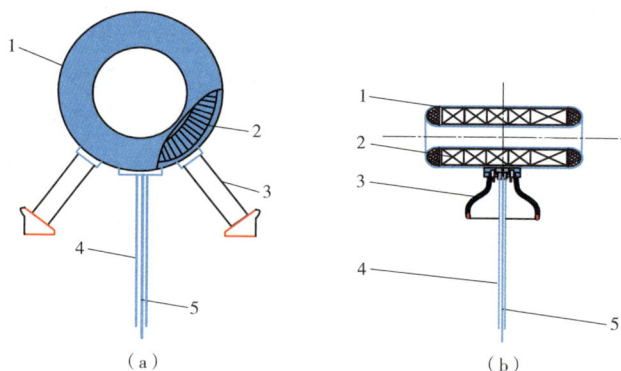

图 3-28　SF$_6$ 绝缘 CT 器身部分示意图

（a）器身典型结构 1；（b）器身典型结构 2

1—二次绕组屏蔽罩；2—二次绕组；3—支撑绝缘件；4—二次引线管；5—二次引线

注：红色代表设备正常运行时处于高电位的部件，蓝色代表设备正常运行时处于地电位的部件，黑色表示绝缘。

SF$_6$ 绝缘 CT 的二次绕组屏蔽罩实物如图 3-8 所示，二次引线管实物如图 3-8（b）、图 3-17（b）所示，二次引线实物图如图 3-8（c）所示。

3.2.1　二次绕组（独立式 SF$_6$ 气体绝缘电流互感器的）secondary winding（s）（of freestanding SF$_6$ gas-insulated current transformer）

SF$_6$ 绝缘 CT 二次绕组实物图如图 3-29 所示。

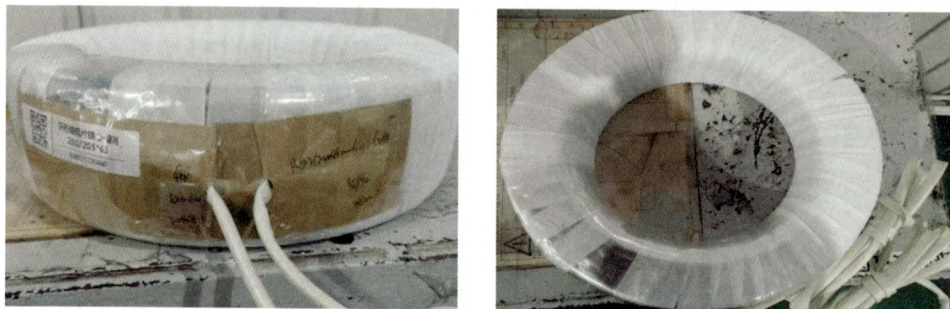

图 3-29　SF$_6$ 绝缘 CT 二次绕组实物图

3.2.2 支撑绝缘件 support insulator

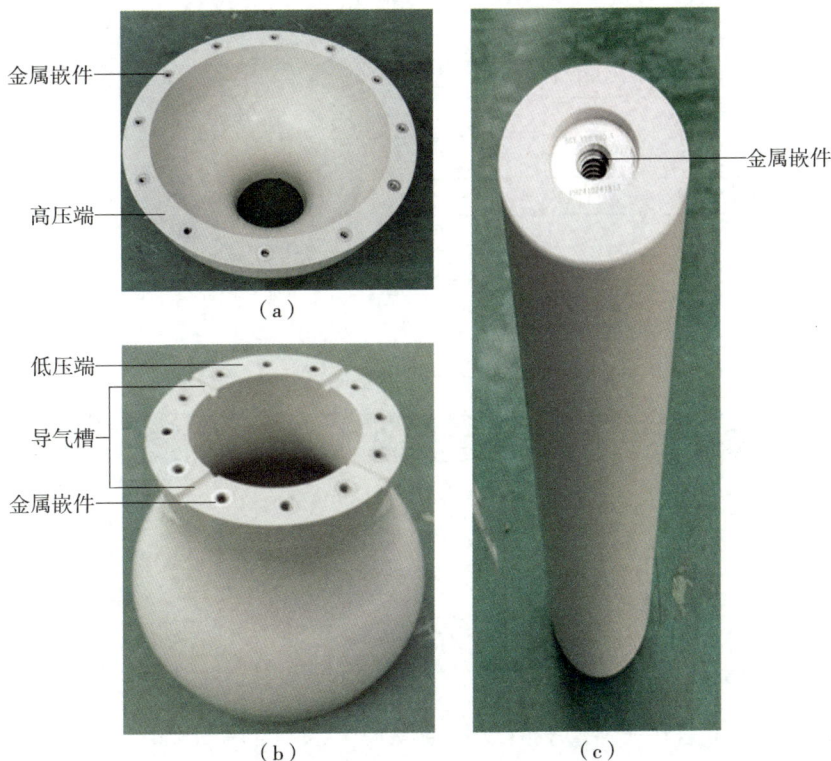

支撑绝缘件是指用于支撑二次绕组及二次屏蔽罩的盆式或柱式绝缘部件，其在器身中的位置如图 3–8 和图 3–28 所示。

盆式支撑绝缘件的实物如图 3–30（a）、（b）所示。其中，高压端金属嵌件与钟罩型结构 SF₆ 绝缘 CT 的底板或者与 T 字型结构 SF₆ 绝缘 CT 的壳体底部相连接，在 SF₆ 绝缘 CT 正常运行时，其对地电压为运行电压；低压端金属嵌件直接或通过金属过渡法兰（起屏蔽和均匀电场作用）与二次绕组屏蔽罩相连接，在 SF₆ 绝缘 CT 正常运行时，其处于地电位。盆式支撑绝缘件将 SF₆ 绝缘 CT 的内部划分为上、下两个气室，通过盆式绝缘子高压端或低压端上金属嵌件之间的导气槽实现两个气室之间的连通。

金属嵌件　高压端　（a）　金属嵌件

低压端　导气槽　金属嵌件　（b）　（c）

图 3–30　550kV 支撑绝缘件实物图
（a）盆式结构 1；（b）盆式结构 2；（c）柱式结构

柱式支撑绝缘件的实物图如图 3-30（c）所示。其中，高压端金属嵌件与钟罩型结构 SF_6 绝缘 CT 的底板相连接，在 SF_6 绝缘 CT 正常运行时，其对地电压为运行电压；低压端金属嵌件直接与二次绕组屏蔽罩相连接，在 SF_6 绝缘 CT 正常运行时，其处于地电位。

支撑绝缘件的生产制造工艺过程如图 3-31 及表 3-4 所示。

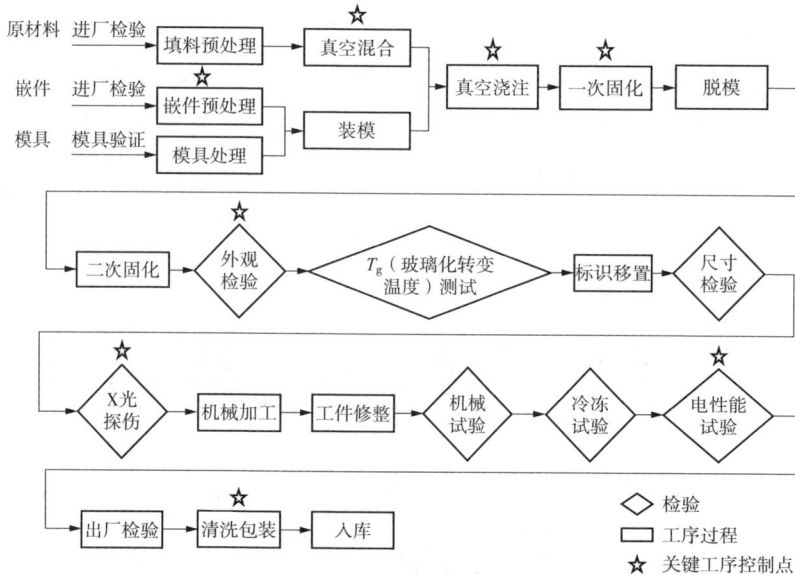

图 3-31　支撑绝缘件的生产制造工艺过程

表 3-4　　　　　　　　　支撑绝缘件的生产制造过程

步骤	工序名	工序描述	图片
步骤 1	原材料进厂检验	按照检验规范检测原材料各项指标	

步骤	工序名	工序描述	图片
步骤 2	填料预处理	将填料放入干燥罐内进行加热真空干燥	
步骤 3	嵌件进厂检验	按照图纸要求检验嵌件尺寸及外观质量	
步骤 4	嵌件预处理	对嵌件进行预处理，增加嵌件与环氧树脂的黏合强度	
步骤 5	模具验证	对新模具生产的第一只产品进行全面测量，验证模具尺寸是否符合图纸设计要求	
步骤 6	模具处理	模具内腔及外表面涂脱模剂并进行高温处理，便于产品脱离模具，保证产品光洁度	

续表

步骤	工序名	工序描述	图片
步骤7	真空混合	将填料与环氧树脂在真空状态下搅拌混合，去除环氧树脂及填料中的低分子挥发物	
步骤8	装模	将嵌件固定到模具预留位置，将模具型腔擦拭干净，避免产品表面异物残留	
步骤9	真空浇注	在真空状态下将环氧树脂混合料注入模具中	
步骤10	一次固化	真空浇注完成后将模具送入固化烘箱，在一定的工艺条件下进行固化	
步骤11	脱模	一次固化完成后将产品从模具中取出	

步骤	工序名	工序描述	图片
步骤 12	二次固化	产品与模具脱离后，将产品加装定型工装，然后放入二次固化烘箱，在一定的条件下进行固化	
步骤 13	外观检验	二次固化完成后，按技术要求对产品外观检验	
步骤 14	T_g（玻璃化转变温度）测试	通过检测 T_g，确认产品配比及固化工艺是否符合技术条件的要求	
步骤 15	标识移置	用激光打标机将产品编号刻印在指定位置	
步骤 16	尺寸检验	按照图纸要求测量产品尺寸	

步骤	工序名	工序描述	图片
步骤 17	X 光探伤	检测产品内部无可视缺陷	
步骤 18	机械加工	按照图纸要求对产品进行机械加工，去除浇口	
步骤 19	工件修整	去除产品表面多余的尖角毛刺	
步骤 20	机械试验	按照技术要求对产品进行机械性能试验	
步骤 21	冷冻试验	对产品进行冷热循环试验	

步骤	工序名	工序描述	图片
步骤 22	电性能试验	对产品进行工频耐压、局部放电试验	
步骤 23	出厂检验	按照技术要求对产品进行出厂检验	
步骤 24	清洗包装	将产品表面清洗干净	
步骤 25	入库	将产品装入密封包装袋内，放入干燥剂，按照包装规范进行包装	

3.3 解体举例

3.3.1 设备的参数信息

2021 年第一季度末，中南地区运行的某 500kV SF$_6$ 绝缘 CT（2014 年 9 月投运）发生了主绝缘击穿故障，其参数信息如表 3-5 所示。

表 3–5 某 500kV SF₆ 绝缘 CT 的参数信息

型号	LVQBT–500W3
额定电压（kV）	550
工频耐受电压（kV）	740
雷电冲击耐受电压（kV）	1675
额定一次电流（A）	1500~3000
额定短时热电流（kA）	63，3s
额定动稳定电流（kA）	160
总质量（kg）	2400
额定工作压力（MPa）	0.45
温度范围（℃）	−25~40
出厂日期	2014 年 8 月

3.3.2 现场检查及试验情况

现场检查故障设备发现：二次接线盒盖板变形并有烧蚀痕迹，二次接线盒内二次电缆有过电流、烧蚀痕迹，如图 3-32 所示。

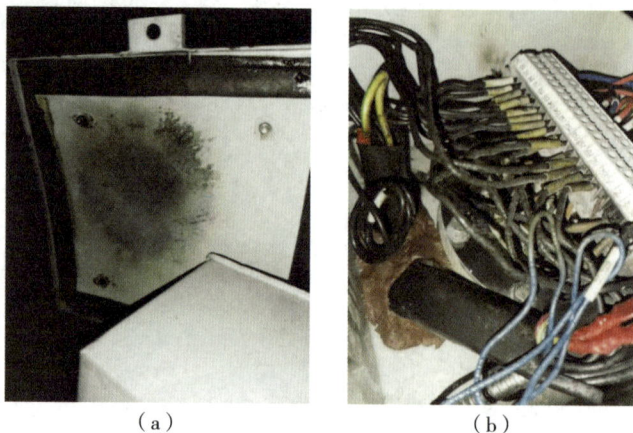

（a） （b）

图 3-32 二次接线盒的盖板及盒内二次电缆
（a）盖板变形及烧蚀痕迹；（b）二次电缆有过电流、烧蚀痕迹

对故障设备开展 SF$_6$ 微水及组分试验，发现 SF$_6$ 气体成分异常：H$_2$S 为 21.9μL/L、SO$_2$ 为 856μL/L、CO 为 1097μL/L。

用 1000V 绝缘摇表对故障设备的二次绕组进行绝缘电阻测试，发现 2S 至 7S 共六个二次绕组的对地绝缘电阻均为零。测量故障设备的二次绕组直流电阻：1S 为 8Ω、2S 为 2.8MΩ、3S 和 4S 为 2.9MΩ、5S 为 3.3kΩ、6S 为 1.7MΩ、7S 为 2.0MΩ，而另外两台非故障相 SF$_6$ 绝缘 CT 二次绕组的直流电阻均在 8Ω 左右。

3.3.3 返厂解体结果

故障设备返厂后的检查及试验情况与现场检查及试验结果类似。随之开展解体，结果如图 3-33 所示，具体描述如下：

（1）底座支撑部位及接地端子有放电痕迹，二次接线板及二次端子有烧蚀痕迹，如图 3-33（a）、（b）所示。

（2）检查二次引线管，其内表面有烧蚀痕迹，外表面未见异常，如图 3-33（c）所示。

（3）拆除高压屏蔽筒后发现二次引线中的接地线中间部位断裂，如图 3-33（d）所示。

（4）在一次导体靠 P2 侧表面发现因放电导致的飞溅熔渣痕迹，如图 3-33（e）所示。

（5）拆开壳体发现大量放电分解物，如图 3-33（f）所示。

（6）检查盆式支撑绝缘件未见异常，如图 3-33（g）所示。

（7）二次绕组屏蔽罩松动，除顶部 2 个固定螺钉完好之外，其余固定螺钉均发生变形或脱落，在螺钉固定部位可见放电痕迹，如图 3-33（h）所示。

（8）与二次绕组屏蔽罩的螺钉固定部位的放电痕迹相对应，在壳体内表面发现放电痕迹，如图 3-33（i）所示。由此判断该 SF$_6$ 绝缘 CT 发生了壳体对二次绕组屏蔽罩的放电。

（9）拆开二次绕组屏蔽罩发现二次绕组浇注完好、未发生松动，如图 3-33（j）所示。

（10）检查7个二次绕组，其中5个仅表面有轻微烧蚀痕迹，其余未见异常，如图3-33（k）所示；2个二次绕组的底部烧蚀略严重，如图3-33（l）所示。

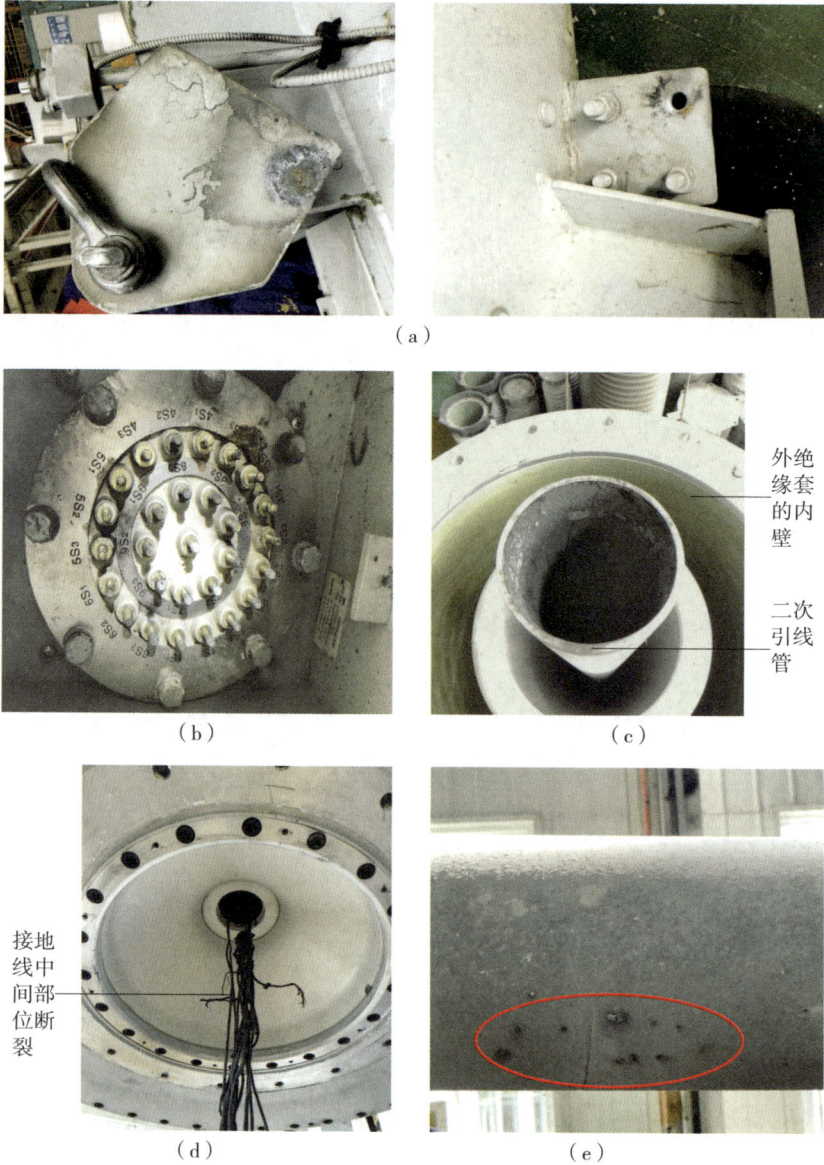

（a）

（b）

外绝缘套的内壁

二次引线管

（c）

接地线中间部位断裂

（d）

（e）

图3-33 某500kV SF$_6$绝缘CT的解体结果（一）

（a）底座支撑部位及接地端子上的放电痕迹；（b）二次接线板上的烧蚀痕迹；
（c）二次引线管内的烧蚀痕迹；（d）二次引线；（e）一次导体上的飞溅熔渣痕迹

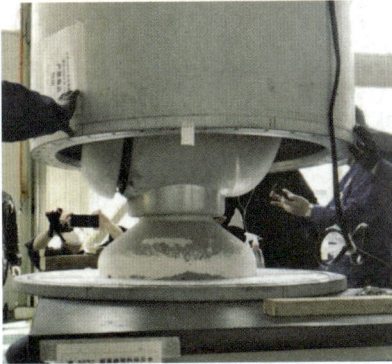

(f)

(g)

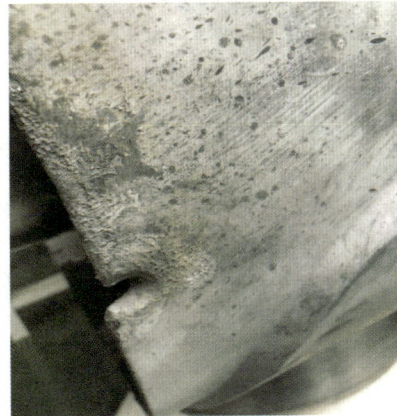

(h)

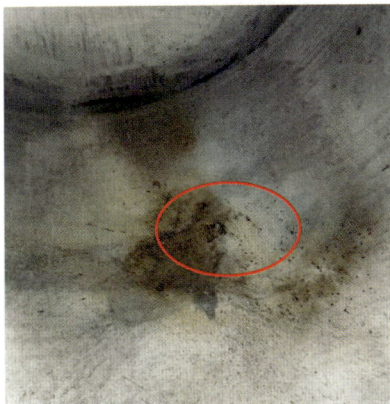

(i)

(j)

图 3–33　某 500kV SF₆ 绝缘 CT 的解体结果（二）

（f）拆除壳体；（g）盆式支撑绝缘件；（h）二次绕组屏蔽罩松动及螺钉固定部位的放电痕迹；
（i）壳体内表面的放电痕迹；（j）二次绕组未松动

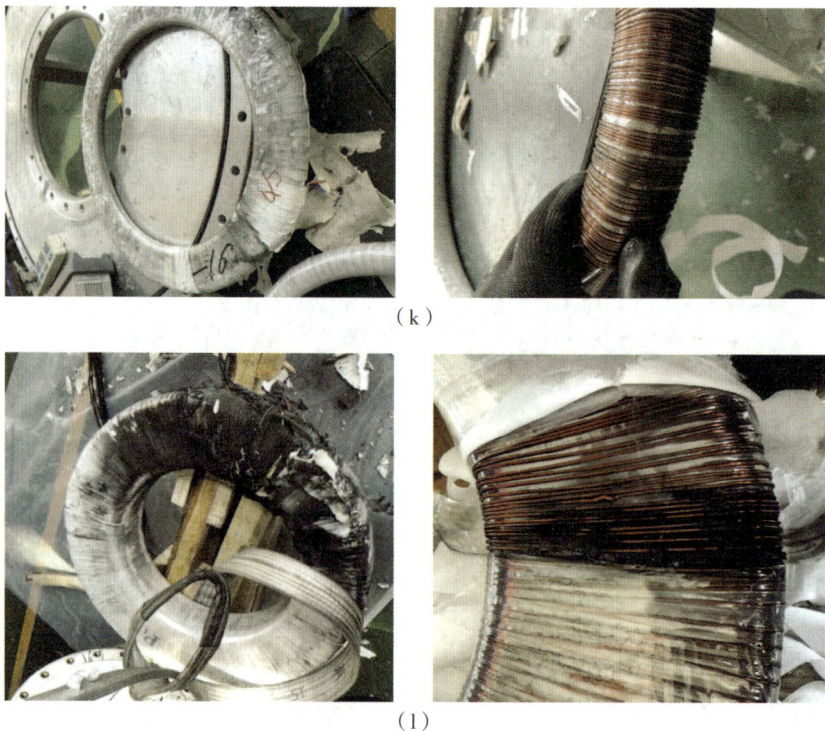

（k）

（l）

图 3-33　某 500kV SF$_6$ 绝缘 CT 的解体结果（三）

（k）二次绕组 1；（l）二次绕组 2

3.3.4　故障原因

根据解体结果，判断故障发展过程为：

（1）一次壳体内壁对二次绕组屏蔽罩端部发生放电，短路电流经二次绕组屏蔽罩、屏蔽罩接地线、底座入地。

（2）二次引线中的接地线被短路电流烧断，二次绕组屏蔽罩变为悬浮高电位对二次引线管放电，短路电流经二次绕组屏蔽罩、二次引线管、底座入地。

由此推断故障成因为：二次绕组屏蔽罩的螺钉在运行过程中松动（紧固螺钉安装工艺控制不良所致）突起，引起场强畸变，在运行电压下发生一次壳体内壁和突起螺钉（正常运行时处于地电位）之间的主绝缘击穿放电。

3.4　制造流程概述

本节将按柱式支撑绝缘件 + 立式壳体和盆式支撑绝缘件 + 卧式壳体两种结构来概述 SF$_6$ 绝缘 CT 的制造流程，以便于读者进行学习与比较。

3.4.1　柱式支撑绝缘件 + 立式壳体型产品的典型制造流程

柱式支撑绝缘件 + 立式壳体型产品的典型制造流程如表 3-6 及图 3-34 所示。

表 3-6　　柱式支撑绝缘件 + 立式壳体型产品的典型制造流程

步骤	工序名称	工序描述	图片
步骤 1	二次绕组绕制	按设计说明书绕制二次绕组并完成二次绕组误差测试	
步骤 2	二次绕组屏蔽罩树脂打底	（1）打开二次绕组屏蔽罩 P1 侧端盖，将二次绕组屏蔽罩 P2 侧朝下放置。 （2）将靠近 P2 侧的二次绕组放入屏蔽罩的最底部。 （3）在二次绕组屏蔽罩底部浇注适量的树脂，使底部平整以便于后续叠放其他二次绕组。 （4）等待树脂固化后开展后续装配工作	
步骤 3	安装柱式支撑绝缘件	（1）将柱式支撑绝缘件对准二次绕组屏蔽罩外部的安装位置。 （2）使用力矩扳手紧固螺栓。 （3）将柱式支撑绝缘件安装紧固后，再用聚酯薄膜包绕防护其整个外表面	

续表

步骤	工序名称	工序描述	图片
步骤 4	二次绕组安装	（1）按顺序要求将其余二次绕组逐个放入二次绕组屏蔽罩内。 （2）二次绕组放入后使用发泡剂对放入的二次绕组进行固定	
步骤 5	二次绕组浇注	（1）将树脂与固化剂按比例混合备料。 （2）待发泡剂固化后，使用树脂混合料对其余二次绕组进行浇注固化，使得二次绕组屏蔽罩与二次绕组通过树脂形成一个整体	
步骤 6	二次绕组屏蔽罩的组合	完成二次绕组屏蔽罩的组装后，将二次绕组屏蔽罩各部分的铆钉孔对好位置，然后打上铆钉	
步骤 7	二次绕组屏蔽罩表面清理	（1）对所有缝隙进行吹、吸处理。 （2）使用无尘布蘸酒精擦拭表面至其清洁无异物。 （3）处理并确认二次绕组屏蔽罩表面无尖角毛刺，无杂乱的打磨痕迹	
步骤 8	二次部件装配	（1）对二次接线板进行压接及绝缘防护处理。 （2）装配二次接线端子。 （3）完成二次接线盒装配	

续表

步骤	工序名称	工序描述	图片
步骤 9	充放气阀装配	（1）将充放气阀与底座进行密封装配。 （2）将密封面涂抹防水胶	
步骤 10	二次引线管及外绝缘套装配	（1）二次引线管与底座装配。 （2）外绝缘套与底座装配	
步骤 11	高压屏蔽筒装配	进行高压屏蔽筒与底板、底板与外绝缘套的装配	

步骤	工序名称	工序描述	图片
步骤 12	器身吊装	（1）器身与底板装配。 （2）器身与二次引线管连接	
步骤 13	压力释放装置装配	（1）压力释放装置与壳体装配，注意确保压力释放装置的内凹面的朝向正确。 （2）沿外圆周方向涂抹一圈防水胶。 （3）安装压力释放装置防护罩	
步骤 14	一次导体装配	（1）对一次导体表面进行检查和清洗。 （2）将一次导体安装到壳体里。 （3）安装 P1、P2 侧导电排	
步骤 15	抽真空、干燥	产品总装后抽真空至单台产品的真空度不超过 5Pa，然后在 80℃下进行干燥	

续表

步骤	工序名称	工序描述	图片
步骤 16	包扎检漏	（1）将产品充入 SF$_6$ 至额定气压。 （2）对产品整体进行包扎检漏	
步骤 17	出厂试验	对产品进行雷电冲击、工频耐压、局部放电、二次绝缘与误差等出厂例行试验	
步骤 18	运输包装待出厂	产品按包装图及作业指导书包装	

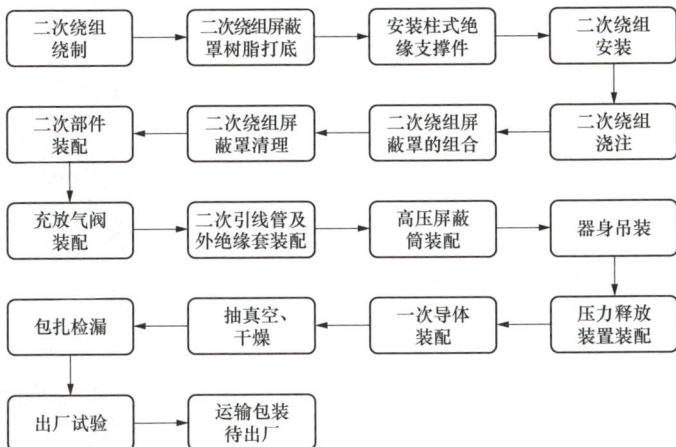

图 3-34　柱式支撑绝缘件 + 立式壳体型产品的典型制造流程

147

3.4.2 盆式支撑绝缘件 + 卧式壳体型产品的典型制造流程

盆式支撑绝缘件 + 卧式壳体型产品的典型制造流程如表 3-7 及图 3-35 所示。

表 3-7　　盆式支撑绝缘件 + 卧式壳体型产品的典型制造流程

步骤	工序名称	工序描述	图片
步骤 1	零部件检验	按图纸及零部件技术要求对零部件（壳体、一次导体、底板、外绝缘套、高压屏蔽筒、中压屏蔽筒、绝缘筒、支撑绝缘件）进行检查	
步骤 2	二次绕组绕制	（1）对铁芯进行绝缘处理。 （2）按技术通知单要求进行二次绕组绕制。 （3）焊接二次绕组引线	
步骤 3	二次绕组屏蔽罩装配	（1）配置树脂固化剂。 （2）按顺序放置二次绕组。 （3）涂抹树脂固定二次绕组。 （4）完成装配后，进行二次绕组测试	

步骤	工序名称	工序描述	图片
步骤 4	壳体装配	（1）将盆式支撑绝缘件固定在壳体上。 （2）将二次绕组屏蔽罩通过连接法兰固定在盆式支撑绝缘件上。 （3）安装壳体两侧法兰以及一次导体	
步骤 5	干燥处理	按工艺规定的温度及时间要求对装配后的壳体进行烘干	
步骤 6	外绝缘套装配	（1）将二次引线管和绝缘筒依次连接在底座上后放置分子筛。 （2）将外绝缘套安装在底座上并紧固螺栓	

步骤	工序名称	工序描述	图片
步骤 7	总装配	（1）将高压屏蔽筒安装在壳体的底部位置。 （2）将壳体安装在外绝缘套的顶部	
步骤 8	底座装配	（1）按要求将二次绕组引线固定在二次接线板上，将二次接线板固定在底座上。 （2）安装二次接线板护盒以及二次接线盒等零部件	
步骤 9	抽真空、包扎检漏	（1）产品抽真空至规定真空度，并维持一段时间。 （2）对产品进行扣罩检漏	

步骤	工序名称	工序描述	图片
步骤 10	出厂试验	（1）按试验顺序对产品进行试验。 （2）完成产品一次端子等剩余零部件装配	
步骤 11	包装出厂	按用户要求进行包装	

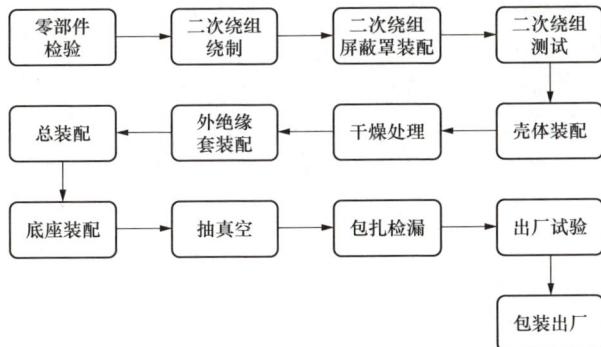

图 3-35　盆式支撑绝缘件 + 卧式壳体型产品的典型制造流程

4

电容式电压互感器

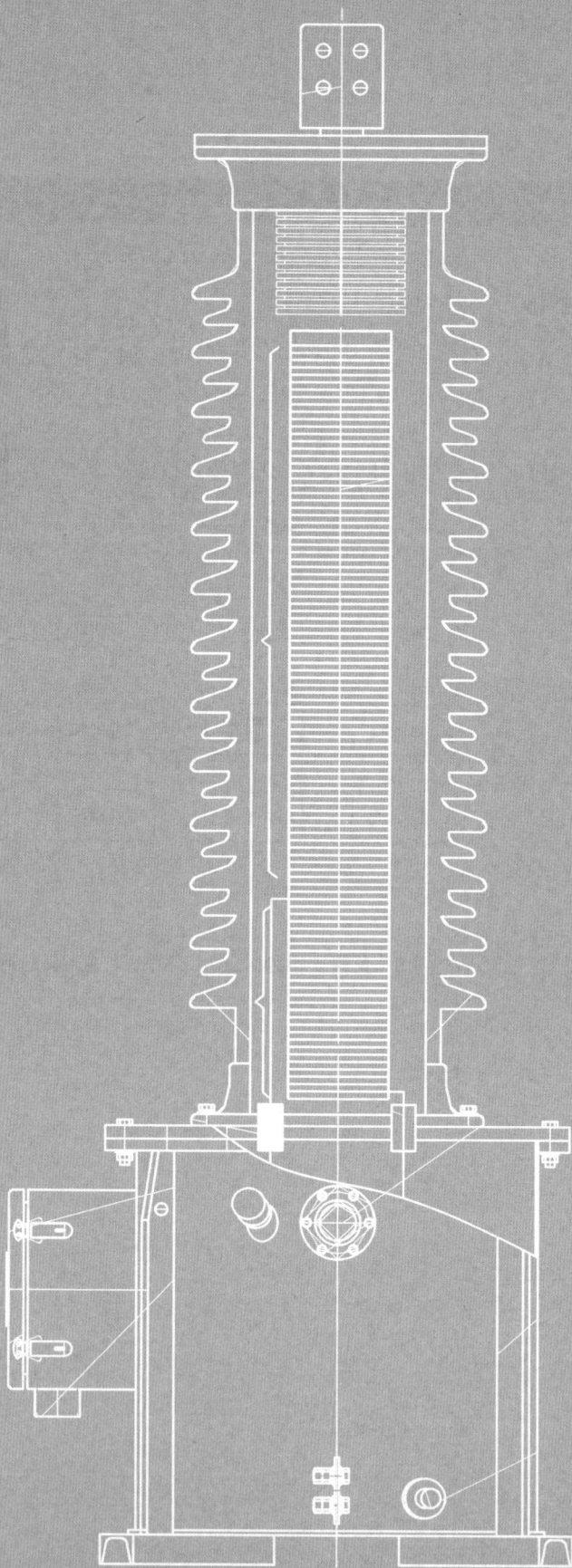

4.1 典型结构——部件部分

电容式电压互感器（capacitor voltage transformer，CVT）是电力系统中的一种电压测量设备，由电容分压器和电磁单元构成，在正常使用条件下工作时，其设计和相互连接使电磁单元的二次电压实质上正比于加到电容分压器上的一次电压，且在连接方向正确时相位差接近为零。根据电容分压器结构上的差别，CVT 可分为柱式 CVT 和罐式 CVT，前者的电容分压器由多个（电容器）元件串联组成，绝缘介质为有机绝缘材料（绝缘性能不可恢复）；而后者的电容分压器为同轴电极结构，主绝缘 SF_6 气体（绝缘性能可恢复）。鉴于现阶段罐式 CVT 用量不大，本书中的 CVT 均指柱式 CVT。电容式电压互感器的部件部分示意图如图 4-1 所示。

1000kV 电容式
电压互感器

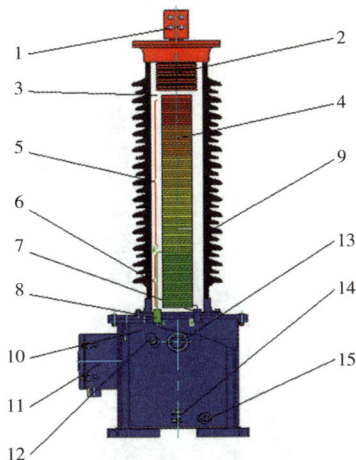

图 4-1　电容式电压互感器部件部分示意图

1—高压端子；2—膨胀器；3—电容分压器；4—元件；5—高压电容器；6—中压电容器；
7—低压端子；8—中压端子；9—外绝缘套；10—电磁单元；11—二次接线盒；12—工艺孔；
13—油位观察窗；14—接地板；15—放油阀

注：红色代表设备正常运行时处于高电位的部件，蓝色代表设备正常运行时处于地电位的部件，绿色代表设备正常运行时处于中间电位的部件，黑色表示绝缘，部件 4~5 用颜色渐变表示电位变化，部件 10 的蓝色表示电磁单元的油箱在设备正常运行时处于地电位。

按电容分压器与电磁单元的组装方式，CVT 可分为叠装式结构和非叠装式结构。叠装式结构的 CVT 如图 4-2（a）、（b）所示，是目前 CVT 的主要结构形式，750kV 及以下电压等级的 CVT 几乎均采用叠装式结构。叠装式结构的电容分压器与电磁单元结构上是一体化的，电容分压器中压出线和电磁单元在（产品）内部进行电气连接：电容分压器叠装在电磁单元油箱之上，电容分压器的下节底盖上有一个中压出线套管和一个低压出线套管［如图 4-4（e）及图 4-12（a）所示］，伸入电磁单元内部将电容分压器中压端子与电磁单元相连。由于中压接线封闭在产品内部，导致这种结构无法进行电容分压器的电容量和介质损耗测量，因此早期曾出现过在下节分压器的磁套上开孔，将分压器中压端引出的情况，如图 4-2（c）所示。1000kV CVT 的高度在 10m 左右，为了便于检修，均采用了非叠装式结构，如图 4-2（d）所示。非叠装式结构的电容分压器与电磁单元结构上是分离的，电容分压器和电磁单元在（产品）外部通过出线套管进行电气连接。除了 1000kV CVT 之外，在其他电压等级也存在少量的非叠装式结构的 CVT，如图 4-2（e）所示。

110kV 电容式
电压互感器样品
模型

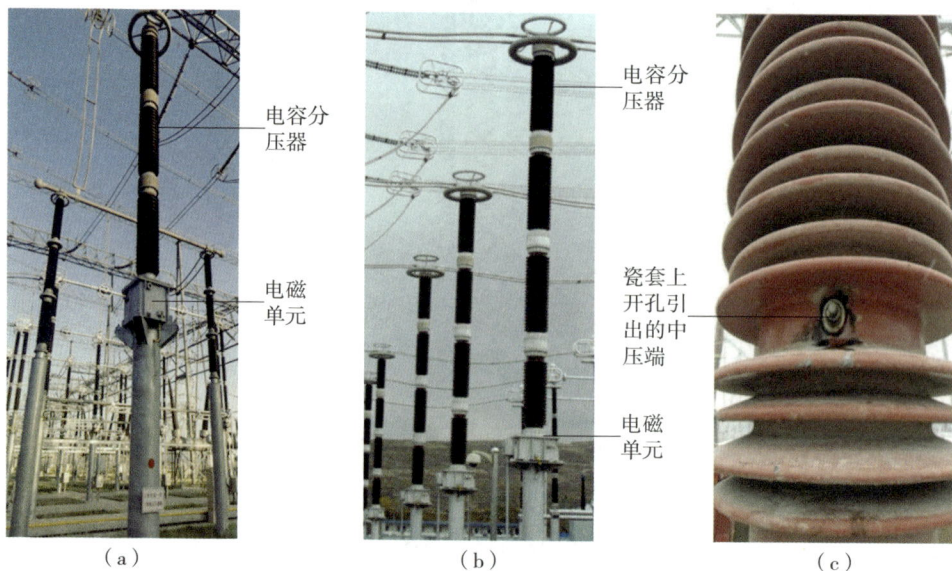

图 4-2　电容式电压互感器实物图（一）

（a）500kV 叠装式 CVT；（b）750kV 叠装式 CVT；
（c）某 220kV 叠装式 CVT 在瓷套上开孔的中压端渗油

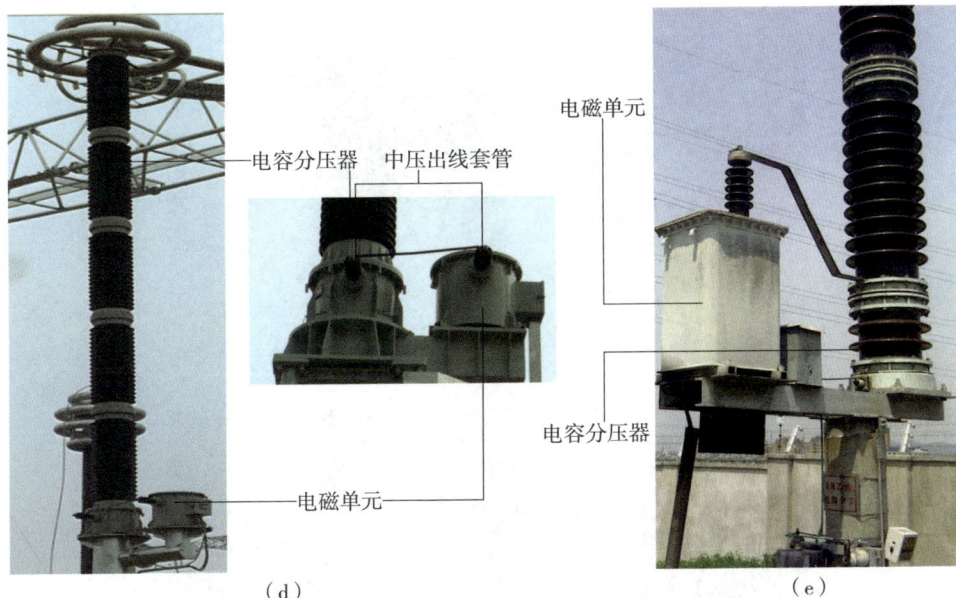

（d）　　　　　　　　　　　　　　　（e）

图 4-2　电容式电压互感器实物图（二）

（d）1000kV 非叠装式 CVT 及其局部；（e）某 220kV 非叠装式 CVT（生产日期为 1982 年 11 月）

在 CVT 的产品型号中，T 代表成套装置，YD 代表电容式电压互感器，尾注字母的含义为：TH—湿热带型，G—高原型，F—中性点非有效接地系统用（无此字母为中性点有效接地系统用）。

4.1.1　高压端子（电容分压器的）
high voltage terminal（of a capacitor divider）

高压端子（电容分压器的）是电容分压器与电网线路导体连接的端子，或称为线路端子。高压端子位于电容分压器顶部，端子板形状有"L"型或"⊥"型，上部的垂直部分连接引下线线夹，下部的水平部分用螺栓与 CVT 顶部连接，如图 4-3（a）所示。1000kV CVT 出厂试验时，其高压端子（电容分压器的）通过波纹管式高压引线连接至试验变压器，如图 4-3（c）所示。

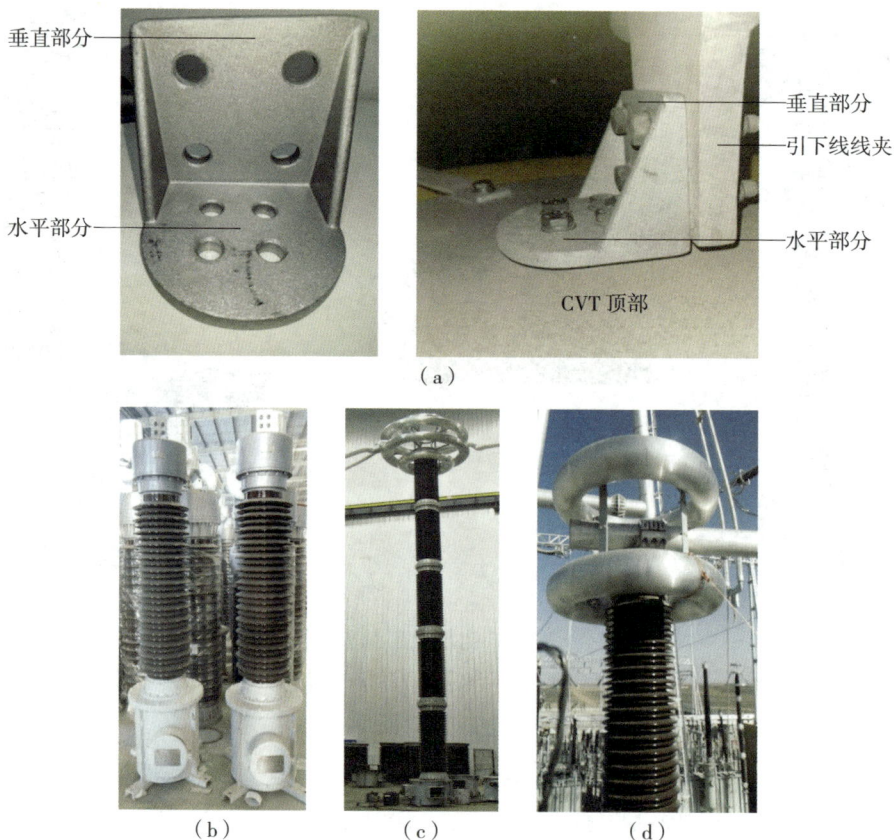

垂直部分

水平部分

垂直部分
引下线线夹
水平部分
CVT 顶部

（a）

（b）　　　　　（c）　　　　　（d）

图 4-3　CVT 高压端子板结构及安装方式

（a）L 型端子板结构及安装方式；（b）110kV CVT 高压端子（电容分压器的）的位置；
（c）1000kV CVT（出厂试验）；（d）±800kV 酒泉换流站中的 750kV CVT（现场误差试验）

4.1.2　膨胀器（电容分压器的）
expander（of a capacitor divider）

CVT 的电容分压器中安装有膨胀器，用于补偿电容分压器内部绝缘油因环境温度变化而引起的油体积变化。

在 CVT 上，叠形波纹式膨胀器用作外油型膨胀器，放置在外绝缘套（瓷套或硅橡胶复合套）的内部。膨胀单元与大气的接触方式有两种：一种是在膨胀单元内充气后完全密封、与外界没有气体交换，如图 4-4（a）所示；另一种则是膨胀单元内部通过电容分压器法兰上的气孔与外界大气相连通，如

图 4-4（b）所示，膨胀器出气口高出分压器上法兰，然后用过渡盖板盖住气孔，盖板下沿留有一定宽度的出气槽。外油型膨胀器的调节范围较小，对于大电容量的电容分压器，如果补偿量不足，则易造成外绝缘套的内部压力过大，从而破坏密封而渗漏油。

波纹式膨胀器用作内油型膨胀器，放置在外绝缘套（瓷套或硅橡胶复合套）的法兰处，通过联管与电容分压器内的绝缘油相通，如图 4-4（c）所示。盒式膨胀器用作内油型膨胀器、放置在外绝缘套（瓷套或硅橡胶复合套）的法兰处，如图 4-4（d）所示。内油型膨胀器的调节能力大，剩余压力小且稳定，有利于密封的保持。

（外油型）叠形波纹式膨胀器（左边）及（内油型）盒式膨胀器（右边）在电容分压器内部的位置示意如图 4-4（e）所示。

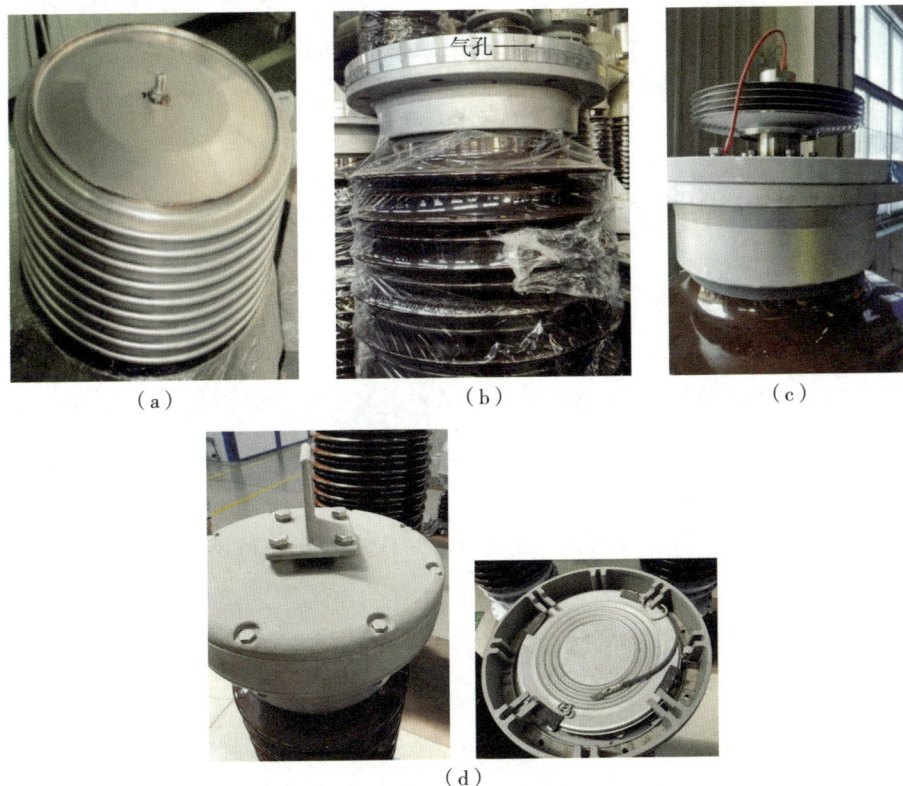

（a）　　　　　　　　（b）　　　　　　　　（c）

（d）

图 4-4　CVT 膨胀器实物图及膨胀器位置示意（一）

（a）（外油型）叠形波纹式膨胀器；（b）电容分压器法兰上的气孔；（c）（内油型）波纹式膨胀器；
（d）电容分压器法兰及其内部的（内油型）盒式膨胀器

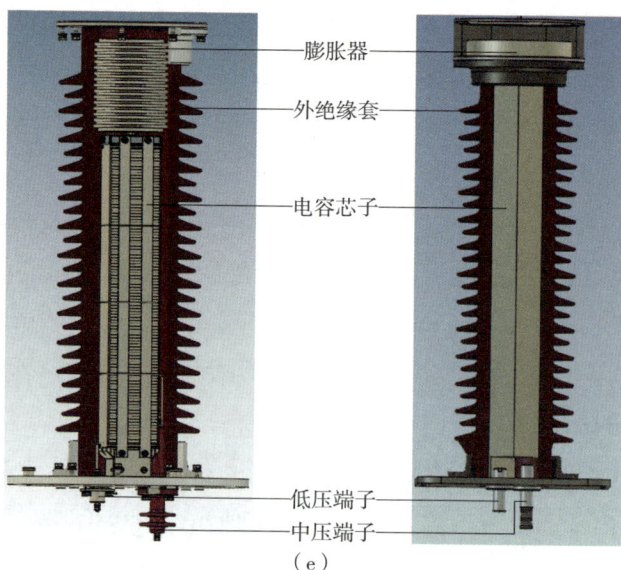

（e）

图 4-4　CVT 膨胀器实物图及膨胀器位置示意（二）
（e）（外油型）叠形波纹式膨胀器（左边）及（内油型）盒式膨胀器（右边）
在电容分压器内部的位置示意

4.1.3　电容分压器 capacitor voltage divider

电容分压器是指电容器组成的交流分压器，由一节或多节电容器单元串联组成，为电容式电压互感器承载一次电压的组件，也可用为电力系统中传输信号的耦合电容器。图 4-5 为某 1000kV 电容式电压互感器最下节的电容分压器，电容器装在瓷套之中，下法兰处的中压套管为中压端子（电容分压器的），接入电磁单元。

电容器单元为全密封结构，是指由若干电容器元件叠放串联，经打包、装配固定为一体后放置在外绝缘套内，并有引出端子的组装体，加装金属膨胀器后，在外绝缘套内充电容器油并保持内部为微正压。电容器单元实物如图 4-6 所示。

35、110（66）kV 电压等级产品通常只有 1 节电容器单元，通过引出抽头的方式将其分为高压电容和中压电容；220kV 电压等级产品通常有 2 节电容器单元；330kV 电压等级产品通常有 3 节电容器单元；500kV 电压等级产品通常有 3~4 节电容器单元；750kV 电压等级产品通常有 4 节电容器单元；

图 4-5　某 1000kV 电容式电压互感器最下
　　　　节电容分压器

图 4-6　电容器单元实物图

1000kV 电压等级产品通常有 4~5 节电容器单元。最下节电容器单元包含有中压电容和部分高压电容，一般称为分压电容器，通过中间抽头引出中间电压。上部的多节电容器单元为高压电容的一部分，一般称为耦合电容器。

CVT 现场安装时，各节电容器单元应按出厂编号及上下顺序进行安装，禁止互换，因为这样可最大程度接近出厂试验条件下的测量准确度，以避免再进行误差调整。此外，对于特高压 CVT，电容分压器的中压出线套管与电磁单元的中压出线套管之间的连接线应软硬适当，并在引线两端加装防鸟罩。

电容分压器的额定电容是其设计时选用的电容量值，该值的选择与二次绕组的数量、准确等级及额定负荷有关。《国家电网公司输变电工程通用设备 35~750kV 变电站分册（2018 年版）》规范了额定电容值为 5000、10000、20000pF，对应各电压等级。用于 750、500、330kV 系统的为 5000pF；用于 220kV 系统的为 5000pF 和 10000pF，其中线路侧 5000pF、母线侧 10000pF；用于 110kV 和 66kV 系统的为 10000pF 和 20000pF，其中线路侧 10000pF、母线侧 20000pF；用于 35kV 系统的为 20000pF。1000kV CVT 额定电容值为 5000pF。

330kV 及以上电压等级的 CVT，在电容分压器顶部的接线端子处通常还增设均压环（通过金属支撑件与分压器顶部连成一体）。例如，330kV 电压等级 CVT 的均压环通常为单环，500、750kV 电压等级 CVT 的均压环采用单环或双层环，1000kV 电压等级 CVT 的均压环通常采用双层环，用于改善上段电场分布同时屏蔽接线端子处各种尖角的不良影响，降低无线电干扰和电晕。均压环实物图如图 4-2（a）、（b）、（d）及图 4-3（c）、（d）所示。均压环一般采用合金铝材质，具有较强的机械性能与较好的防腐性能。鉴于曾出现过均压环支撑螺孔设计单薄，在长期运行中因风力影响导致环体与支撑杆连接（焊接）处出现裂纹，雨水进入环体造成环重增加，最终导致均压环断裂倾斜的案例，为了防止均压环内积水结冰，需在每个环下部最低点设置直径为 6~8mm 的排水孔，如图 4-7 所示。

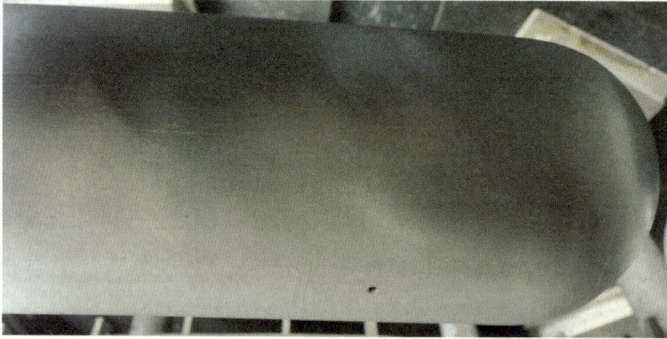

图 4-7　均压环底部的排水孔

为了均衡电容分压器表面的电场，部分制造商在某些高电压等级的 CVT 的上节电容器单元的上法兰处、下节电容器单元的下法兰处、各节电容器单元连接处也装有均压环。

4.1.4 （电容器）元件（capacitor）element

（电容器）元件是指主要由电介质和被它隔开的电极构成的部件。（电容器）元件为扁平状结构，由铝箔电极和放置在其间的数层电容介质卷绕后压扁，并经高真空浸渍处理而成。电容介质采用聚丙烯薄膜和电容器纸两种固体介质复合并浸渍电容器绝缘油，膜纸搭配形式有两膜三纸（纸－膜－纸－

膜 – 纸)、两膜两纸（纸 – 膜 – 纸 – 膜)、两膜一纸（膜 – 纸 – 膜)。电容器纸的介电常数高，浸渍性能和耐电弧能力较优，但绝缘强度低，介质损耗大，用其制作的电容器元件个数多，电容量小，介质损耗大，电容量变化大。聚丙烯薄膜的机械强度高、电气性能好，耐电强度高（是油浸纸的 4 倍)，介质损耗仅为油浸纸的十分之一，其温度特性与电容器纸的温度特性互补（电容器纸为正的电容温度系数，聚丙烯薄膜具有负的电容温度系数)，在运行温度变化下膜纸复合结构可使电容量更稳定。因此，虽然相比全膜结构的电容器，膜纸复合结构的电容器的绝缘性能有所下降，但却极大减少了温度带来的附加误差影响。电容元件卷制用材料如图 4-8 所示。

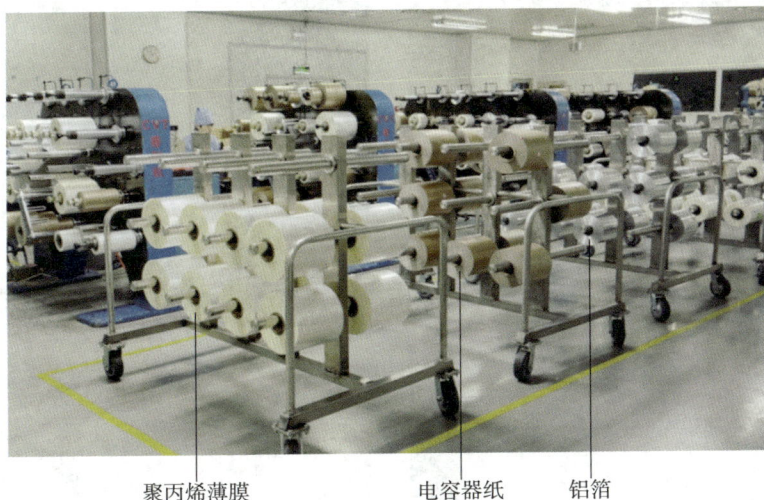

聚丙烯薄膜　　　　　电容器纸　　铝箔

图 4-8　电容元件卷制用材料

（电容器）元件的结构及实物图如图 4-9（a)、(b) 所示。为了提高产品的可靠性，（电容器）元件的工作场强须选用较低值。国内设计场强一般为高压并联电容器场强的 1/3 左右，一般控制膜纸复合设计场强为 10~13kV/mm，纸上场强不超过 8kV/mm，每个元件工作电压小于 1kV。图 4-9（c) 给出了因 CVT 密封性能不良引起受潮，进而引发（电容器）元件局放直至击穿的解体实物图。

（电容器）元件通过引线片（材质为铝箔，在元件卷绕过程中插入规定位置）进行串联连接，早期为引线焊接方式，目前基本采用引线片压接方式，具有连接可靠且对极板无灼伤的优点。

（a）

（b）

（c）

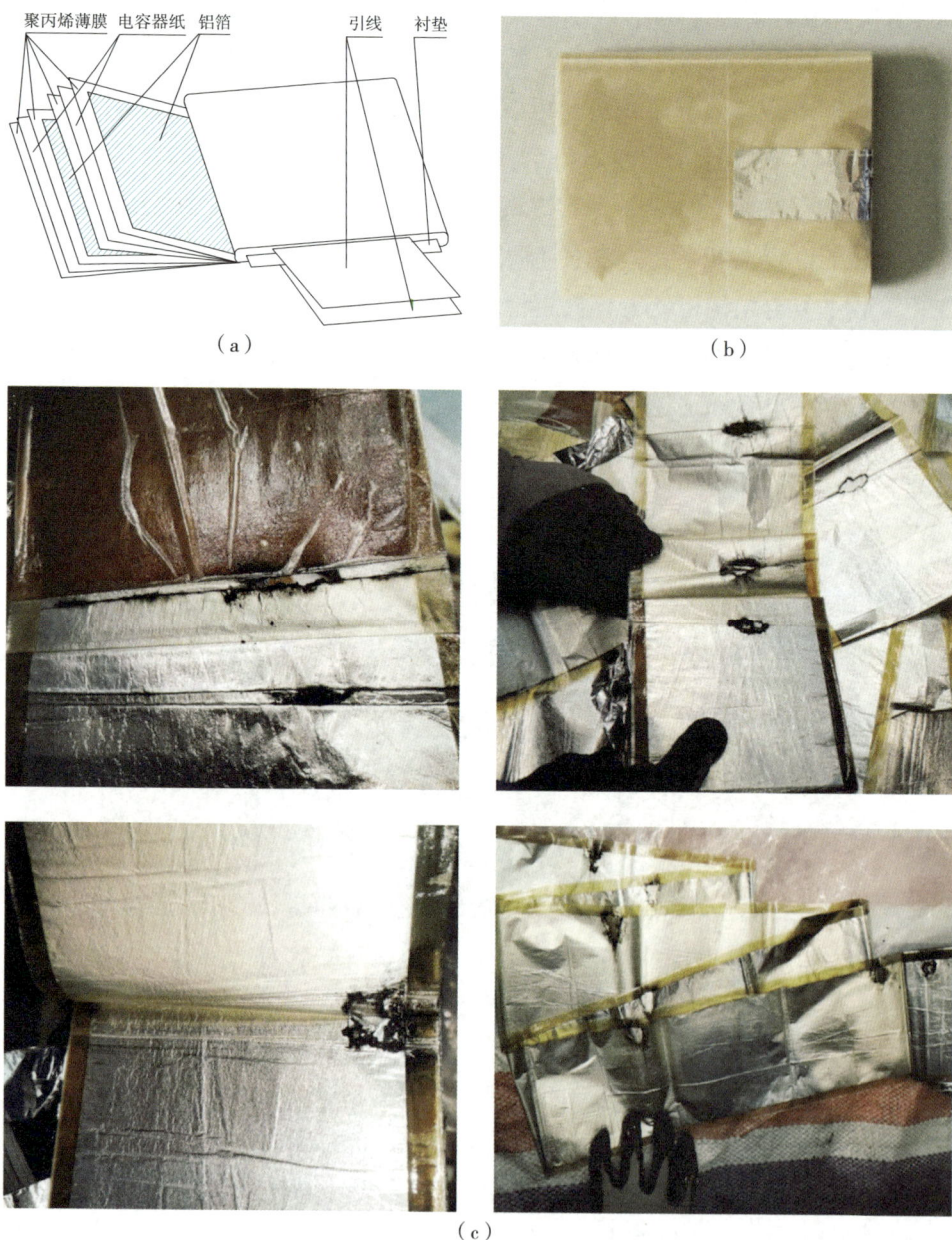

图 4-9　电容分压器的（电容器）元件

（a）结构图（两膜一纸）；（b）实物图；（c）击穿的（电容器）元件

　　由若干个电容元件叠装并通过相关部件（如绝缘纸板和绑扎带，或者上夹板、绝缘支撑件和下夹板）将其固定形成的一个整体称为电容芯子，如图

4-10 所示，其在电容分压器内部的位置示意如图 4-4（e）所示。电容芯子的高度不能太高，否则整体压装困难，会出现压不紧和容易变形的情况。1 节电容器单元内部一般有 1 个或 2 个电容芯子，芯子间叠装在一起并串联连接，同时通过绝缘紧固件夹紧固定成一个整体。

（电容器）元件卷制及电容芯子压装、装配等工序需在有净化度、温度和湿度要求的净化车间环境中进行。电容元件作业区域的净化度要求动态达到千级，即直径不小于 $0.5\mu m$ 的尘埃颗粒 ≤ 35 粒 /L。聚丙烯薄膜、电容器纸、铝箔必须在净化环境中静置 24h 以上方可用于生产。绝缘件加工、电容芯子压装、引线和外包等区域，净化度要求动态达到万级。

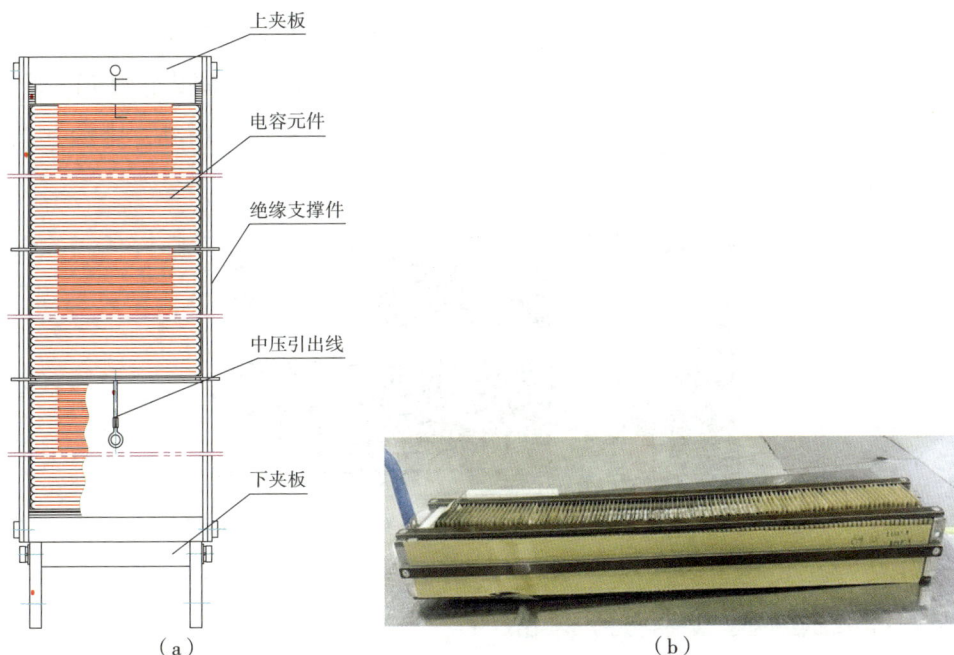

（a）　　　　　　　　　　　　　（b）

图 4-10　电容芯子

（a）结构图；（b）解体拆下的电容芯子

4.1.5　高压电容器（电容分压器的）
high voltage capacitor（of a capacitor divider）

高压电容器（电容分压器的）的符号为 C_1，是指电容分压器中接在高压端子与中压端子之间的电容器，布置在 1 节（分压电容器）或多节（耦合电容器和分压电容器）电容器单元中，各电容器单元垂直排列串联安装。

如果仅有高压电容器（电容分压器的）中的元件击穿损坏，则会导致 CVT 二次输出电压值升高。

4.1.6 中压电容器（电容分压器的）
intermediate voltage capacitor
（of a capacitor divider）

中压电容器（电容分压器的）的符号为 C_2，是指接在中压端子与低压端子之间的电容器，布置在分压电容器中，与部分高压电容器（电容分压器的）叠装在同一个外绝缘套中，通过引出抽头将中压信号引出，如图 4–11 所示。

如果仅有中压电容器（电容分压器的）中的元件击穿损坏，则会导致 CVT 二次输出电压值降低。

图 4–11　中压电容器（电容分压器的）的抽头（白色引线）

4.1.7 低压端子（电容分压器的）
low voltage terminal（of a capacitor divider）

低压端子（电容分压器的）是直接接地或通过电网频率阻抗可忽略的阻抗（如载波附件）接地的端子，通常称为"N 端子"。该端子必须可靠接地。如果由于某些原因在运行中造成低压端子失去接地或接地点接触不良，则该低压端子对地就会形成一个电容，将在低压端子与地之间形成很高的悬浮电压并对地放电，烧毁其他元件。

　　叠装式结构的 CVT 的低压端子位于最下节分压电容器的底部，经低压出线套管进入电磁单元，并引出到二次接线盒的 N 端子（电容分压器低压端子）处，如图 4-12（a）及图 4-4（e）所示。1000kV CVT 为非叠装式结构，低压端子经分压电容器底座（或箱体）外部的低压出线套管引出，并直接接地，如图 4-12（b）所示。

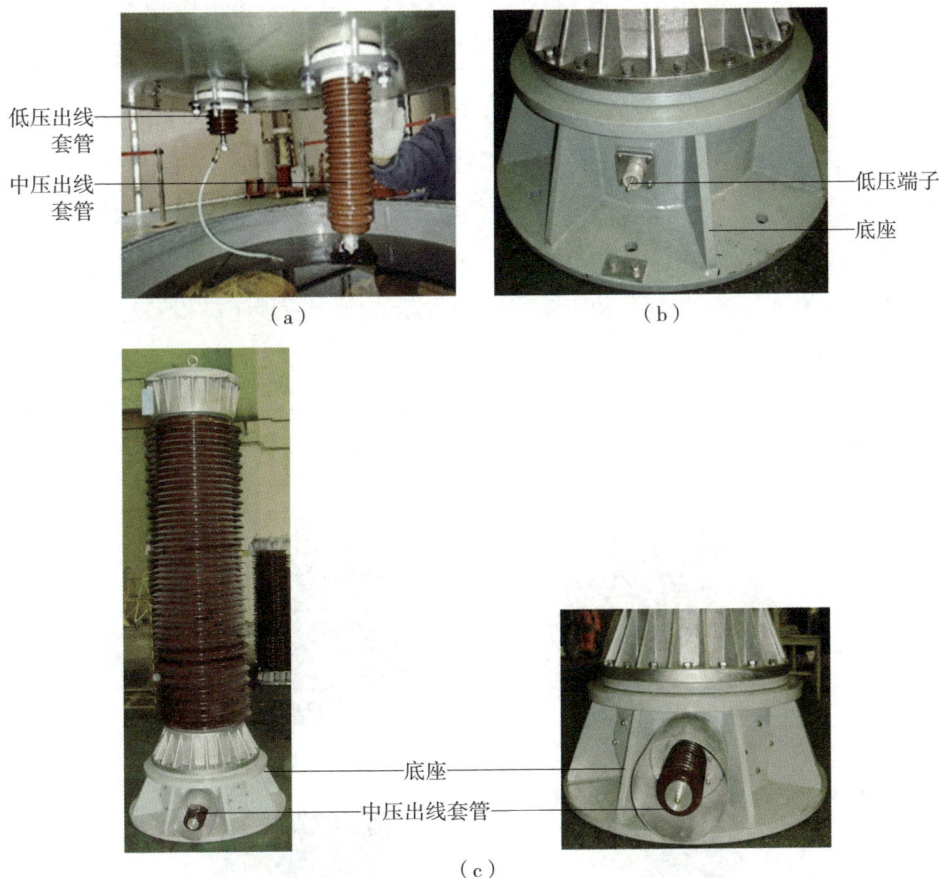

図 4-12　低压端子和中压端子实物图

（a）220kV CVT 最下节分压电容器的底部；（b）1000kV CVT 的低压端子；（c）1000kV CVT 的中压端子

4.1.8　中压端子（电容分压器的）
intermediate voltage terminal（of a capacitor divider）

　　中压端子（电容分压器的）是连接中压电路（如电容式电压互感器的电

磁单元）的端子。叠装式结构的 CVT 的中压端子位于最下节的分压电容器的底部，并经中压出线套管进入电磁单元，与电磁单元相连，如图 4-12（a）及图 4-4（e）所示；1000kV CVT 为非叠装式结构，中压端子经分压电容器底座（或箱体）外部的中压出线套管，与电磁单元外部的中压出线套管相连，如图 4-12（c）所示。

如图 4-12（a）所示，低压端子（电容分压器的）和中压端子（电容分压器的）均采用了出线套管。如果出线套管质量不佳或者安装不当，则可能造成出线套管损坏或者开裂，分压电容器中的电容器油进入到电磁单元，与电磁单元中的变压器油"混油"。由此导致两个后果：一是电磁单元的油位观察窗所显示的油位异常；二是在这种情况下，不能再对电磁单元的油样进行色谱分析。实际上，电磁单元的额定中间电压通常在 5~15kV 之间，与 DL/T 722—2014《变压器油中溶解气体分析和判断导则》所规定的设备电压等级并不相符。

为避免出线套管损坏或者开裂，可采用环氧浇注的低压端子（电容分压器的）和中压端子（电容分压器的），如图 4-13 所示。

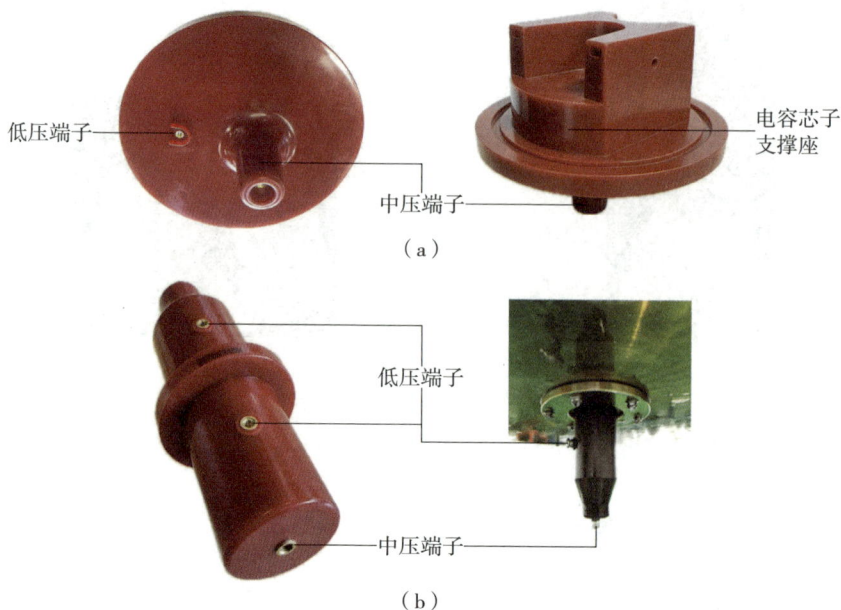

（a）

（b）

图 4-13　环氧浇注的低压端子（电容分压器的）和中压端子（电容分压器的）
（a）型式 1；（b）型式 2

4.1.9　外绝缘套 insulating bush

CVT 的外绝缘套可选用空心瓷绝缘子或空心复合绝缘子，内容详见 1.1.11 和 3.1.9。

4.1.10　电磁单元 electromagnetic unit

电磁单元是 CVT 的组成部分，接在电容分压器的中压端子与接地端子之间（或当使用载波耦合装置时直接接地），用以提供二次电压。电磁单元主要由一台中间变压器和一台补偿电抗器串联组成，中间变压器将中间电压降低到二次电压要求值。在额定频率 f_r 下，补偿电感的感抗 $L \times (2\pi f_r)$ 近似等于电容分压器两部分电容并联的容抗 $1/[2\pi f_r \times (C_1 + C_2)]$。补偿电感可以全部或部分并入中间变压器之中。

CVT 带有载波附件时，电磁单元的低压端子与接地端子相连；没有载波附件时，电磁单元的低压端子与电容分压器的低压端子相连（此时电容分压器的低压端子与接地端是短接的）。

电磁单元油箱内通常充有变压器油，且与电容分压器油路不相通。在油箱顶部留有一定空气层（或充以氮气）以补偿变压器油因温度造成的体积变化，并可避免电磁单元发热的热量直接传至电容器单元，引起高、中压电容器形成温差。

在电磁单元油箱上布置有二次接线盒、工艺孔、油位观察窗、接地板和放油阀。部分电磁单元的油箱外侧还会有引出补偿电抗器和中间变压器一次绕组调节抽头的调节端子盒，以方便进行电压误差和相位差调节。对于配有中压接地开关（便于现场的性能试验）的 CVT，当其正常运行时，将中压接地开关手柄转到"工作"位置，此时中压接地开关打开；需要进行检测时，将中压接地开关手柄转到"接地"位置，此时中压接地开关闭合，中压端子接地，通过反接法可以直接测量 C_1、C_2 的电容量和介质损耗。

电磁单元实物图如图 4-14 所示，其内部结构及各部件详见 4.2 节。

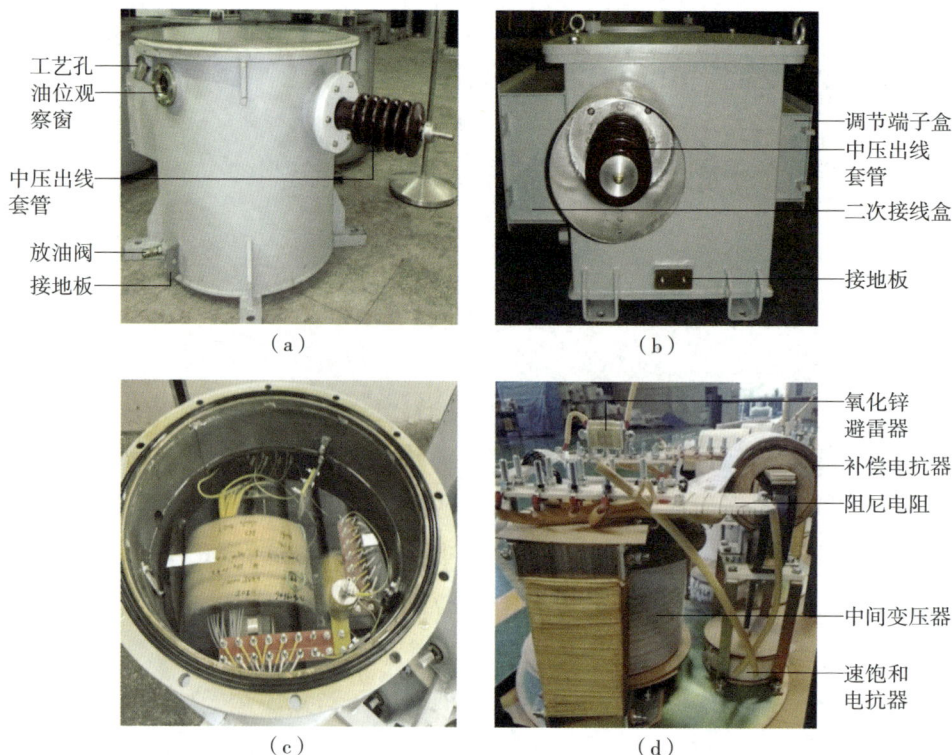

图 4-14 电磁单元实物图

（a）待出厂产品 1（1000kV CVT）；（b）待出厂产品 2（1000kV CVT）；
（c）待出厂产品 3；（d）内部部件

在实际使用中，如果电磁单元密封面失效，则潮气和水分会进入电磁单元内部，导致绝缘油水分超标，绝缘材料的绝缘性能降低，严重时会发生放电，如图 4-15 所示：

（1）某变电站 220kV 母差保护告警，现场检查二母失灵电压开放，手动复归后正常，故障录波显示母线零序电压间歇性畸变增大。

（2）现场红外测温发现电磁单元有发热现象，温差最高达 4.8K，判断内部绝缘降低。

（3）停电后现场检查发现二次接线盒的顶部边沿处有锈蚀痕迹。

（4）诊断性试验数据电磁单元的绝缘电阻明显偏低。

（5）解体发现电磁单元锈蚀严重，中间变压器绕组外层绝缘材料有明显烧黑痕迹，在第一层至第三层绕组上可见放电灼烧痕迹。

（a）

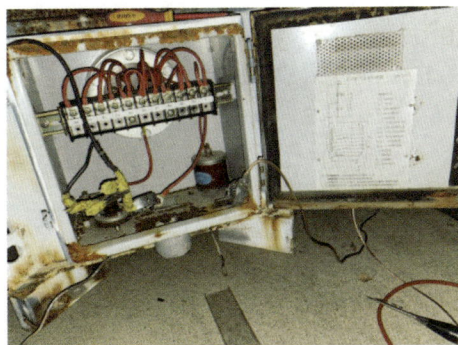

（b）

（c）

（d）

（e）

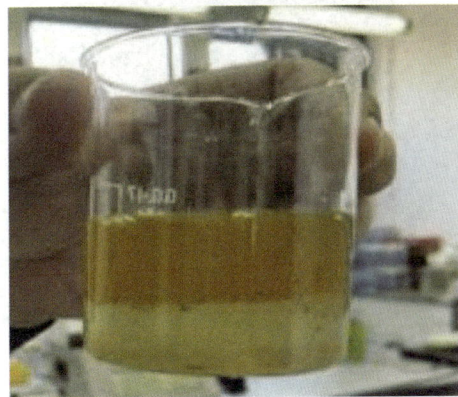

（f）

图 4-15　某电磁单元密封失效所致的内部受潮实物图

（a）红外发热图像；（b）二次接线盒的顶部边沿处有锈蚀；（c）电磁单元油箱锈蚀严重；
（d）中间变压器绕组外表面烧黑痕迹；（e）中间变压器第一层绕组上的放电灼烧痕迹；
（f）油箱底部变压器油的油水分层

（6）油箱底部（放油阀以下）存在大量锈蚀，变压器油存在油水分层现象，可推知油箱内受潮严重，水分积聚于油箱底部。

4.1.11　二次接线盒 secondary junction box

　　CVT 的二次接线盒位于电磁单元油箱的侧面，盒内一般布置有二次绕组端子、电容分压器低压端子（N 端子）、电磁单元一次绕组接地端子（X_L 端子）和油箱接地端子。部分制造厂会将补偿电抗器的保护器件放在二次接线盒内，便于发现事故及更换。端子可通过环氧浇注的二次端子板引出，正常运行时，N 端子、X_L 端子应接地。同电流互感器一样，部分制造商在二次接线盒内布置了"凤凰（菲尼克斯）端子"，详细可参考 1.1.14。CVT 二次端子板实物图如图 4-16 所示。

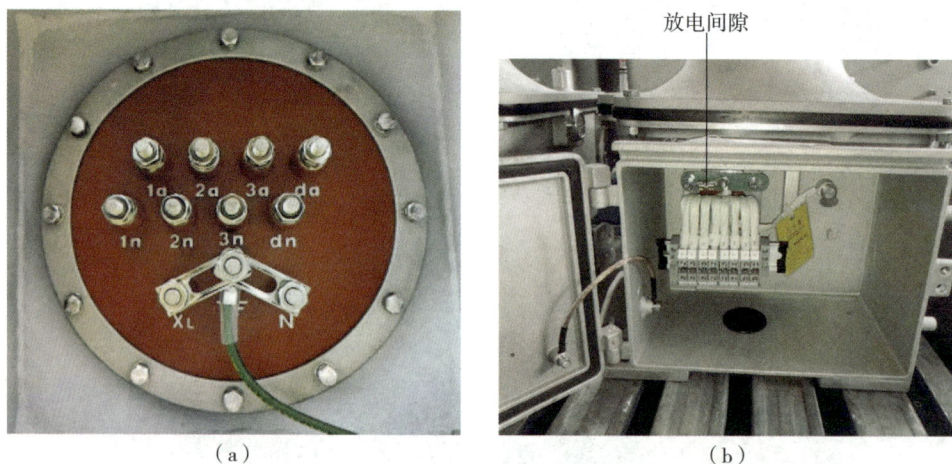

（a）　　　　　　　　　　　　　　　　（b）

图 4-16　CVT 二次端子板实物图

（a）圆盘形二次端子板；（b）带凤凰（菲尼克斯）端子

　　一部分 CVT 兼有电力载波功能。当需要载波通信功能时，打开 N 端子与接地端子之间的连接片（线），接入载波附件。载波附件包括一个排流线圈和一个限压装置，载波附件及其典型连接如图 4-17 所示。排流线圈为一个电感元件，其阻抗在工频下很小，但在载波频率下具有高阻抗值。限压装置用以限制可能出现在排流线圈上的暂态过电压，可以是火花放电间隙或任何其他类型的避雷器，其工频火花放电电压 U_{sp} 不小于额定工作条件下排流线圈两端最大交流电压的 10 倍。

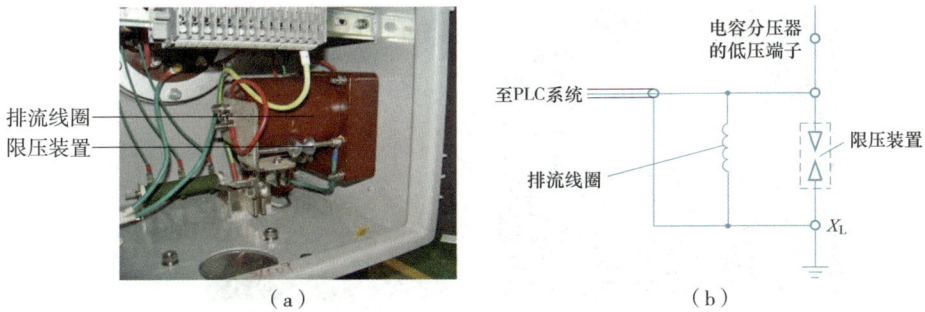

（a）　　　　　　　　　　　　（b）

图 4-17　载波附件及其典型连接

（a）载波附件（内部有排流线圈）；（b）典型连接

4.1.12　工艺孔 process hole

CVT 的工艺孔用于在生产制造阶段抽真空和注油，或用于在运行维护阶段的补油，或用于开展加压密封试验。实物图如图 4-14（a）和图 4-18 所示，有的制造厂将工艺孔布置在电磁单元油箱盖上方，有的则布置在电磁单元油箱的侧面，但在高度方向上均高于电磁单元的油面。如果工艺孔设置在电磁单元油箱盖上，则必须高出油箱上平面 10mm 以上，避免因密封老化导致油箱内部进水。

（a）　　　　　　　　　　　　（b）

图 4-18　工艺孔实物图（一）

（a）结构 1（油箱盖上）；（b）结构 2（油箱侧面）

工艺孔
油位观察窗
二次接线盒
放油阀

工艺孔

（c）

（d）

图 4-18 工艺孔实物图（二）

（c）结构 3（油箱盖上）；（d）加压（充氮气）密封试验（左图—结构 2，右图—结构 3）

对于实际运行的 CVT 而言，如果工艺孔的密封失效，也会导致类似图 4-15 的结果。

4.1.13 油位观察窗 oil level sight window

油位观察窗用于观测电磁单元内的油位，一般会设置上限油位和下限油位线。正常运行条件下，油位反映的是电磁单元内部的油温，应处于上、下限油位线之间。不同制造厂的油位观察窗外观和使用材质会有差异，油位观察窗实物图如图 4-14（a）、图 4-18（b）及图 4-19 所示。

当油位低于下限油位线时，原因可能是电磁单元漏油，需检查装配密封处是否有渗漏。当油位超出上限油位线且在观察窗上无法看到油位时，原因之一可能是叠装式 CVT 的分压电容器中的油渗漏到电磁单元的油箱中。此种情况下，分压电容器中的油量会减少，可能使部分（电容器）元件不再浸在

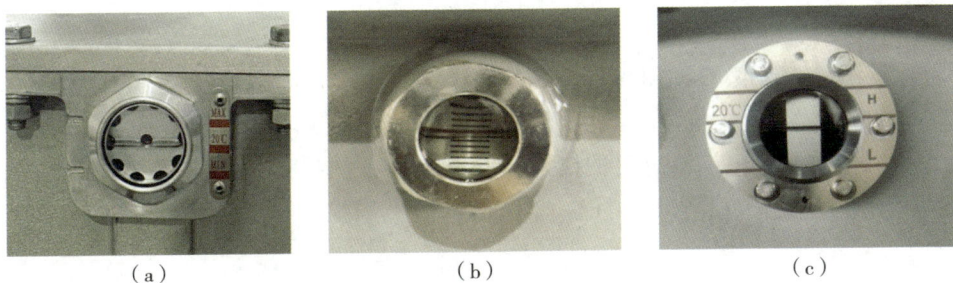

图 4-19　CVT 油位观察窗实物图
（a）外观 1；（b）外观 2；（c）外观 3

油中，分压电容器整体绝缘水平降低，在运行过程中散热不充分，进而导致元件击穿。如果继续运行，最终可能发生分压电容器的贯穿性击穿。例如，某 220kV 变电站巡视检查发现某 110kV 母线 CVT 的油位处于满油位状态，二次电压偏高接近 10%，经测量电容量、介质损耗值均超过了状态检修规程的警示值。如图 4-20 所示，电容器中压套管破裂明显，造成电容器油渗漏到电磁单元，分压电容器从上向下数第 1~15 个（电容器）元件不在电容器油中，部分（电容器）元件因缺油击穿。现场对每个（电容器）元件的电容量进行了测量，发现有 6 个（电容器）元件的电容量异常，与总电容量偏差数值相符。

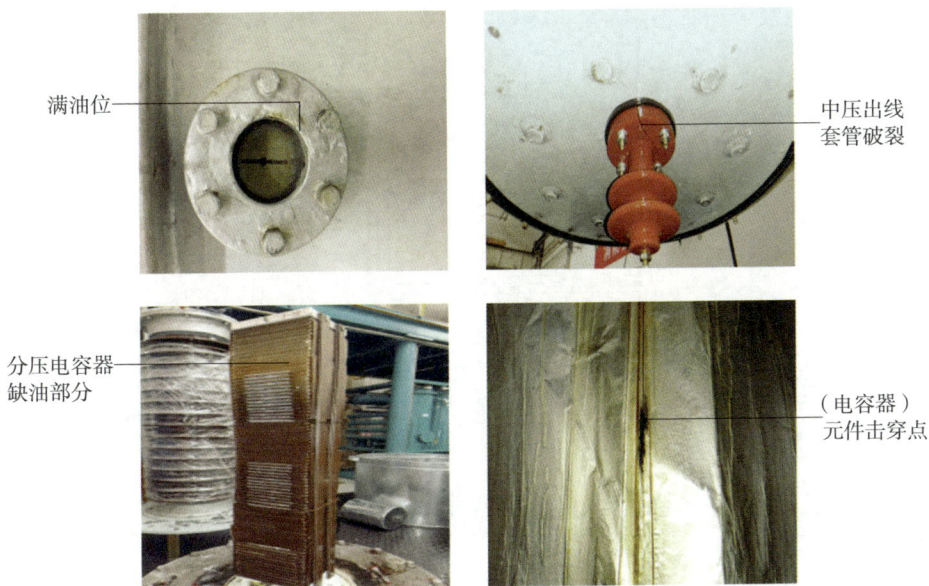

图 4-20　某中压出线套管破裂的 CVT 解体照片

4.1.14 接地板 earthed board

接地板是用于产品的保护接地，并满足动、热稳定性要求的部件，实物图如图 4-14（a）、（b）及图 4-18（b）所示。

4.1.15 放油阀 injection and drain valve

放油阀设置在电磁单元集油最低位置处，用于现场对电磁单元进行取油样或放油。实物图如图 4-14（a）及图 4-18（a）~（c）所示。通过放油阀取油过程详见 1.1.15。

4.2 典型结构——电磁单元内部

电磁单元内部部件示意图如图 4-21 所示。

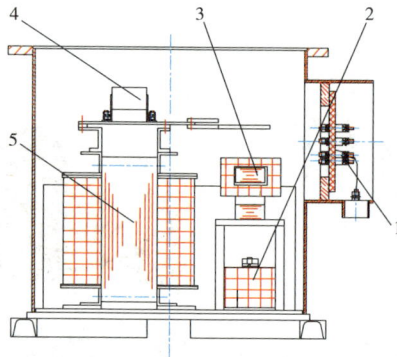

图 4-21　电磁单元内部部件示意图

1—二次端子；2—阻尼装置；3—补偿电抗器；4—补偿电抗器的保护器件；5—中间变压器

4.2.1 二次端子 secondary terminals

CVT 二次端子的标志为 1a、1n、2a、2n、3a、3n、da、dn 等，其中 da、

174

dn 表示剩余电压绕组的端子。二次端子布置在二次端子板上，并与二次绕组的引出线相连接。二次端子螺杆用铜或铜合金制成，并应具有防转动措施，避免因端子转动导致内部引线受损或断裂。二次端子实物图如图 4-16 所示。

4.2.2 阻尼装置 damping device

阻尼装置是电磁单元中的一种装置，用以限制可能出现在一个或多个部件上的过电压，以及（或者）抑制持续的铁磁谐振，以及（或者）改善电容式电压互感器暂态响应特性。

阻尼装置主要有谐振型和速饱和型两大类，接在 CVT 的剩余电压绕组上。当前多选用速饱和型阻尼装置，因为其暂态响应效果良好，能满足系统快速保护装置的要求。速饱和型阻尼装置由速饱和电抗器与电阻器串联而成，在正常运行情况下，速饱和电抗器的阻抗大，相当于开路状态，所消耗的功率小，不影响电容式电压互感器的正常运行。当发生铁磁谐振或暂态过电压时，速饱和电抗器快速深度饱和，电感值急剧下降，大电流通过电阻器消耗大量功率，有效阻尼铁磁谐振或暂态过电压。速饱和电抗器应选用坡莫合金铁芯，并具有陡峭的饱和特性，使之具有能够快速深度饱和的特性。在设计时应使其磁化特性（伏安特性）曲线的拐点显著低于中间变压器的磁化特性（伏安特性）拐点。电阻器的阻值选择原理与谐振型阻尼装置相同，但考虑电压波形畸变、磁化特性分散性等因素，还要根据试验结果进行调整。速饱和电抗器实物图（生产过程中）如图 4-22 所示。

图 4-22　速饱和电抗器实物图（生产过程中）

速饱和型阻尼装置的设计参数选择不当或元件制造不良时，可能不起作用，达不到阻尼效果，致使分频谐振长期存在，进而引发事故。这类事故常发生在母线电压并不高、新安装投运而二次实际空载运行时。

阻尼装置的接头或部件松动、安装不良或阻尼电阻的螺栓离箱壁太近而造成碰触，都有可能导致在正常运行条件下阻尼电阻上有电流流过，产生热量导致电磁单元温度升高。例如，某 500kV 变电站的某台 CVT 的电磁单元温度异常，解体检查发现阻尼电阻穿心螺杆接触箱壁，形成油箱壁—拉紧螺杆—电阻安装丝杆—油箱壁的闭合回路，产生环流造成发热。阻尼电阻安装不良导致的电磁单元发热实例如图 4-23 所示。

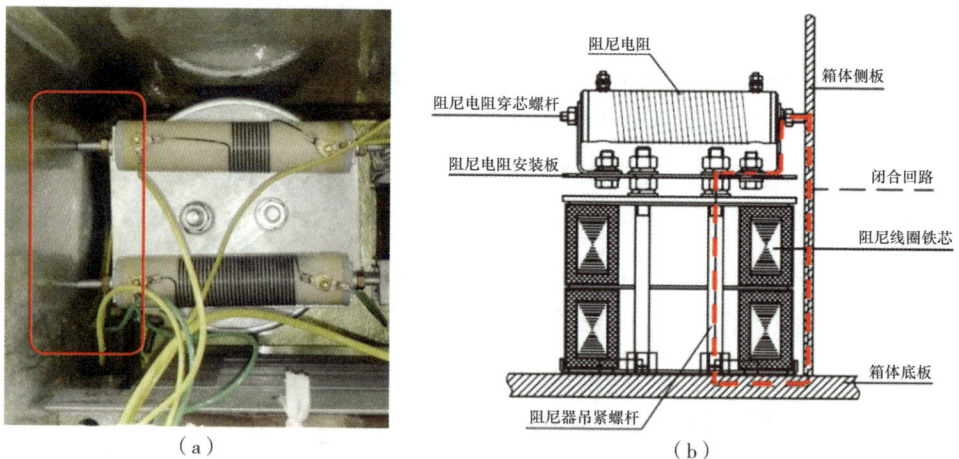

图 4-23　阻尼电阻安装不良导致的电磁单元发热实例
（a）电阻安装丝杆碰触箱壁；（b）感应电流环路

部分制造商采用了图 4-24 所示的组合型阻尼装置。图 4-24 中，D 为速饱和型阻尼装置，R_D 为阻尼电阻。R_D 在低电压下的阻尼效果较好，D 在高电压下的阻尼效果较好，两者结合使用，以获得最佳的阻尼效果。

除上述阻尼方式外，部分 CVT 铭牌上的线路图中显示了其他可能的阻尼方式。某 500kV CVT 的线路图及放电间隙实物图如图 4-25 所示，放电间隙 F 会在承受过电压时动作（即导通），将补偿电抗器的部分绕组短路，从而起到阻尼作用。

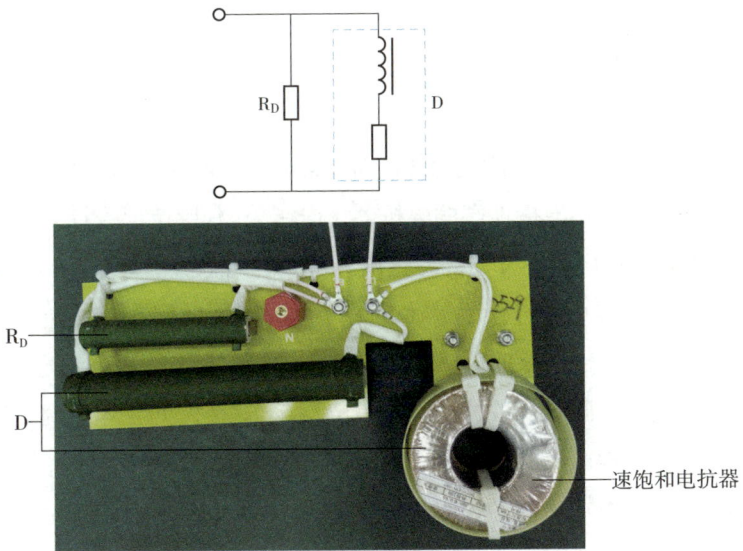

图 4-24　组合型阻尼装置

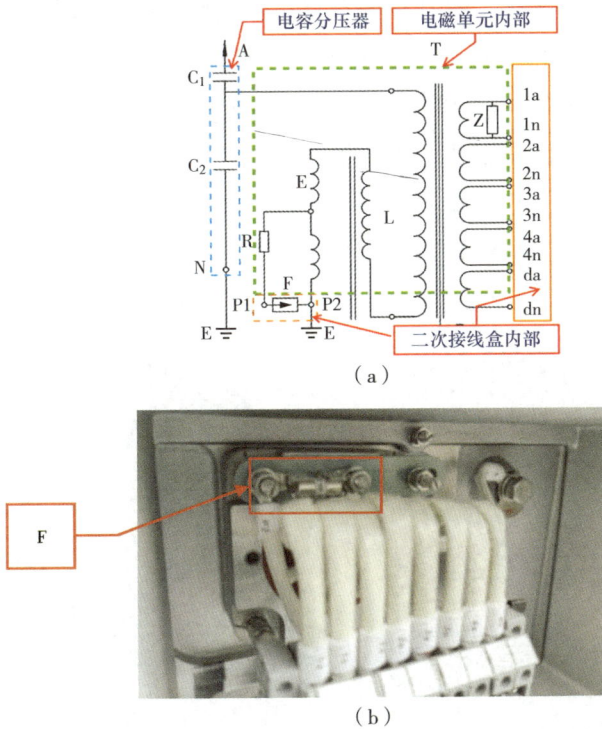

（a）

（b）

图 4-25　某 500kV CVT 的线路图及放电间隙实物图

（a）铭牌与线路图；（b）放电间隙 F 实物图

4.2.3 补偿电抗器 compensating reactor

补偿电抗器又名补偿电感（compensating inductance），是串联接在中间变压器一次绕组高压端或接地端的电抗器（电感），其感抗值设计上应等于分压器高压电容器与中压电容器并联的容抗值。对应的电感值也可并入中间变压器之中。

补偿电抗器用于补偿因二次负荷变化时引起的回路容抗造成的电压降，使得电容分压器输出电压不随负荷变化而变化。在额定频率下满足 $X_C \approx X_K + X_{T1} + X'_{T2}$，这样等值电容的压降就被补偿电抗器的电感 L_K 及中间变压器的漏抗所补偿，中间变压器的二次电压将只受数值很小的绕组电阻 R_1 和 R'_2 压降的影响，CVT 二次电压与一次电压之间获得了正确的相位关系。在产品设计时，常使整个等值电路的感抗值略大于容抗值，称为过补偿，以减少电阻对相位差的影响。

补偿电抗器常采用山字形或 C 形铁芯。为了改善铁磁谐振特性以及使电抗便于调整到需要的数值，且在一定范围内维持恒定值，铁芯应有适当大小的气隙，同时补偿电抗器铁芯的磁密要选低一些，一般控制在 0.2T 以下。CVT 相位差补偿通过改变补偿电抗器的匝数（即调节电抗）来实现，因此补偿电抗器设置了相应的调节抽头，抽头的调节范围需考虑电容分压器的电容量对其额定值的制造偏差。图 4-26（a）为 C 形铁芯补偿电抗器，右侧为调节抽头的白色引线，铁芯气隙位于铁芯的下中部。

铁芯气隙　　　　　调节抽头

（a）　　　　　　　　　　　　　　（b）

图 4-26　补偿电抗器
（a）结构 1 的实物图（生产过程中）；（b）结构 2 的效果图

补偿电抗器可串联接在中间变压器一次绕组的高压端或接地端，两种情况下的匝绝缘要求相同，但主绝缘要求不同，前者对地要求达到电容分压器中压端子的绝缘水平。实际上，国内绝大多数制造商都将补偿电抗器布置在中间变压器一次绕组的接地端一侧。

此外，从 CVT 铭牌上的线路图中也可以获取一些补偿电抗器的结构信息。例如，图 4-25（a）所示的补偿电抗器 L 的绕组是两段的，其补偿电抗器的效果图如图 4-26（b）所示。只不过，需要注意的是，这种根据线路图信息所作出的结构推测会受到制造商在线路图中所表达的是"结构还是示意"的因素影响，需要读者自己甄别和把握。

4.2.4 补偿电抗器的保护器件
protection element of compensating reactor

补偿电抗器的保护器件是用以限制补偿电抗器过电压的一个器件，并有利于阻尼 CVT 的铁磁谐振。在正常运行时补偿电抗器两端的电压只有几百伏，保护器件处于开路状态。当 CVT 二次侧发生短路和开断过程时补偿电抗器两端将出现过电压，当电压超过限值，保护器件进入短路状态。补偿电抗器的保护器件除了降低其两端电压（一般产品按补偿电抗器额定工况下电压的 4 倍考虑）外，还能对阻尼铁磁谐振起良好作用。

补偿电抗器的保护器件通常包括间隙加电阻、氧化锌阀片加电阻或不加电阻、补偿电抗器设二次绕组并接入间隙和电阻等。大部分产品将保护器件安装在电磁单元油箱内、如图 4-27（a）所示，也有部分产品将保护器件安装在二次接线盒（或调节端子盒）内、如图 4-27（b）和图 4-25（b）所示。图 4-27 为用作补偿电抗器的保护器件的氧化锌阀片避雷器。

4.2.5 中间变压器 intermediate transformer

中间变压器为一台电压互感器，在正常使用条件下，其二次电压实质上正比于一次电压。中间变压器可采用叠片式铁芯或 C 型铁芯。叠片铁芯一般为外轭内铁式三柱铁芯，绕组

中间变压器的
C 型铁芯

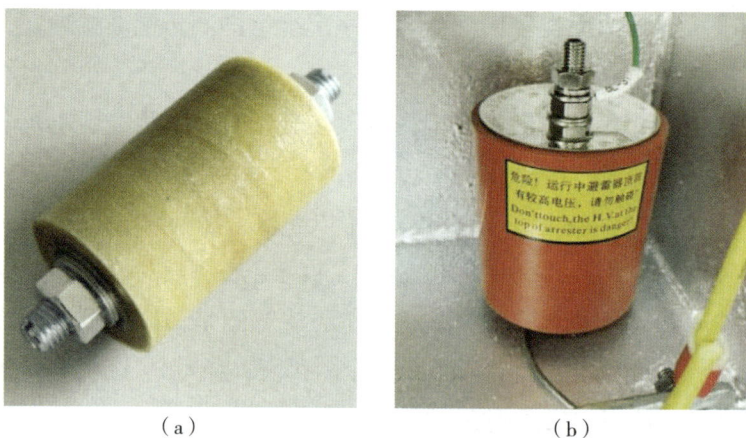

（a）　　　　　　　　　　　（b）

图 4-27　氧化锌阀片避雷器实物图

（a）放在电磁单元油箱内；（b）放在二次接线盒内

排列顺序为芯柱—辅助绕组—二次绕组—一次绕组，直立安装在电磁单元油箱内。C 形铁芯的二次绕组和一次绕组一般套装在长柱（芯柱）上，水平安装在电磁单元油箱内。铁芯选用优质冷轧硅钢片，磁密选取较低，可使 CVT 具有良好的抗铁磁谐振特性。一次绕组通常设置附加的调节绕组，用于补偿电容分压器分压比对额定分压比的偏差，通过增加或减少一次绕组的匝数可调节电压误差。二次绕组一般采用纸包扁铜线或缩醛漆包扁铜线、圆铜线绕制。一次绕组及调节绕组一般采用缩醛漆包圆铜线绕制。图 4-28 为生产制造过程中的中间变压器，图中的红色导线即为调节绕组的出线。

调节绕组出线

图 4-28　中间变压器（叠片式铁芯）实物图（生产过程中）

早期，为避免过电压损坏中间变压器，部分产品会在中间变压器高压侧对地装设氧化锌避雷器，但在运行中发生避雷器损坏时，会出现 CVT 二次失压现象。因此，《国家电网有限公司十八项电网重大反事故措施（修订版）》提出"电容式电压互感器中间变压器高压侧对地不应装设氧化锌避雷器"的要求。

4.3 解体举例

4.3.1 电磁单元解体

4.3.1.1 设备的参数信息

某变电站的 500kV 线路保护装置报 PT 断线异常信号，显示该线路 C 相电压明显降低，巡视检查发现该线 CVT 油位观察窗中绝缘油颜色发黄。CVT 的参数信息如表 4-1 所示。

表 4-1　　　　　某 500kV CVT 的参数信息 1

型号	TYD500/$\sqrt{3}$ -0.005W3
额定电压（kV）	500
操作冲击耐受电压（kV）	1175
雷电冲击耐受电压（kV）	1675
额定电容量（pF）	5000
额定变比	500/$\sqrt{3}$ /0.1/$\sqrt{3}$ /0.1/$\sqrt{3}$ /0.1/$\sqrt{3}$ /0.1
总质量（kg）	1025
温度范围（℃）	-25~40

4.3.1.2 解体前的试验情况

首先进行外观检查，发现电磁单元油位视察窗中变压器油颜色发黄，二次接线盒内部放电间隙过热烧蚀，放电间隙安装座烧蚀碳化，其他位置未见异常。图 4-29 为外观检查情况。

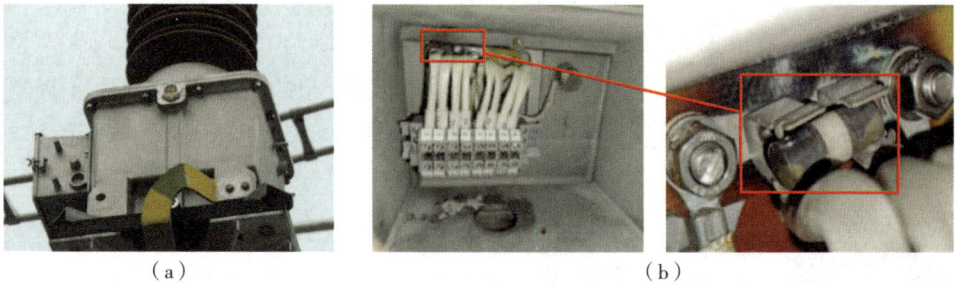

图 4-29 外观检查情况

（a）变压器油发黄；（b）放电间隙烧蚀

其次开展例行试验，直流电阻测量、电容量和介质损耗因数测量、电磁单元密封性试验未见异常。

对引出端子进行绝缘电阻测量，发现剩余电压绕组 da-dn 对地导通、电磁单元接地端对地导通，其余绕组和低压端子（电容分压器的）绝缘电阻未见异常。

对电磁单元绝缘油进行微水、介质损耗、油耐压和油色谱试验。绝缘油微水 19.2mg/L，超出标准要求的 15mg/L；油耐压 40.6kV，低于标准要求的 50kV；油中特征气体显著增加，乙烯和乙烷含量分别为 2401.01μL/L 和 3989.92μL/L，一氧化碳、二氧化碳含量分别为 22789μL/L、233391μL/L。

4.3.1.3 解体步骤及结果

故障部位定位在电磁单元，对该台 CVT 按照如下步骤开展解体工作：

（1）拆开电磁单元油箱上顶盖，吊起分压电容器。检查分压电容器是否渗漏油，低压端子及其引线和中压端子及其引线是否有破损，是否有放电痕迹、断线或松动接触不良等。

（2）检查电磁单元油箱内部是否有生锈、异物、油的颜色和状态情况。

（3）对电磁单元油箱放油后吊出器身，检查阻尼装置、补偿电抗器和中间变压器等各部件。

（4）拆解中间变压器，分别检查一次绕组、二次绕组和剩余电压绕组。

解体结果如图 4-30~ 图 4-33 所示。图 4-30 为拆解后的外观检查情况，中、低压端子的绝缘外表面附着有碳颗粒，擦拭可清除。电磁单元油箱内变压器油呈深黄色、有刺激性气味、存在碳化现象。图 4-31 为电磁单元主要部件情况，速饱和电抗器外包绝缘存在过热现象，其他部件外观良好。

（a）　　　　　　　　　　　　　　　　（b）

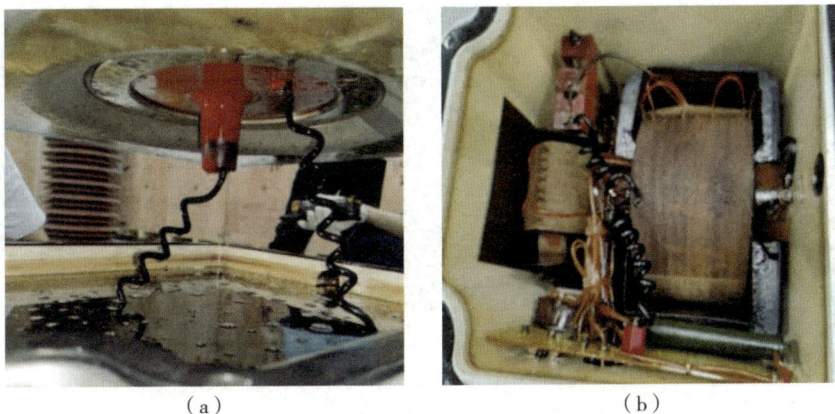

图 4-30　拆解后的外观检查情况
（a）分压电容器底部的中、低压端子；（b）电磁单元内部（放油后）

（a）　　　　　　　　　（b）　　　　　　　　　（c）

图 4-31　电磁单元主要部件情况
（a）补偿电抗器；（b）中间变压器；（c）阻尼装置

如图 4-32 所示，中间变压器一次绕组外层绝缘纸和导线存在过热痕迹，内部绝缘纸和导线烧蚀碳化现象逐渐加深，最内层绕组绝缘纸碳化严重，导线漆层脱落。一次绕组绝缘筒烧蚀严重，内外侧已碳化贯通。如图 4-33 所示，二次绕组 3a-3n 层间绝缘纸过热碳化、绕组有过热痕迹。1a-1n 层间绝缘纸部分存在碳化痕迹，但绕组外观良好。剩余电压绕组外侧绝缘过热碳化，静电屏（作者注：静电屏通过引出线单独接地，用于减少一二次绕组间的耦合电容，降低静电干扰，保护二次绕组）过热变色，静电屏与 da 接触处存在凹坑状压痕，测量 da 对静电屏绝缘电阻为 0，层间绝缘纸过热碳化，da 引出线存在过热痕迹，引出线外包绝缘管受静电屏挤压位置处存在破损，引出线漆层破损。

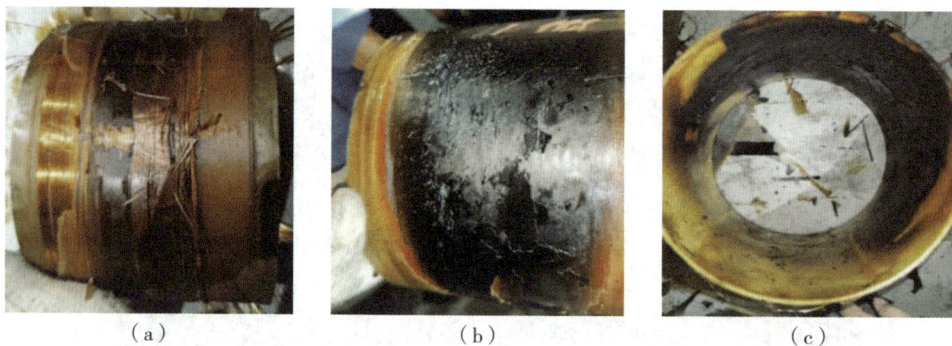

（a）　　　　　　　　　（b）　　　　　　　　　（c）

图 4-32　中间变压器一次绕组及绝缘筒

（a）绕组外层；（b）绕组内层；（c）绝缘筒

（a）　　　　　　　　　　　　　　　（b）

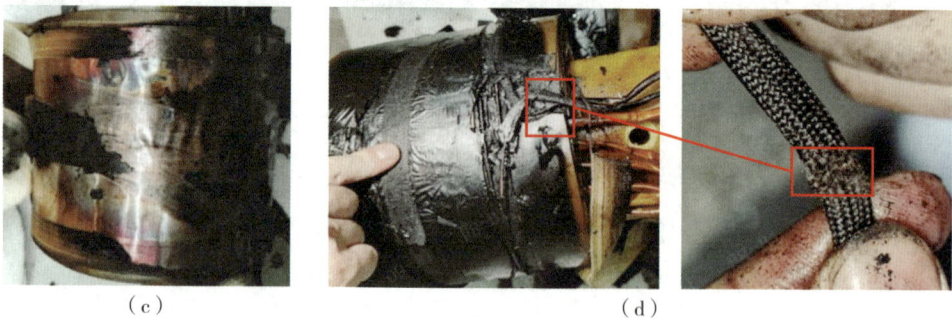

（c）　　　　　　　　　　　　　（d）

图 4-33　中间变压器的二次绕组

（a）绕组 3a-3n；（b）绕组 1a-1n；（c）剩余电压绕组静电屏；（d）剩余电压绕组内层及 da 引出线

　　由解体结果可知：由于剩余电压绕组 da 引线绝缘管破裂，引线 da 在受静电屏挤压位置与静电屏导通后接地，剩余电压绕组 da-dn 形成接地短路，造成补偿电抗器电压升高，其两端的保护间隙导通并持续通过较大电流，保护间隙持续发热导致安装座过热烧蚀。同时，流过中间变压器一次绕组及补偿电抗器绕组上的电流过大，一次电路上的阻抗压降增大，引起二次电压降低。在此过程中，产生大量热量，使得电磁单元中的变压器油发生裂解，引发中间变压器绝缘筒、一次绕组和二次绕组层间绝缘纸过热碳化，导线漆层脱落。

4.3.2 电容分压器解体

4.3.2.1 设备的参数信息与结构

某变电站的 500kV 线路保护装置报 PT 断线异常信号，显示该线路 A 相电压明显升高，红外测温发现该相 CVT 与其他两相 CVT 的温差超过规程 DL/T 664—2016《带电设备红外诊断应用规范》要求，温度最高点位于该设备中部位置。CVT 的参数信息如表 4-2 所示，中部位置的结构示意图如图 4-34 所示。

表 4-2　　　　　　某 500kV CVT 的参数信息 2

型号	TEMP–500IU
额定电压（kV）	500
工频耐受电压（kV）	740
雷电冲击耐受电压（kV）	1675
额定电容量（pF）	5000
额定变比	$500/\sqrt{3}/0.1/\sqrt{3}/0.1/\sqrt{3}/0.1/\sqrt{3}/0.1$
准确级	0.2/0.5/0.5/3P
总质量（kg）	940
温度范围（℃）	–25~40

4.3.2.2 解体前的试验情况

对 A 相 CVT 进行外观检查，发现中下节瓷套外表面有油渍。开展电容量和介质损耗因数测量，中节耦合电容器的实测电容量 17.13nF 与出厂值（15.56nF）偏差 9.32%，介质损耗达 0.79%。

4.3.2.3 解体步骤及结果

故障部位定位在中节耦合电容器，按照如下步骤开展解体工作：

185

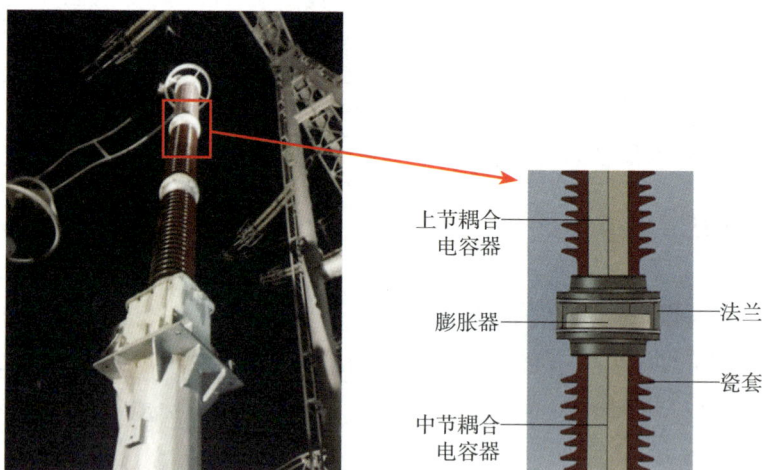

图 4-34 某 500kV CVT 的外观及中部位置的结构示意图

（1）完成上节、中节耦合电容器和下节分压电容器的分拆。

（2）拆开中节耦合电容器顶部法兰，检查膨胀器情况。

（3）拆除膨胀器，打开中节耦合电容器上部的密封盖板，检查密封盖板、密封面、连接线等部位及绝缘油的情况。

（4）打开中节耦合电容器下法兰紧固螺栓，拆除瓷套，检查（电容器）元件状态。

（5）测试各（电容器）元件的电容量。

解体结果如图 4-35 所示。其中，图 4-35（a）、（b）分别为膨胀器和密封盖板的外观检查情况，膨胀器上表面有冻结冰层，沿面有冰层融化后的水渍痕迹。密封盖板内表面多处积聚水珠，密封胶圈破损、边缘开裂。

中节耦合电容器由 5 组（电容器）元件小包组成，各组小包的外表面均有不同程度的放电痕迹，其中，自上而下第 4、第 5 组小包最为严重，部分（电容器）元件击穿，如图 4-35（c）、（d）所示。

由解体结果可知：中节耦合电容器上部盖板密封胶圈破损，造成密封失效，在长期运行中水分逐渐浸入并在底部积聚，导致绝缘性能下降，中下位置处的部分（电容器）元件击穿，电容分压器整体电容量增大，造成二次电压异常抬升，引发故障告警。（电容器）元件放电击穿过程中，伴随大量气体产生，电容分压器内部压力增大，致使绝缘油从密封不良处向外溢出。

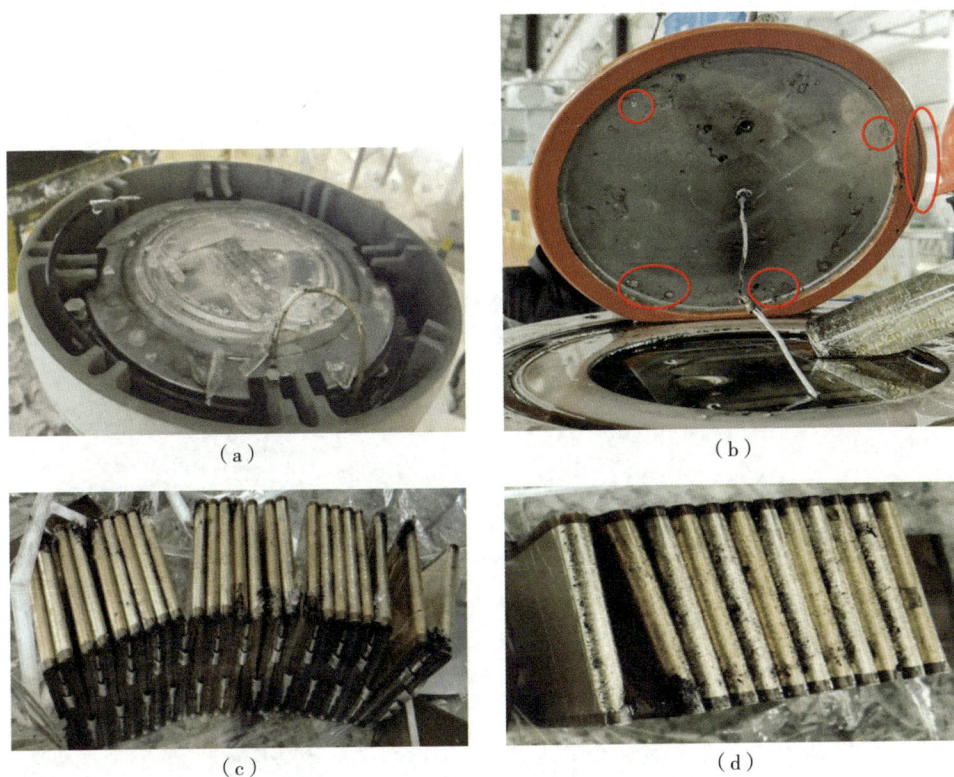

图 4-35 中节耦合电容器解体结果

（a）膨胀器上表面冻结冰层；（b）上部密封盖板积聚水珠，胶皮破损；
（c）第 4 组元件小包部分元件击穿；（d）第 5 组元件小包部分元件击穿

4.4 制造流程概述

电容式电压互感器的制造主要包括电容分压器的制造、电磁单元的制造及产品的总装配三部分。

4.4.1 电容分压器的制造流程

电容分压器的制造流程主要包括元件卷制、芯子压装、电容器装配、真空干燥浸渍等。根据各厂家处理工艺的不同，真空干燥浸渍处理工艺可分为"一步法"和"两步法"。"一步法"是在完成电容器装配后，将电容器放置在真空罐或真空窑内一次完成真空干燥浸渍处理。"两步法"是将压装好的电容器芯子先在真空罐内进行真空干燥浸渍处理，之后在罐外将含油芯子装配在外绝缘套内，最后进罐进行真空脱气处理。本节主要介绍"一步法"。

表 4-3 及图 4-36 为电容分压器的典型制造流程。

表 4-3　　　　　　　　　　　　电容分压器的典型制造流程

步骤	工序名称	工序描述	图片
步骤 1	元件卷制及耐压测试	（1）准备好聚丙烯薄膜、电容器纸、铝箔，设置好自动卷绕机参数。 （2）进行首件元件卷制，检查尺寸及内部质量是否合格。 （3）确认首件元件合格后，开始元件自动绕制。 （4）对卷绕好的元件进行耐压测试	
步骤 2	电容芯子压装	（1）将元件、引线、绝缘纸板、打包带等布置完成后，操作压床进行元件小包压装。 （2）按图纸要求的位置和数量，放置元件小包、绝缘纸板、高压引线、中压引线、低压引线，操作打包机进行打包，完成电容芯子装配和固定。 （3）检查电容芯子并测量电容量	
步骤 3	电容分压器装配	（1）在分压电容器的下法兰上安装好中压套管和低压套管以及对应的导电杆。 （2）将准备好的电容芯子装配在分压电容器的下法兰上，分别完成中压引线和低压引线与中压套管和低压套管的导电杆的连接。 （3）将准备好的外绝缘套从电容芯子上方缓慢落下，装配在下法兰上。 （4）将电容芯子的高压引出线和外油型膨胀器（若采用）在上法兰处进行连接后，在外绝缘套的上口处装配好上法兰	

续表

步骤	工序名称	工序描述	图片
步骤 4	真空浸渍	（1）将电容分压器放入真空干燥罐。 （2）在真空干燥罐内对电容分压器进行预热、粗真空、高真空过渡、高真空、降温等操作。 （3）真空注油浸渍。 （4）产品出罐	
步骤 5	老炼试漏	（1）对电容分压器升温至设定的温度进行老炼，要求电容分压器内部芯温在设定的温度、压力下和规定的时间内不能发生任何渗漏。 （2）产品出罐后静放，直至芯子温度自然冷却到环境温度	
步骤 6	例行试验	静放结束后，完成工频电容和 $\tan\delta$ 测量、工频耐压、局部放电等试验	

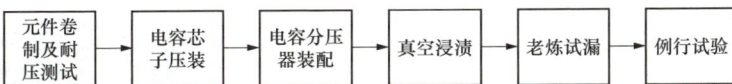

元件卷制及耐压测试 → 电容芯子压装 → 电容分压器装配 → 真空浸渍 → 老炼试漏 → 例行试验

图 4-36 电容分压器的制造流程

4.4.2 电磁单元的制造流程

电磁单元的制造流程主要包括绕组绕制、中间变压器装配、电磁单元装配、电磁单元的真空干燥浸渍等。根据各厂家处理工艺的不同，电磁单元的真空干燥浸渍处理工艺也有"一步法"和"两步法"。同电容分压器类似，"一

189

步法"是在电磁单元先装配好工艺盖后,将其放置在真空罐或真空窑内一次完成真空干燥浸渍处理。"两步法"是将电磁单元先在真空罐内完成真空干燥,之后在罐外注入变压器油,完成浸渍后再进罐脱气。本节主要介绍"两步法"。

表 4-4 及图 4-37 为电磁单元的典型制造流程。

表 4-4 电磁单元的典型制造流程

步骤	工序名称	工序描述	图片
步骤 1	绕组绕制	采用铜线作导电介质,电缆纸做绝缘介质,按工艺文件要求用绕线机进行二次绕组、一次绕组及调节绕组、补偿电抗器、阻尼绕组卷绕	
步骤 2	中间变压器、补偿电抗器、阻尼装置装配	(1)绝缘件制造、对铁芯进行清洁处理、完成绕组的引线焊接。 (2)按照工艺文件要求完成中间变压器、补偿电抗器、阻尼装置装配	
步骤 3	电磁单元装配	(1)对油箱进行清洁处理。 (2)将中间变压器、补偿电抗器、阻尼装置按照设计要求依次放入电磁单元油箱进行固定和引线连接	

步骤	工序名称	工序描述	图片
步骤4	真空干燥及装配	（1）将电磁单元放入真空干燥罐。 （2）在真空干燥罐内对电磁单元进行预热、粗抽真空、真空过渡、高真空、降温等操作。 （3）电磁单元出罐后吊放至注油区，连接好注油管，按工艺文件要求进行注油。 （4）完成注油后，出罐。 （5）装配其他附件	
步骤5	电磁单元试验	静放至少24h，开始进行电磁单元二次直流电阻、二次绝缘电阻、感应耐压、空载电流、工频耐压、密封性能等试验	

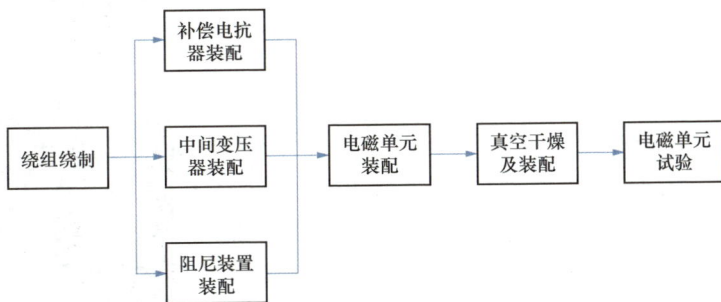

图 4-37 电磁单元的制造流程

4.4.3 产品的总装配流程

产品的总装配流程如表 4-5 及图 4-38 所示。

表 4-5　　　　　　　　　　　产品的总装配的典型流程

步骤	工序名称	工序描述	图片
步骤1	总装配	（1）将下节分压电容器叠放在电磁单元上，紧固完成组装。 （2）按铭牌编号依次将上节、中节耦合电容器与下节分压电容器叠装	
步骤2	例行试验	进行准确度、铁磁谐振等例行试验	
步骤3	电容分压器试漏及喷漆	（1）清洗、热烘试漏。 （2）喷漆	
步骤4	整理和包装	（1）装配附件，进行外观、标识、铭牌等各项检查。 （2）将产品放入特制的包装箱，并进行固定和缓冲处理，准备发货	

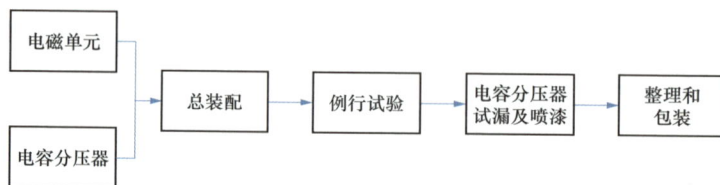

电磁单元 / 电容分压器 → 总装配 → 例行试验 → 电容分压器试漏及喷漆 → 整理和包装

图 4-38　产品的总装配流程

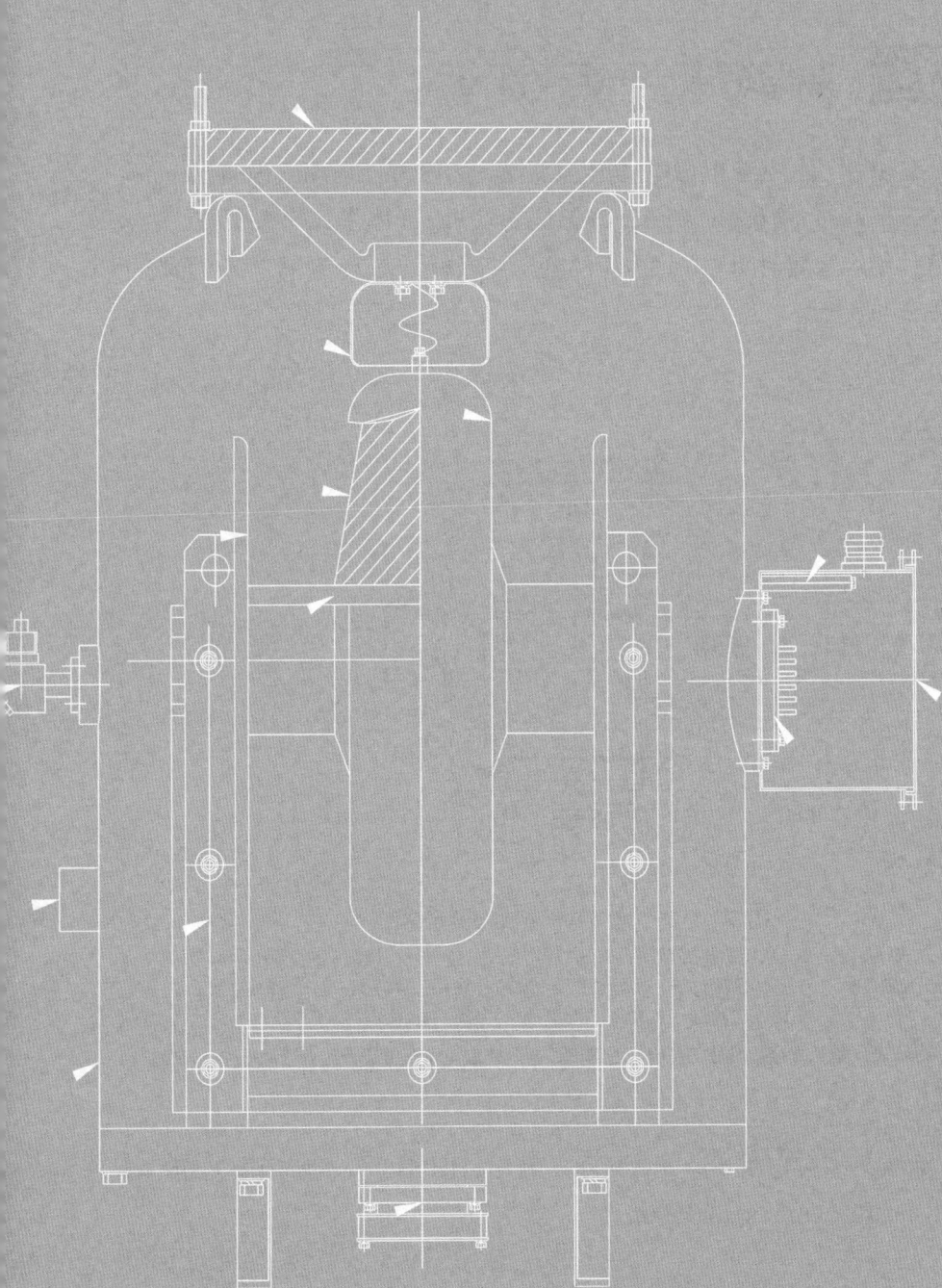

5.1 典型结构——部件部分

GIS 型 SF_6 气体绝缘电磁式电压互感器（GIS SF_6 gas-insulated inductive voltage transformer，简称 SF_6 绝缘 IVT）是指以 SF_6 气体作为绝缘介质，一般安装在气体绝缘金属封闭开关设备中的电压互感器。SF_6 绝缘 IVT 部件部分示意图如图 5-1 所示。

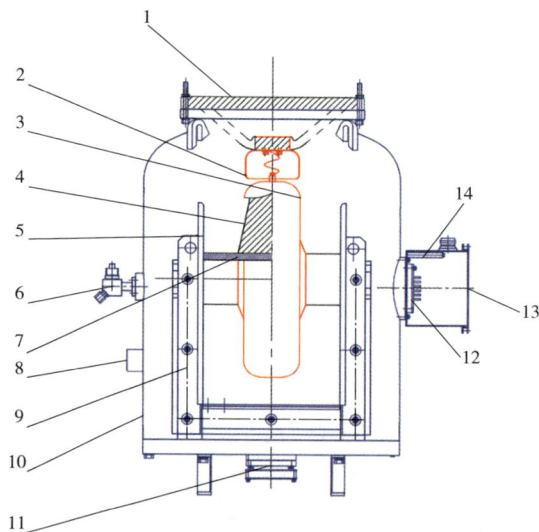

图 5-1 SF_6 绝缘 IVT 部件部分示意图

1—盆式绝缘子；2—高压引线屏蔽罩；3—高压屏蔽罩；4——次绕组；5—低压屏蔽板；
6—充放气阀；7—二次绕组；8—接地板；9—铁芯；10—壳体；11—压力释放装置；
12—二次端子；13—二次接线盒；14—接地端子

注：红色代表设备正常运行时处于高电位的部件，蓝色代表设备正常运行时处于地电位的部件，黑色表示绝缘。

SF_6 绝缘 IVT 实物图如图 5-2 所示。其中，图 5-2（a）所示的三相一体产品多用于 110（66）kV 电压等级。

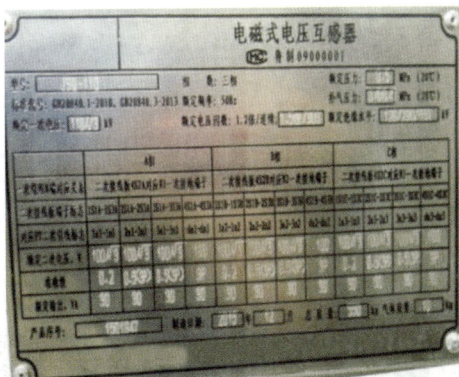

（a）

（b）

（c）

（d）

（e）

图 5-2　SF$_6$ 绝缘 IVT 实物图

（a）110kV 实物（三相）外观及铭牌；（b）1000kV 实物 1（展示产品，高度约 3m）；
（c）1000kV 实物 2（展示产品）；（d）1000kV 实物 3（待投运产品）；
（e）1000kV 实物 4（待投运产品）

5.1.1　盆式绝缘子 basin-type insulator

盆式绝缘子是指支撑于高压导体与地之间，起到绝缘作用，并用于隔离气室的部件，实物图如图 5-3 所示。其中，接高压导体的金属嵌件在 SF_6 绝缘 IVT 正常运行时，其对地电压为运行电压；接地电位的金属部分在 SF_6 绝缘 IVT 正常运行时处于地电位。

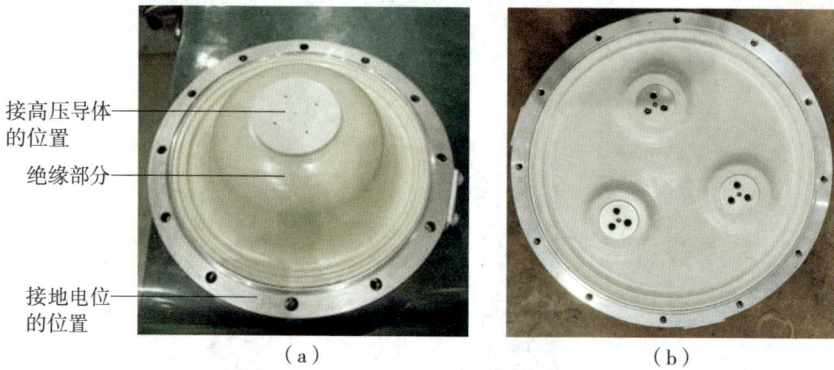

接高压导体的位置
绝缘部分
接地电位的位置

（a）　　　　　　　　　　（b）

图 5-3　盆式绝缘子实物图

（a）实物 1（单相 SF_6 绝缘 IVT 用）；（b）实物 2（三相 SF_6 绝缘 IVT 用）

盆式绝缘子的生产制造过程与独立式 SF_6 气体绝缘电流互感器支撑绝缘件的生产制造过程类似，详见 3.2.2。

盆式绝缘子在 SF_6 绝缘 IVT 内部的位置效果图如图 5-4 所示。如果 SF_6

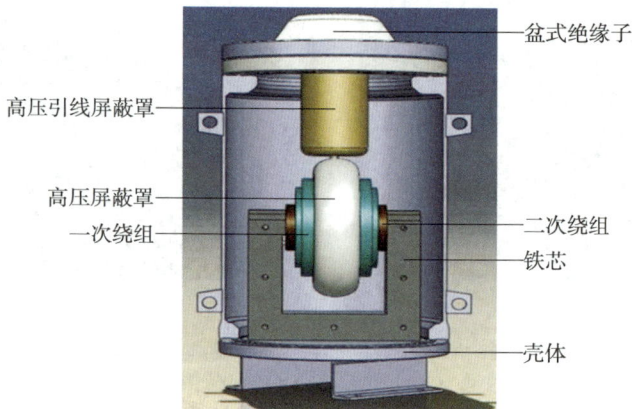

盆式绝缘子
高压引线屏蔽罩
高压屏蔽罩
一次绕组
二次绕组
铁芯
壳体

图 5-4　SF_6 绝缘 IVT 内部的部件位置效果图

绝缘 IVT 发生绝缘击穿故障需要进行设备解体的话，对盆式绝缘子的分析需要关注两处：一是其安装位置是否存在"留置"异物或者金属微粒的可能性，二是盆式绝缘子本身是否存在制造质量问题。

5.1.2　高压引线屏蔽罩 high voltage cable shielding

高压引线屏蔽罩是指用于均匀一次绕组引出线表面电场的铝合金屏蔽罩，实物图如图 5–5 所示。如图 5–4 所示，高压引线屏蔽罩与盆式绝缘子上接高压导体的金属嵌件相连接，同时将 SF₆ 绝缘 IVT 的一次绕组的引出线置于其中，并做等电位连接，因此在 SF₆ 绝缘 IVT 正常运行时，其对地电压为运行电压。

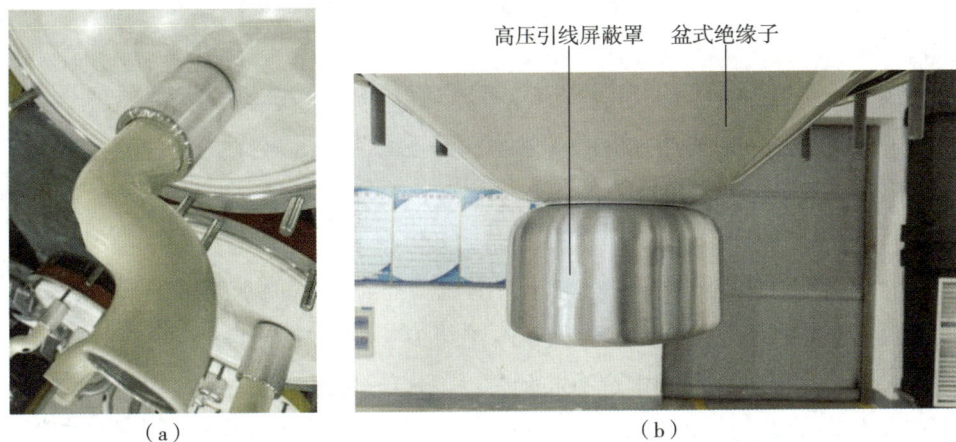

高压引线屏蔽罩　盆式绝缘子

（a）　　　　　　　　　　　　　　（b）

图 5–5　高压引线屏蔽罩实物图

（a）实物 1（与盆式绝缘子相接，110kV 三相一体产品）；（b）实物 2（与盆式绝缘子相接，220kV 产品）

5.1.3　高压屏蔽罩 High voltage shielding cover

高压屏蔽罩是指用于均匀一次绕组电场的铝合金屏蔽罩，实物图如图 5–6 所示。如图 5–4 所示，高压屏蔽罩将一次绕组的一部分"罩"起来，并与一次绕组首端做等电位连接，因此在 SF₆ 绝缘 IVT 正常运行时，其对地电压为运行电压。

在实际使用中，为了提高 SF₆ 绝缘 IVT 的绝缘性能，可以在高压屏蔽罩上涂绝缘漆，如图 5–6（b）所示。

（a）

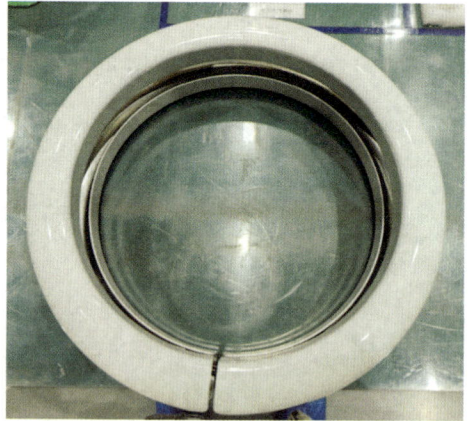
（b）

图 5-6　高压屏蔽罩实物图

（a）实物 1（不涂绝缘漆）；（b）实物 2（涂绝缘漆）

5.1.4　一次绕组（GIS 型 SF$_6$ 气体绝缘电磁式电压互感器的）primary winding（of GIS SF$_6$ gas-insulated inductive voltage transformer）

一次绕组是指通过被变换电流（电流互感器）或施加被变换电压（电压互感器）的绕组。SF$_6$ 绝缘 IVT 的一次绕组采用层式绕组，以确保层间电容分布均匀。一次绕组截面可采用矩形或分级宝塔形，以最大化利用高压线圈沿面爬电距离绝缘，增大高压端至接地端之间的绝缘距离。一次绕组实物图如图 5-7 所示。

SF$_6$ 绝缘 IVT 的
一次绕组绕制

一次绕组的层间绝缘选择点胶薄膜，经加热融化后可把电磁线（一般采用聚酯漆包线或塑料薄膜导线等）粘紧，使得一次绕组紧固。

在实际使用中，如果一次绕组发生匝间短路而未被发现，则在短路匝附近会出现绝缘破坏，逐步发展至主绝缘对地击穿。在这一过程中，可关注两个特征：一是由于一次绕组的匝间短路减小了变比，因此二次电压会升高，并且随着短路匝数的增加，二次电压会持续升高；二是在录波图中，主绝缘击穿时刻之前的电压波形的峰值处存在"锯齿"放电特征，如图 5-8 所示。

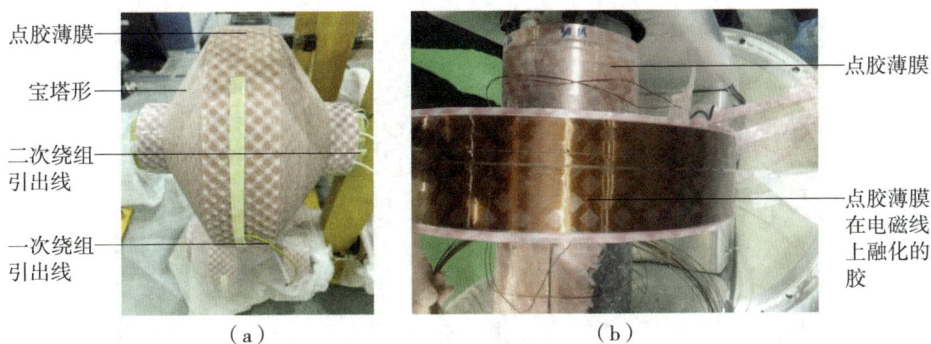

图 5-7 一次绕组实物图

（a）绕制好的实物 1（宝塔形）；（b）实物 2（绝缘击穿故障后解体）

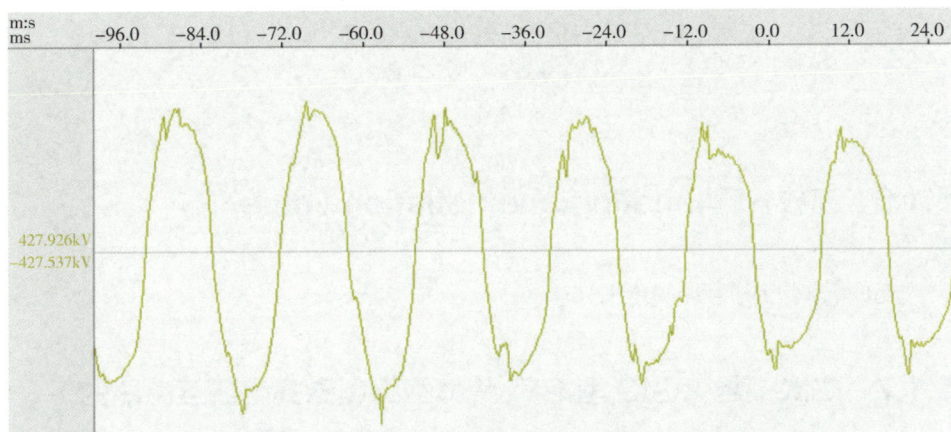

图 5-8 某 500kV 故障 SF$_6$ 绝缘 IVT 主绝缘击穿之前电压波形峰值处的锯齿放电特征

5.1.5 低压屏蔽板 low voltage shielding board

低压屏蔽板是指用于均匀地电位部件表面电场的屏蔽板，在 SF$_6$ 绝缘 IVT 正常运行时，其处于地电位。

对于 500kV 及以上电压等级的 SF$_6$ 绝缘 IVT，一般单独设置屏蔽板，且通常在低压屏蔽板面向绕组侧有倒角，如图 5-9（a）所示。对于 220kV 及以下电压等级的 SF$_6$ 绝缘 IVT，低压屏蔽板通常与铁芯的夹件是一体的，如图 5-9（b）所示。

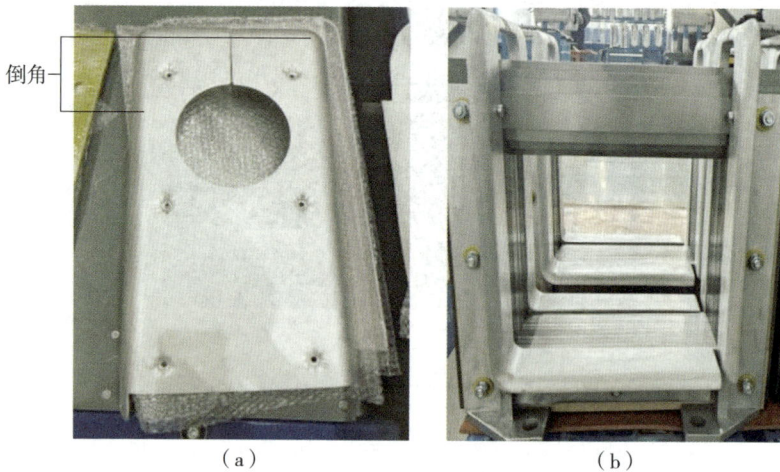

倒角

（a）　　　　　　　　　　（b）

图 5-9　低压屏蔽板实物图

（a）实物 1；（b）实物 2

5.1.6　充放气阀 inflation and deflation valve

充放气阀的内容详见 3.1.16。

5.1.7　二次绕组（GIS 型 SF$_6$ 气体绝缘电磁式电压互感器的）secondary winding（s）（of GIS SF$_6$ gas-insulated inductive voltage transformer）

SF$_6$ 绝缘 IVT 的二次绕组采用层式绕组，层间绝缘选择点胶薄膜，经加热融化后可把电磁线（一般采用聚酯漆包线或塑料薄膜导线等）粘紧，使得二次绕组紧固。在绕向上，一、二次绕组的绕向应相反。二次绕组实物图如图 5-10 所示。

SF$_6$ 绝缘 IVT 的二次绕组绕制

5.1.8　接地板 earthed board

接地板实物图如图 5-11 所示。

二次绕组引出线

（环氧玻璃钢）绝缘筒

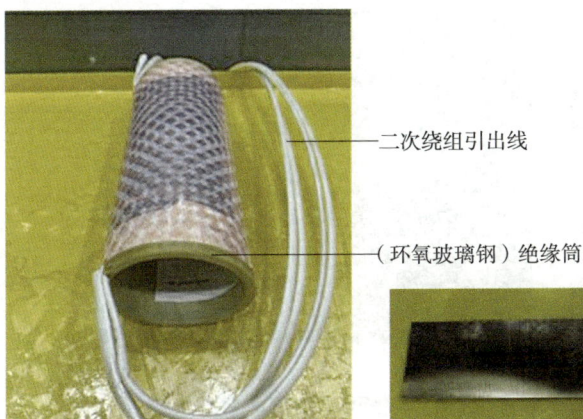

图 5-10　二次绕组实物图　　　　　图 5-11　接地板实物图

5.1.9　铁芯 core

SF_6 绝缘 IVT 的铁芯为使用冷轧硅钢片构成的单相双柱式铁芯，其常用的结构型式是叠片铁芯，如图 5-12（a）、（b）所示，芯柱截面一般由内接于圆的多级矩形组成。除叠片铁芯外，也常使用卷铁芯，如图 5-12（c）所示的 C 型卷铁芯，即将矩形铁芯（经浸渍处理后）在长轴上切开（可在长轴上套装绕组）。

SF_6 绝缘 IVT 的励磁特性测量可能会受到其一次绕组（或二次绕组）的端口电容影响，从而使励磁特性曲线发生畸变。这是因为测量得到的励磁特性曲线实质上是 SF_6 绝缘 IVT 铁芯的励磁特性与端口电容的伏安特性的叠加。端口电容可能是试验工装的套管及其均压环的对地电容，也可能是 SF_6 绝缘 IVT 所接 GIS 母线的对地电容，如图 5-13 所示。因此要想获得较为准确的铁芯励磁特性，可在铁芯上绕制临时绕组进行测量。

在中性点直接接地系统中，如果接在母线上的 SF_6 绝缘 IVT 与母线对地电容相并联后呈感性，且断路器断口电容与 SF_6 绝缘 IVT 形成串联回路，则当电源电压具有足够大的电压扰动使 SF_6 绝缘 IVT 铁芯饱和，其等值电感减小时，就有可能与断口电容发生铁磁谐振。长时间的磁饱和电流将损坏 SF_6 绝缘 IVT。这种谐振是在电源变压器和 SF_6 绝缘 IVT 的中性点均直接接地的条

铁磁谐振波形

（a）

低压屏蔽板
与夹件

内接于圆的
多级矩形芯
柱截面

（b）

铁芯开口处

（c）

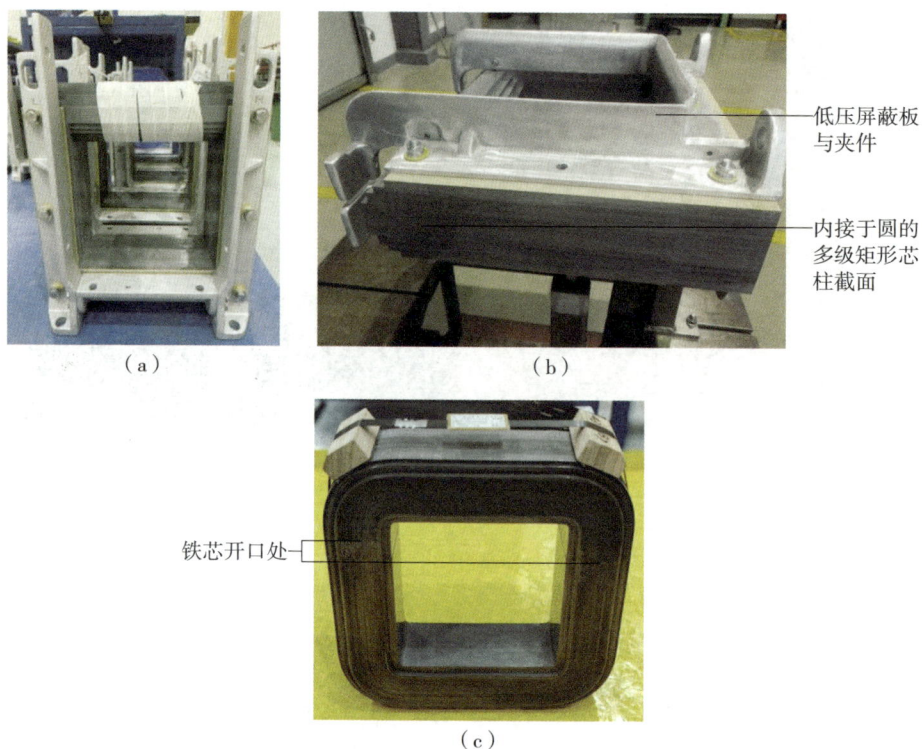

图 5-12 铁芯实物图

（a）叠片铁芯实物 1；（b）叠片铁芯实物 2；（c）C 型卷铁芯实物

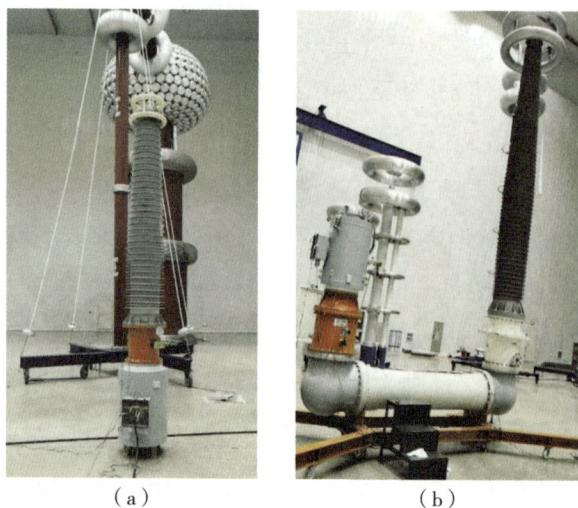

（a）

（b）

图 5-13 SF₆ 绝缘 IVT 励磁特性测量（一次励磁）中的绕组端口电容举例

（a）试验工装套管及其均压环；（b）GIS 母线、试验工装套管及其均压环

件下产生的，具有正序和负序性质，故将 SF₆ 绝缘 IVT 剩余电压绕组开口短接并不能完全消除谐振。为了消除这种铁磁谐振，需要安装消谐装置，如图 5-14 所示。

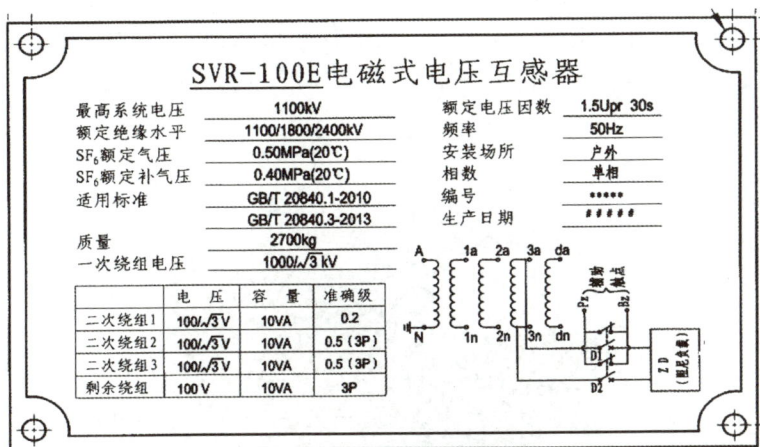

图 5-14　SF₆ 绝缘 IVT 铭牌的线路图中示出的消谐装置（阻尼负载）

5.1.10　壳体 shell

壳体实物图如图 5-2 和图 5-15 所示。

图 5-15　壳体实物图

5.1.11 压力释放装置 pressure relief device

压力释放装置的内容详见 3.1.1，图 5-2（a）所示 SF$_6$ 绝缘 IVT 的压力释放装置实物图如图 5-16 所示。由于充气前需要抽真空，因此常用带夹持件的反拱形爆破片装置，如 YC（反拱带槽）、YE（反拱鳄齿）、YF（反拱开缝）型等。

防护罩

图 5-16 110kV 三相 SF$_6$ 绝缘 IVT 的压力释放装置实物图

5.1.12 二次端子 secondary terminals

内容详见 1.1.14。

5.1.13 二次接线盒 secondary junction box

二次接线盒内部如图 5-17 所示。

5.1.14 接地端子 earthed terminal

接地端子是指一次绕组末端与地连接的接线端子，如图 5-17 所示。

图 5-17　二次接线盒内部

5.2　解体举例

5.2.1　设备的参数信息

2021 年第一季度末，某 220kV SF$_6$绝缘 IVT（2013 年 8 月投运）发生了绝缘击穿故障，其参数信息如表 5-1 所示。

表 5-1　　　　　　　某 220kV SF$_6$绝缘 IVT 的参数信息

型号	ZF16-252
额定电压（kV）	220
额定绝缘水平（kV）	230/550/1100
SF$_6$气体额定压力 20℃（MPa）	0.5
SF$_6$最低工作压力 20℃（MPa）	0.4
额定电压因数	1.2 连续 /1.5，30s
额定一次电压（kV）	220/$\sqrt{3}$
总质量（kg）	1400
出厂日期	2013 年 4 月

5.2.2 现场检查及试验情况

经现场检查，在该 IVT 附近嗅到异味，IVT 爆破片破裂，盖口可见黑色高温喷溅物，如图 5-18 所示。现场观测到该 IVT 气室（三相 IVT 的气室联通）压力指示为 0.02MPa（额定值为 0.5MPa）。

（a）   （b）

图 5-18 某 220kV 故障 SF₆ 绝缘 IVT 外观
（a）整体外观；（b）黑色喷溅物

该 IVT 最近一次停电例试工作是在 2019 年 12 月进行的；最近一次带电检测是在 2020 年 10 月进行的，检测项目包括特高频局部放电检测和 SF₆ 湿度检测；在 2021 年 1 月开展了全站设备红外测温。上述工作及日常巡视均未发现异常。

故障发生后，对相关设备开展了 SF₆ 气体微水、分解物试验以及 X 射线检测，并对相关母线进行了绝缘电阻试验，试验结果均合格。

对该 IVT 进行绝缘电阻、直流电阻试验，试验数据如表 5-2 所示。根据试验情况初步判断故障可能发生在一次线圈。

表 5-2   IVT 解体前的试验数据

试验项目		出厂值	返厂试验值	结论
绝缘电阻	一次对 1a-1n、2a-2n、3a-3n、da-dn 绕组及地	>2500MΩ	32.8GΩ	合格

试验项目		出厂值	返厂试验值	结论
绝缘电阻	1a–1n 对一次、2a–2n、3a–3n、da–dn 绕组及地	>2500MΩ	32.1GΩ	合格
	2a–2n 对一次、1a–1n、3a–3n、da–dn 绕组及地	>2500MΩ	16.4GΩ	合格
	3a–3n 对一次、1a–1n、2a–2n、da–dn 绕组及地	>2500MΩ	42.7GΩ	合格
	da–dn 对一次、1a–1n、2a–2n、3a–3n 绕组及地	>2500MΩ	17.0GΩ	合格
一次直流电阻		46kΩ（20℃）	不通	不合格
1a–1n 直流电阻		0.0309Ω（20℃）	0.0337Ω（24℃）	合格
2a–2n 直流电阻		0.0307Ω（20℃）	0.0332Ω（24℃）	合格
3a–3n 直流电阻		0.0304Ω（20℃）	0.0330Ω（24℃）	合格
da–dn 直流电阻		0.0597Ω（20℃）	0.0635Ω（24℃）	合格

5.2.3 返厂解体结果

设备返厂后的检查及试验情况与现场检查及试验结果类似，随后开展解体，结果如下：

（1）打开二次接线板，内部二次引出线外观正常，引出线端子牢固，如图 5–19（a）所示。

（2）盆式绝缘子完整，内表面均匀分布着黑色分解物，经清洁后检查内表面未见闪络痕迹，如图 5–19（b）所示。

（3）高压引线屏蔽罩内、外表面均附着有黑色分解物，在高压引线屏蔽罩开口处有部分缺口，如图 5–19（c）所示。

（4）高压屏蔽罩的开口处发生形变，高压屏蔽罩的表面无放电痕迹，如图 5–19（d）所示。

（5）一次绕组的引出线掉落，一次绕组的引出线有缺口、缺口位置与高压引线屏蔽罩的缺口位置相对应，如图 5–19（e）所示。

（6）低压屏蔽板固定牢固，未发生位移，表面附着分解物但无放电痕迹，如图 5-19（f）所示。

（7）一次绕组中部位置有孔洞，从底部起第 9 层可见明显位移，如图 5-19（f）所示。

（a）

（b）

缺口

（c）

高压屏蔽罩

高压屏蔽罩

（d）

图 5-19　某 220kV SF$_6$ 绝缘 IVT 的解体结果（一）

（a）二次接线板及二次引线；（b）清理前后的盆式绝缘子表面；（c）高压引线屏蔽罩；（d）高压屏蔽罩

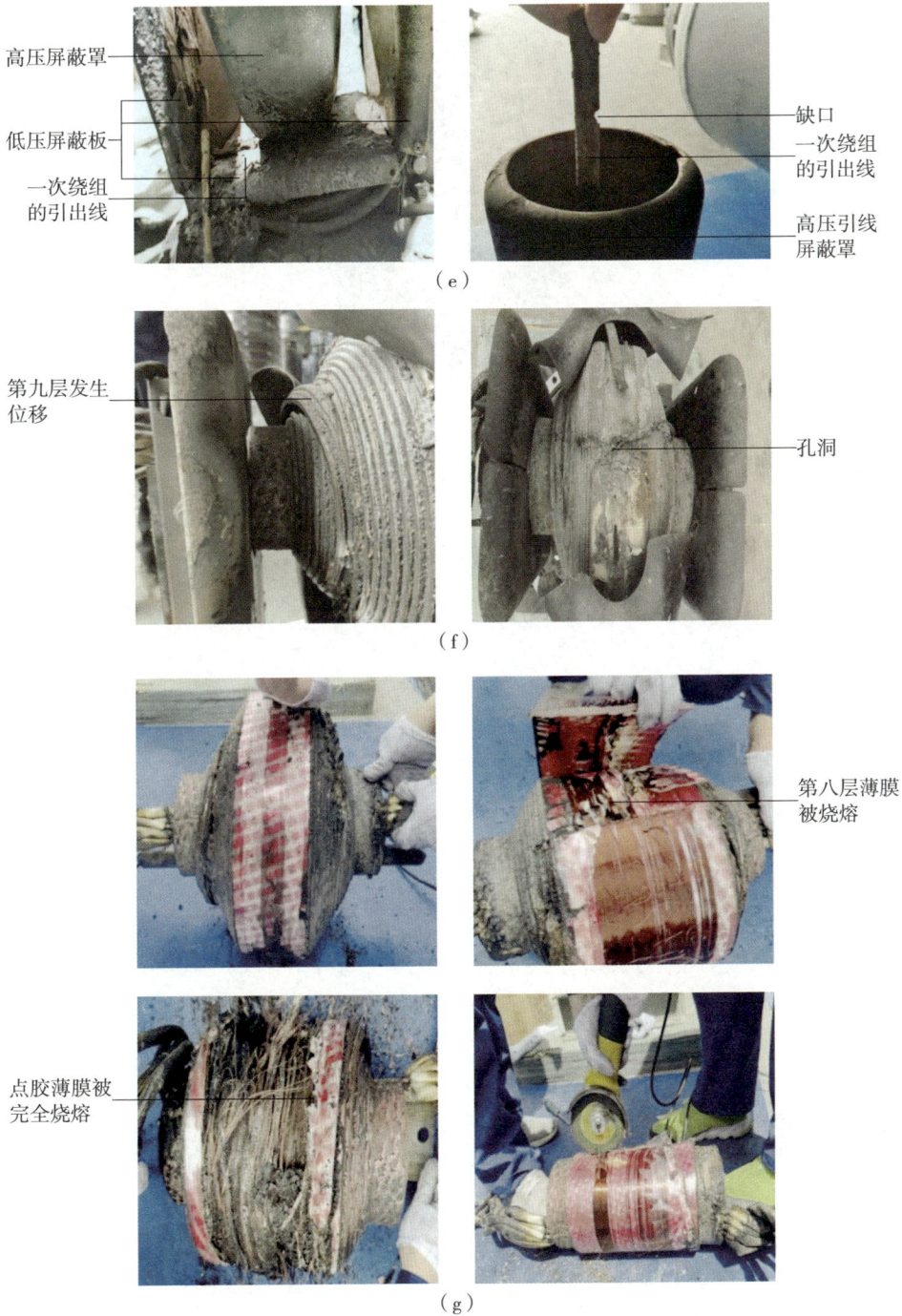

高压屏蔽罩

低压屏蔽板

一次绕组
的引出线

缺口

一次绕组
的引出线

高压引线
屏蔽罩

（e）

第九层发生
位移

孔洞

（f）

第八层薄膜
被烧熔

点胶薄膜被
完全烧熔

（g）

图 5-19　某 220kV SF$_6$ 绝缘 IVT 的解体结果（二）

（e）一次绕组的引出线；（f）低压屏蔽板及一次绕组线包；（g）一次绕组内部

（h）

图 5-19 某 220kV SF$_6$ 绝缘 IVT 的解体结果（三）

（h）二次绕组的电磁线

（8）对一次绕组进行解体，发现从铁芯算起的第 7~11 层线圈内部沿轴向层间绝缘点胶薄膜被完全烧熔，其他部位未见异常，如图 5-19（g）所示。

（9）拆解二次绕组可见电磁线表面状态完好，未见损伤，如图 5-19（h）所示。

5.2.4　故障原因

在一次绕组的绕制过程中，绕组绝缘存在缺陷或电磁线存在针孔缺陷并产生局部放电，在电场长期作用下或过电压工况下，绝缘逐步劣化，绝缘强度不断下降，最终导致主绝缘击穿。

5.3　制造流程概述

SF$_6$ 绝缘 IVT 的典型制造流程如表 5-3 及图 5-20 所示。

表 5-3   SF$_6$ 绝缘 IVT 的典型制造流程

步骤	工序名称	工序描述	图片
步骤 1	绕组绕制	使用漆包线逐层绕制，绕组层间包绕一定层数的点胶薄膜作为层间绝缘	
步骤 2	绕组固化	将绕制完成后的一次绕组、二次绕组放置于烘箱内，在 115℃下实现点胶固化	
步骤 3	二次引线压接	采用冷压接方式将引出线与二次绕组线压接	
步骤 4	铁芯叠片	铁芯装叠完成后将铁芯夹具螺母按力矩要求紧固	
步骤 5	器身装配及清理	按顺序将一次绕组、二次绕组、叠片铁芯、高压屏蔽罩、低压屏蔽板等装配为器身，之后采用无尘布进行清理	
步骤 6	壳体装配	将器身与底板进行装配，之后套装壳体	

步骤	工序名称	工序描述	图片
步骤7	二次接线盒及二次端子装配	安装二次接线盒并连接二次引线	
步骤8	盆式绝缘子装配	安装盆式绝缘子,将固定螺栓按标准力矩锁紧	
步骤9	产品干燥	将装配好的产品进行抽真空、干燥处理	

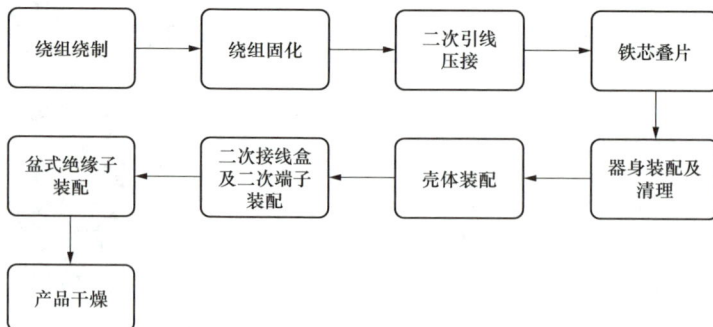

图 5-20 SF₆ 绝缘 IVT 的典型制造流程

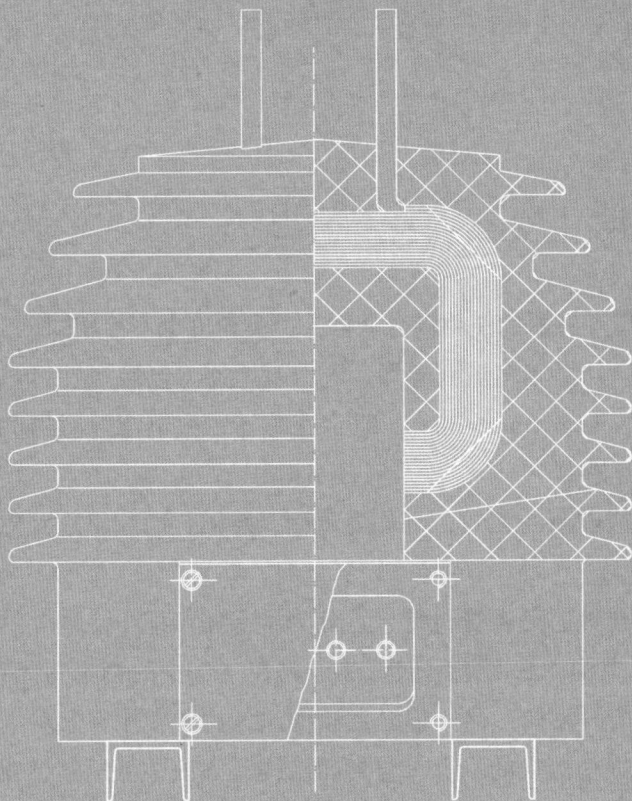

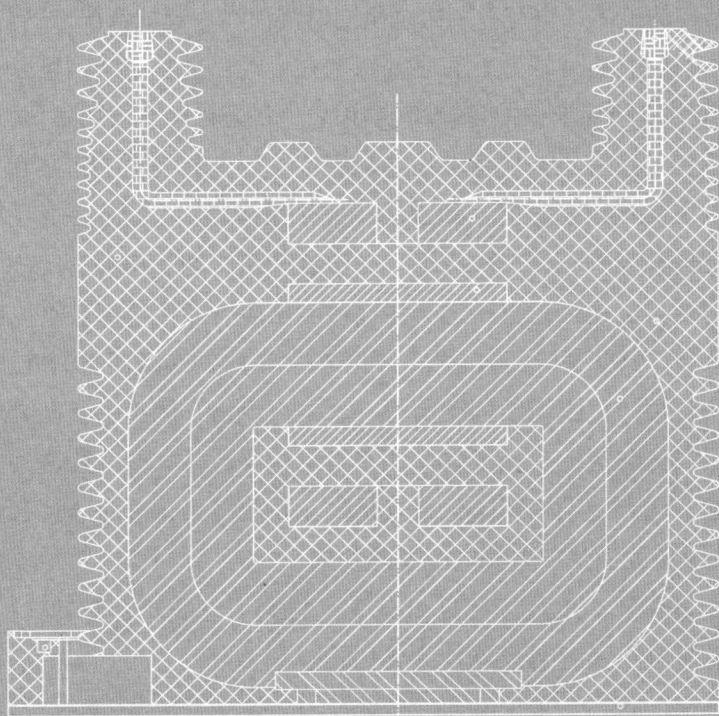

6.1　概述

0.5~40.5kV 中低压互感器的使用场合众多，分类角度也不尽相同。

（1）按测量对象，可分为电流互感器、电压互感器（包括 CVT 和电磁式电压互感器 inductive voltage transforme）、组合互感器（由电流互感器和电压互感器组合成一体的互感器）。

（2）按测量电压或电流的相数，可分为单相互感器、两相组合互感器和三相组合互感器。

（3）按二次绕组或铁芯是否被包封，可分为半封闭（即半浇注）结构和全封闭（即全浇注）结构。二次绕组或铁芯外露在空气中的为半封闭结构，多为 20 世纪 80 年代前开发的产品，现已逐渐淘汰，主要使用在某些老型开关柜增加电流或产品损伤更换的场合。全封闭结构是当前中低压互感器产品采用的主要形式，其二次绕组及铁芯均被包封，无法从外观上看到。对于环氧树脂浇注式电流互感器，半封闭结构是至少将一次绕组及其引线和引线端子浇注成一个密封结构的整体（也有将二次绕组同时浇注在一起的情况），再将这个浇注体与二次绕组、叠片铁芯、底座等组装在一起；全封闭结构则是将一、二次绕组及其引线和环形铁芯等全部浇注成一个全密封结构的整体，对外只露出一次端子和二次端子，再将浇注体与底座（或安装板）等组装在一起。对于浇注式电磁式电压互感器，其铁芯一般采用旁轭式，也有采用 C 型铁芯的，半封闭结构预先将一、二次绕组及其引线和引线端子用混合胶浇注成一个整体的密封结构浇注体，再将这个浇注体与铁芯、底座等组装在一起，其优点是浇注简单、容易制造，缺点是结构不够紧凑、铁芯截面有断缝，损耗大，且外露容易锈蚀；全封闭结构则是将一、二次绕组，绕组引线及其端子，铁芯等全部用混合胶浇注成一个整体的密封结构浇注体，然后将浇注体与底座组装在一起，优点是结构紧凑，缺点是浇注比较复杂，同时需注意其内部铁芯缓冲层的设置要满足误差等电磁性能要求。

（4）按安装使用的位置，电流互感器可分为支柱式、母线式、套管式、穿墙式（又称贯穿式），电压互感器基本均为支柱式。

（5）按绝缘材料分类，绝大多数产品采用树脂类的固体绝缘、绝缘薄膜或布带类包绕的干式绝缘（含复合绝缘），少量产品采用液体（油）绝缘。其中，树脂类的固体绝缘又可分为环氧树脂浇注、不饱和树脂浇注以及聚氨酯浇注。实物图如图6-1所示。

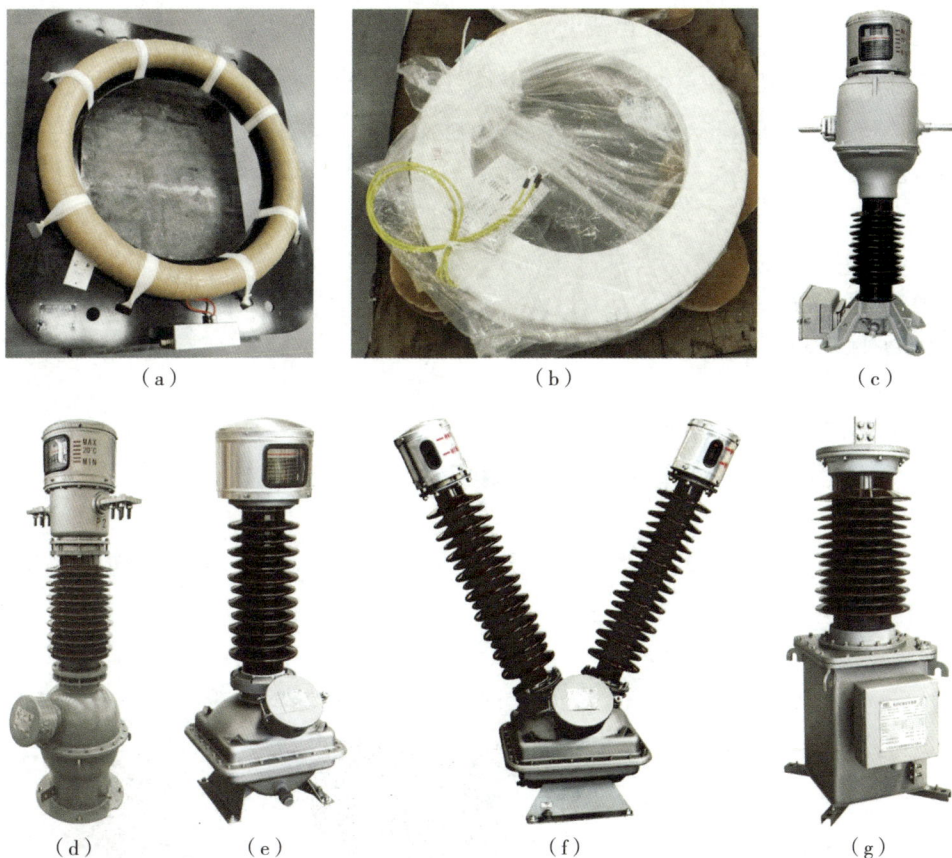

（a）　　　　　　　　　（b）　　　　　　　　　（c）

（d）　　　　（e）　　　　　　（f）　　　　　　（g）

图6-1　中低压互感器产品实物图

（a）0.5kV 单相绝缘薄膜包绕的干式绝缘（套管式）CT；（b）0.5kV 单相布带类包绕的干式绝缘（套管式）CT；（c）35kV 单相户外油浸倒立式 CT；（d）35kV 单相户外油浸正立式 CT；（e）35kV 单相户外油浸式接地 IVT；（f）35kV 单相户外油浸式不接地 IVT；（g）35kV 单相户外油浸式 CVT

（6）按运行环境，可分为户内式和户外式。前者多采用环氧树脂绝缘，后者需采用环氧树脂—硅橡胶复合绝缘或专用环氧树脂绝缘。

（7）电压互感器按一次绕组的绝缘水平，可分为不接地电压互感器和接地电压互感器。其中，CVT 均为接地电压互感器。

需要说明的是，某个中低压互感器产品往往会体现出不同分类方式，如单相全封闭母线式户内电流互感器、单相全封闭接地型户外电压互感器等。在本章给出的实物图中，都会尽量详细地标注出这些分类信息，以供读者比较体会，同时考虑目前大部分中低压互感器采用全封闭结构，以及电压互感器几乎均为支柱式的现实情况，这两个特征就不再专门标注了。此外，本章的后续内容将主要叙述环氧树脂绝缘和环氧树脂—硅橡胶复合绝缘的中低压互感器，特此说明。

6.2 中低压电流互感器类型

6.2.1 半封闭结构电流互感器
semi-enclosed current transformer

半封闭结构电流互感器如图 6-2 和图 6-3 所示，从中可见外露的铁芯。

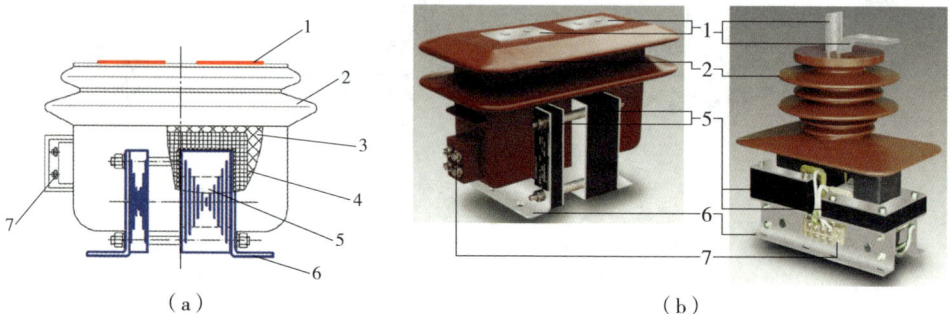

（a） （b）

图 6-2 单相户内半封闭支柱式电流互感器结构及实物图

（a）结构图；（b）实物图

1—一次端子；2—浇注体；3—环氧树脂混合料；4—二次绕组；5—铁芯（叠片式）；
6—安装底板（座）；7—二次端子

注：红色代表设备正常运行时处于高电位的部件，蓝色代表设备正常运行时处于地电位的部件，黑色表示绝缘。

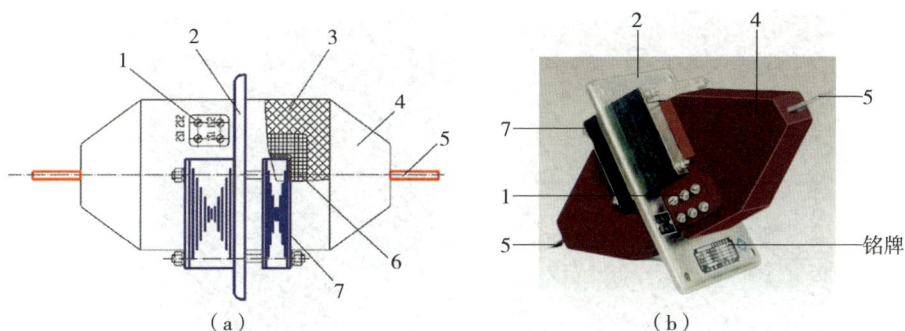

（a）　　　　　　　　　　　　（b）

图 6-3　单相户内半封闭穿墙式电流互感器结构及实物图

（a）结构图；（b）实物图

1—二次端子；2—安装板；3—环氧树脂混合料；4—浇注体；5——次端子；
6—二次绕组；7—铁芯（叠片式）

注：红色代表设备正常运行时处于高电位的部件，蓝色代表设备正常运行时处于地电位的部件，黑色表示绝缘。

6.2.2　支柱式电流互感器 support type current transformer

支柱式电流互感器是指兼作一次电路导体支柱用的电流互感器，如图 6-4 所示，为全封闭结构，即一次绕组、二次绕组及铁芯从外观上均不可见。

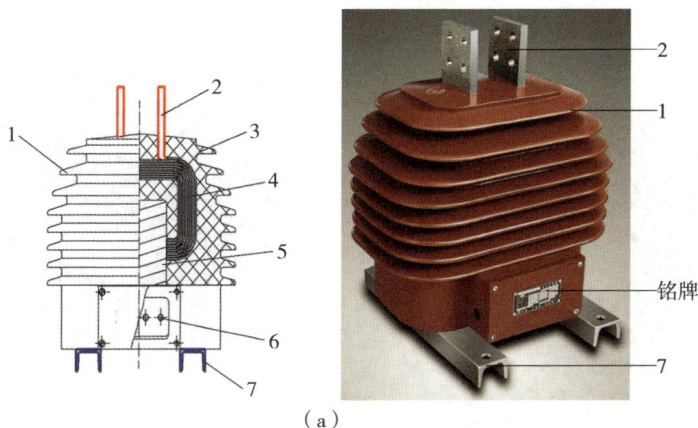

（a）

图 6-4　单相支柱式电流互感器结构及实物图（一）

（a）结构及实物图（户内式）

1—浇注体；2——次端子；3—环氧树脂混合料；4——次绕组；
5—二次绕组；6—二次端子；7—安装底座

217

（b）　　　　　　　　　　　　　（c）

硅橡
胶外
绝缘

6

（d）　　　　　　　　　　　　　（e）

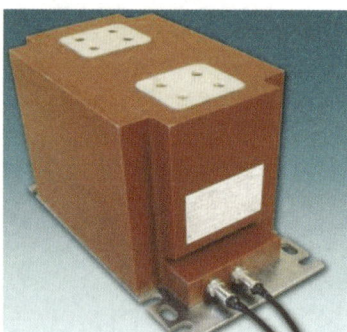

（f）　　　　　　　　　　　　　（g）

图 6-4　单相支柱式电流互感器结构及实物图（二）

（b）6~10kV 实物 1（户内式）；（c）35kV 实物 1（户内式）；（d）35kV 实物 2（户内式）；
（e）24kV 实物（户外式）；（f）6~10kV 实物 2（户内式）；（g）6~10kV 实物 3（户内式）

注：红色代表设备正常运行时处于高电位的部件，蓝色代表设备正常运行时处于地电位的部件，黑色表示绝缘。

6.2.3 母线式电流互感器 bus-type current transformer

母线式电流互感器是指没有自身一次导体，但有一次绝缘，可直接套装在导线或母线上使用的电流互感器，如图 6-5~ 图 6-7 所示，为全封闭结构，即一次绕组、二次绕组及铁芯从外观上均不可见。

均压环外接引线是一根等电位线。如果没有该线或者该线悬空，则母线与母线式电流互感器的二次绕组之间相当于两个串联的电容器，即介电常数为 1 的空气介质电容器和介电常数大于 1 的环氧树脂电容器，运行电压将主要施加在空气介质电容器上，则空气介质电容器容易被击穿，产生高压电晕放电现象并出现声响。为解决这一问题，在母线式电流互感器的内腔（环氧树脂）设置内腔均压环（起到屏蔽和均匀电场的作用），并引出均压环外接引线，安装时将均压环外接引线与母线相连，则空气介质电容器被均压环外接引线短路，母线与母线式电流互感器的二次绕组之间只剩下环氧树脂电容器，从而消除了电晕放电现象。

需要说明的是：若母线式电流互感器的内腔壁与一次导体外径之间的距离足够大，则不需等电位线。实际上，此时可不需要母线式电流互感器，而换成低压（0.5kV）套管式结构电流互感器即可。

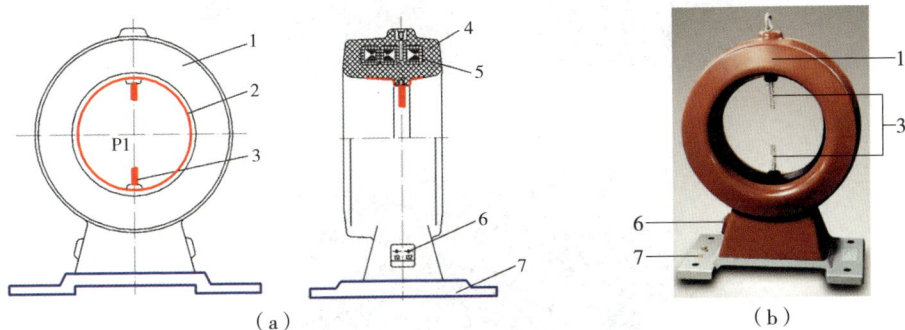

（a） （b）

图 6-5　20kV 单相户内母线式电流互感器结构及实物图

（a）结构图；（b）实物图

1—浇注体；2—内腔均压环；3—均压环外接引线（或弹簧）；4—环氧树脂混合料；

5—二次绕组；6—二次端子；7—底板

注：红色代表设备正常运行时处于高电位的部件，蓝色代表设备正常运行时处于地电位的部件，黑色表示绝缘。

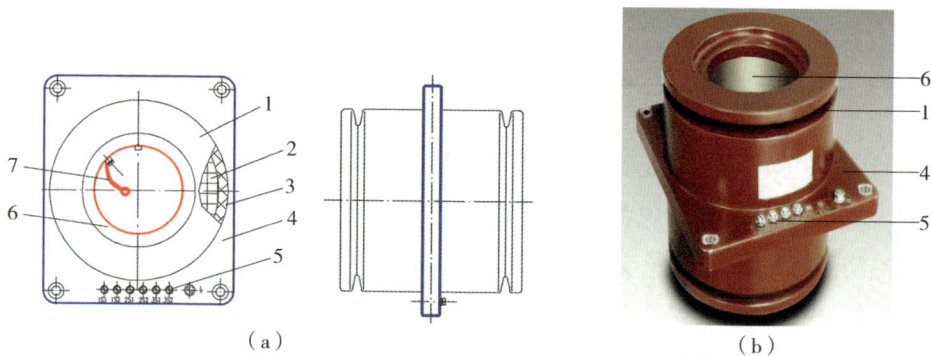

图 6-6　10kV 单相户内母线式电流互感器结构及实物图

（a）结构图；（b）实物图

1—浇注体；2—二次绕组；3—环氧树脂混合料；4—安装板；5—二次端子；
6—内腔均压环；7—均压环外接引线（或弹簧）

注：红色代表设备正常运行时处于高电位的部件，蓝色代表设备正常运行时处于地电位的部件，黑色表示绝缘。

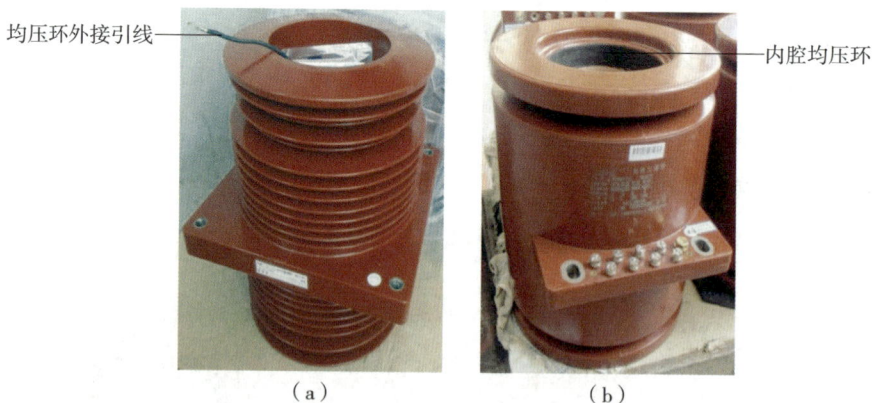

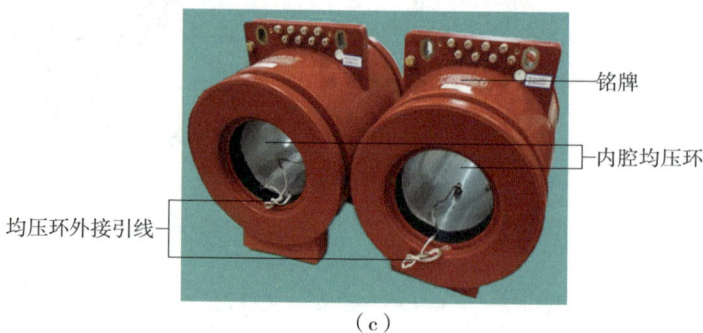

图 6-7　6~20kV 单相户内母线式电流互感器实物图

（a）实物 1；（b）实物 2；（c）实物 3

6.2.4　套管式电流互感器 bushing type current transformer

套管式电流互感器是指没有自身一次导体和一次绝缘，可直接套装在绝缘的套管上或绝缘的导线上的电流互感器，如图 6-1（a）、（b）和图 6-8 所示。

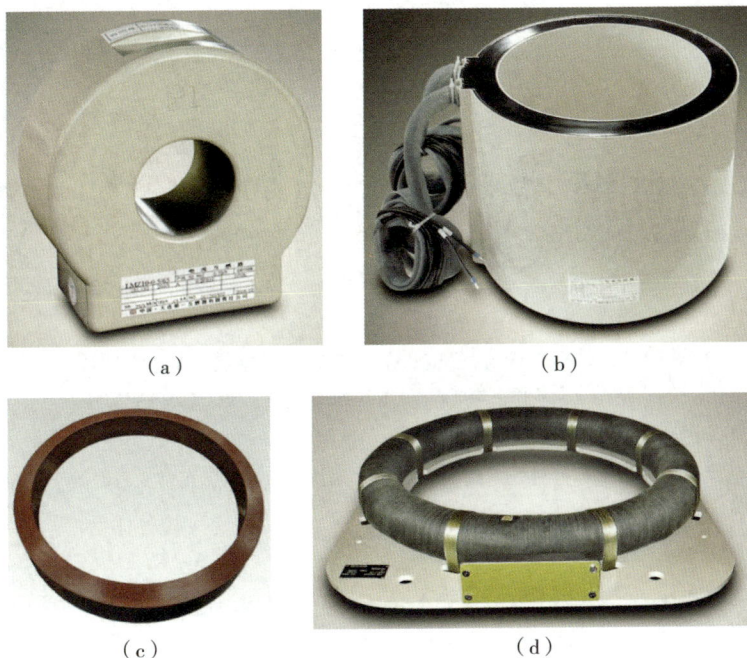

（a）

（b）

（c）

（d）

图 6-8　单相套管式电流互感器实物图
（a）0.5kV 实物 1；（b）0.5kV 实物 2；（c）发电机出口用大电流互感器实物 1；
（d）发电机出口用大电流互感器实物 2

对于套管式电流互感器或母线式电流互感器，由于没有自身一次导体，因此一般不提出额定短时热电流和额定动稳定电流的要求（额定一次电流低于 1000A 除外）。

6.2.5　穿墙（贯穿）式电流互感器
　　　bushing type current transformer

穿墙（贯穿）式电流互感器的结构及实物图如图 6-9 所示，为全封闭结

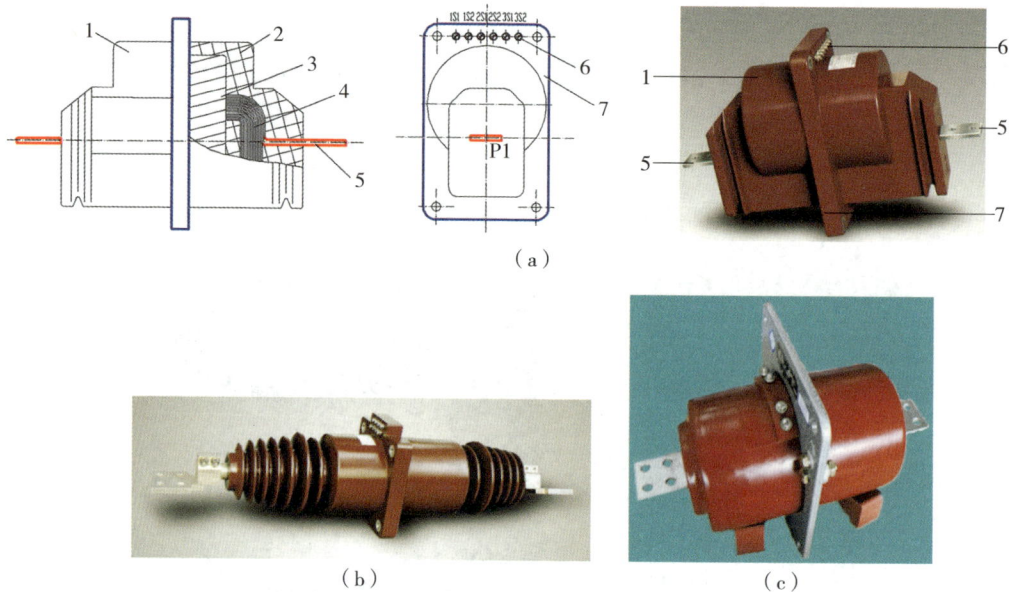

图 6-9　单相户内穿墙（贯穿）式电流互感器结构及实物图

（a）结构及实物图（10kV）；（b）35kV 实物；（c）6~10kV 实物

1—浇注体；2—环氧树脂混合料；3—二次绕组；4—一次绕组；5—一次端子；6—二次端子；7—安装板

注：红色代表设备正常运行时处于高电位的部件，蓝色代表设备正常运行时处于地电位的部件，黑色表示绝缘。

构，即一次绕组、二次绕组及铁芯从外观上均不可见。

6.2.6　分裂铁芯电流互感器 split core type current transformer

分裂铁芯电流互感器通常也称作开合式电流互感器，是指没有自身一次导体和一次绝缘，其铁芯可以按铰链方式打开（或以其他方式分离为两个部分），套在载有被测电流的绝缘导线上再闭合的电流互感器。

分裂铁芯电流互感器实物图如图 6-10 所示。图 6-10（b）给出的分裂铁芯电流互感器（成品后可打开安装）用于测量零序电流，所以该互感器又常称开合式零序电流互感器，在绝缘型式上也属于套管式电流互感器。图 6-10（c）中铁芯 9 点钟方向上的两个连接片将两部分铁芯中的二次绕组线连接起来，形成一个完整的二次绕组。

（a）

（b）

电流方向
标记

铭牌

分裂位置

二次
端子

（c）

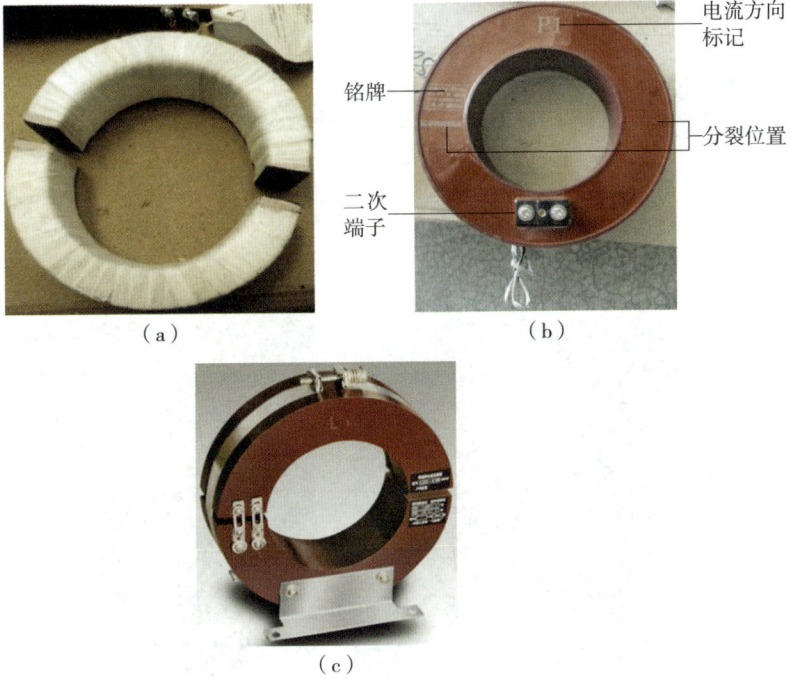

图 6-10　单相户内分裂铁芯电流互感器实物图
（a）铁芯；（b）0.72kV 待出厂产品 1；（c）待出厂产品 2

6.2.7　电缆式电流互感器 cable-type current transformer

电缆式电流互感器是指没有自身一次导体和一次绝缘，可安装在绝缘的电缆上使用的电流互感器，实物图如图 6-11 所示。套管式电流互感器与电缆式电流互感器在结构与绝缘特点上相类似，但套装或安装对象不同。

图 6-11　0.66kV 单相电缆式电流互感器（待出厂）实物图

6.3 **中低压电流互感器结构部件**

中低压电流互感器的器身包括铁芯、一次绕组、一次端子、二次绕组、二次端子等，典型结构如图 6-12 所示。

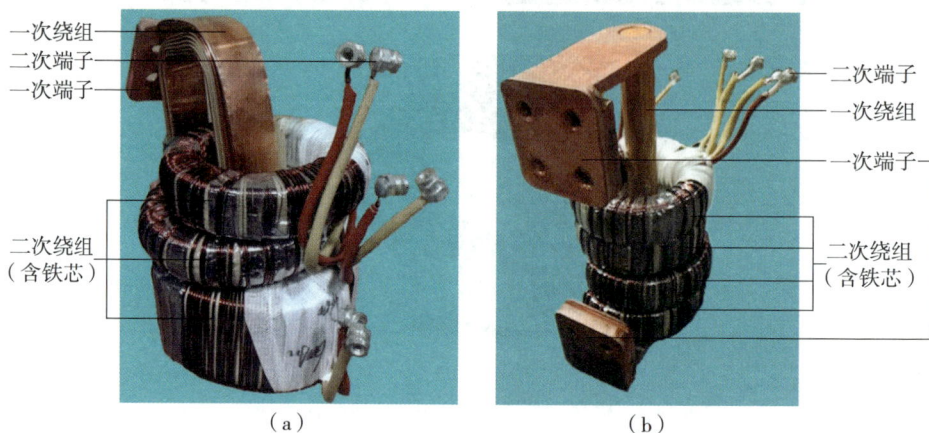

一次绕组
二次端子
一次端子
二次绕组（含铁芯）

二次端子
一次绕组
一次端子
二次绕组（含铁芯）

（a）　　　　　　　　　　（b）

图 6-12　单相中低压电流互感器典型器身结构实物图

（a）一次绕组为多匝结构 +3 个二次绕组（铁芯）；（b）一次绕组为单匝（铜棒、铜管）结构 +
4 个二次绕组（铁芯）

6.3.1　铁芯 core

电流互感器常用的铁芯材料有冷轧硅钢片、坡莫合金和超微晶合金。硅钢片既适用于保护级铁芯，也适用于一般测量级铁芯，性能稳定、成本较低。坡莫合金和超微晶合金具有初始导磁率高、饱和磁密低的特点，价格较高，宜用于测量准确度要求较高、仪表保安系数要求严格的测量级铁芯，成本相对较高。为了消除由于剪切、卷绕甚至搬运过程所受机械力对铁芯导磁性能的影响，铁芯要进行退火处理（其工艺包括升温、保温和降温三个阶段）。坡莫合金和超微晶合金等软磁材料铁芯退火后还要用模具固定，如装在铝合金冲制盒或压塑盒中，铁芯与盒间布置绝缘缓冲材料。

电流互感器常用铁芯型式有叠片铁芯、卷铁芯（又称环形铁芯）、开口

铁芯（又称带气隙铁芯）等，如图 6-13 所示。叠片铁芯呈口字型，主要在
35kV 及以下半封闭的小电流互感器上使用。卷铁芯性能理想，在全封闭的电
流互感器中普遍采用，形状有圆环形、椭圆形和矩形等多种。开口铁芯主要
用在对暂态特性（剩磁）有要求的电流互感器中。

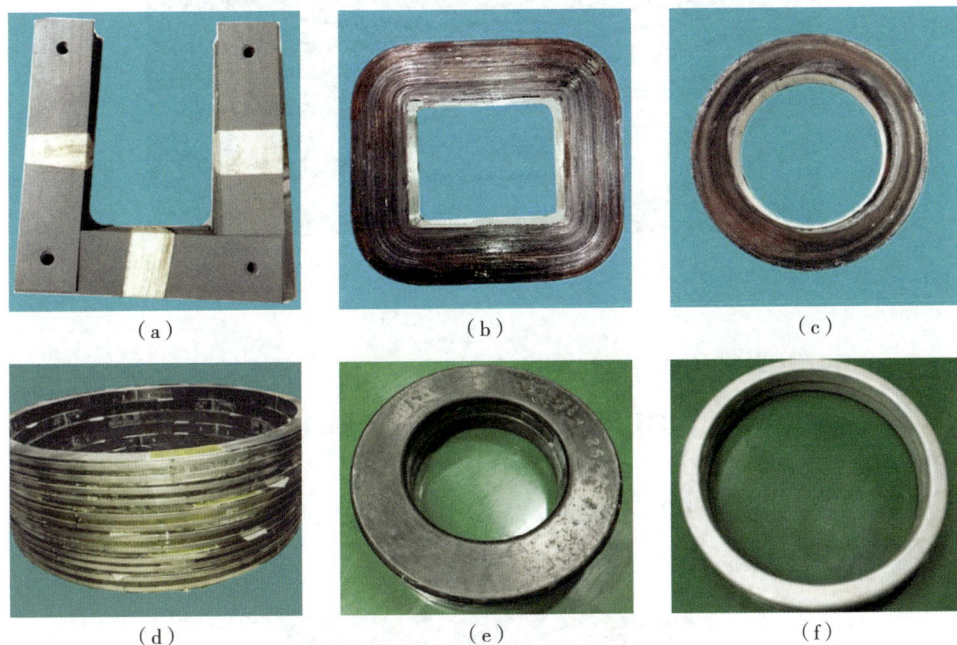

（a）　　　　　　　　　　（b）　　　　　　　　　　（c）

（d）　　　　　　　　　　（e）　　　　　　　　　　（f）

图 6-13　电流互感器常用铁芯型式

（a）叠片铁芯（硅钢片材料）；（b）卷铁芯（方形、硅钢片材料）；（c）卷铁芯（圆形、硅钢片材料）；
（d）开口铁芯（硅钢片材料）；（e）装有卷铁芯的压塑盒；（f）装有卷铁芯的铝合金冲制盒

6.3.2　一次绕组 primary winding

一次绕组是指通过被变换电流（电流互感器）或施加被变换电压（电压
互感器）的绕组，实物图如图 6-14 所示。电流互感器的一次绕组导体材质常
采用电工用铜或电工用铝（实际中较少用铝），一次绕组可用多根裸铜线并联，
也可以采用铜棒（管）。中、低压电流互感器的外包绝缘较薄、散热性好，一
次绕组导线截面多取决于额定短时热电流。短时热电流密度，对于铜线 1s 内
不应超过 180A/mm^2，对于铝线 1s 内不应超过 120A/mm^2（如果短路电流持续

时间不是 1s 且不超过 5s，则通常按照热效应相等的原则进行换算）。长期连续热电流密度，铜线可取 2A/mm²，铝线可取 0.6~0.7A/mm²。

图 6-14 中低压电流互感器一次绕组（多匝结构、带有一个一次端子）实物图

6.3.3 一次端子（电流互感器的）
primary terminals（of current transformer）

一次端子的标志为 P1、P2（或 L1、L2），用来表示一次电流的流向，实物图如图 6-15 所示。

图 6-15 中低压电流互感器一次端子实物图

6.3.4 二次绕组（中低压电流互感器的）
secondary winding（s）（of Medium and low
voltage current transformers）

电流互感器二次绕组导线多采用漆包线和双玻璃丝包圆铜线，可用单根

或多根导线并联绕制。导线截面主要考虑最大二次电流和误差性能要求。为了降低导线电阻对误差性能的影响，一般都适当加大二次绕组导线截面。中低压电流互感器二次绕组实物图如图 6-16 所示。

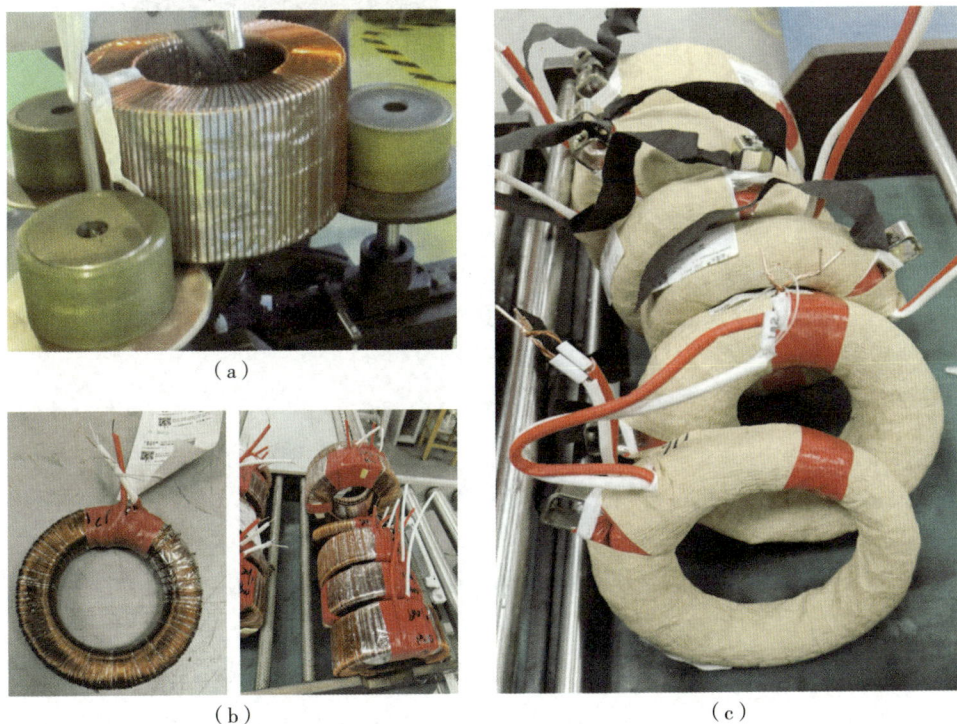

图 6-16　中低压电流互感器二次绕组实物图
（a）绕制过程中；（b）绕制完成；（c）调试合格后（外包绝缘保护层）

　　如图 6-17 所示，在二次绕组中设置抽头可改变电流互感器的变比。使用这种多抽头的绕组时，严禁将不用的抽头短路。理论上，抽头可以在绕组起末端之间的任意部位，一般常采用中间抽头。图 6-17（a）表示在 1/3 处抽头的情况，其二次绕组抽头方式可获得 200/5A、400/5A、600/5A 等三种变比，分别为满匝（S1-S3）对应 600/5A（S2 悬空）、1/3 处抽头（S1-S2）对应 200/5A（S3 悬空）、1/3 处抽头（S2-S3）对应 400/5A（S1 悬空）。一般这种方式仅用于测量用电流互感器。保护用电流互感器采用抽头获得的电流比会降低保护性能，因此，保护用电流互感器一般不宜采用二次抽头方式获得更小的电流比。

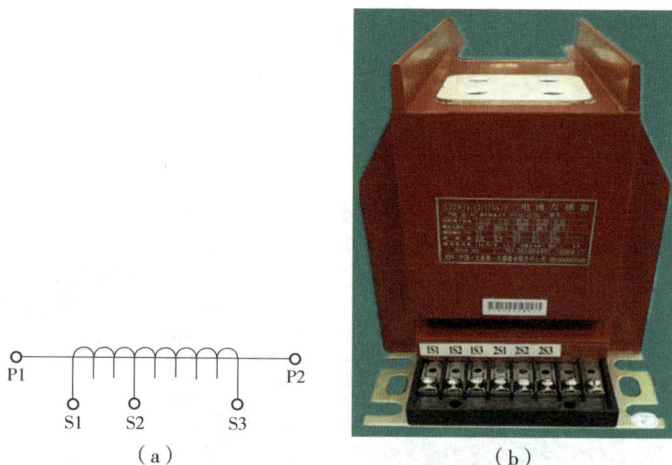

图 6-17　使用二次绕组抽头方式实现变比可选电流互感器的原理与实物图
（a）原理图；（b）实物图

6.4　中低压电压互感器类型

6.4.1　不接地电压互感器 unearthed voltage transformer

不接地电压互感器是指一次绕组的各个部分包括接线端子在内，都是按其额定绝缘水平对地绝缘的电压互感器。不接地电压互感器可用于中性点非有效接地系统中，采用单相接线或两相 V 型接线的形式测量线电压。不接地电压互感器实物图如图 6-18 和图 6-19 所示。在图 6-19（f）中有两台电压互感器，其一次端子分别接 A 相和 C 相，另一个一次端子接在一起后接到 B 相上。

对单相及两相不接地电磁式电压互感器，一般选取额定磁通密度不大于1.2T。在实际中，只要变比选择得当，不接地电压互感器可以当作接地电压互感器使用。

浇注式电压互感器的一、二次绕组间绝缘，根据电压互感器的类型（不接地、接地）不同而有所不同，对于不接地电压互感器，由于其一、二次绕组间的绝缘电压高，需浇注比较厚的混合胶材料作绝缘，实物图如图 6-20所示。

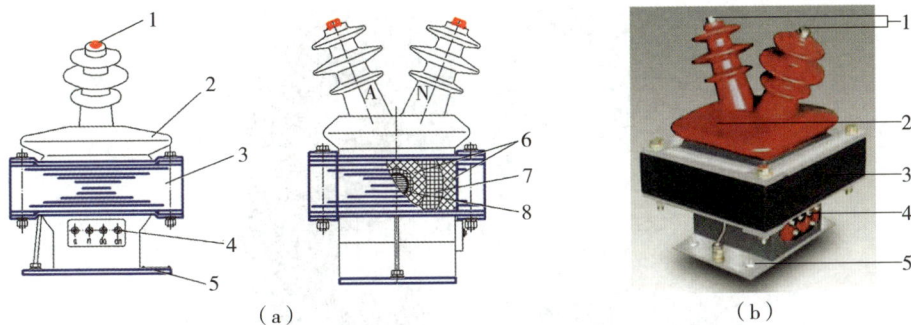

図 6-18　3~35kV 单相户内半封闭不接地电压互感器结构及实物图

（a）结构图；（b）实物图

1——一次端子；2——浇注体；3——铁芯（叠片式）；4——二次端子；5——安装底板；
6——环氧树脂混合料；7——一次绕组；8——二次绕组

注：红色代表设备正常运行时处于高电位的部件，蓝色代表设备正常运行时处于地电位的部件，黑色表示绝缘。

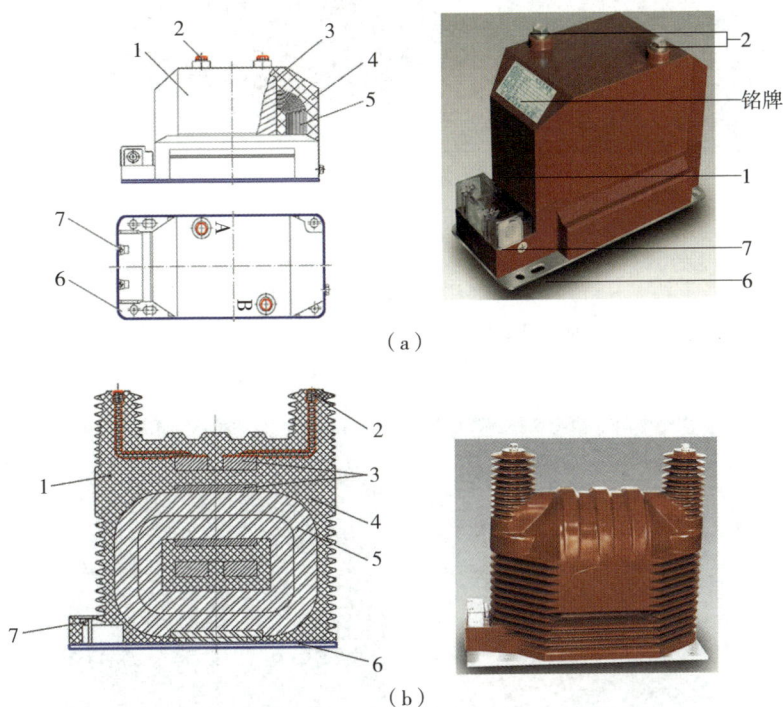

铭牌

图 6-19　3~35kV 全封闭不接地电压互感器结构及实物图（一）

（a）结构图及其实物 1（单相户内式）；（b）结构图及其实物 2（单相户内式）

1——浇注体；2——一次端子；3——一次绕组、二次绕组；4——环氧树脂混合料；
5——铁芯；6——安装板；7——二次端子

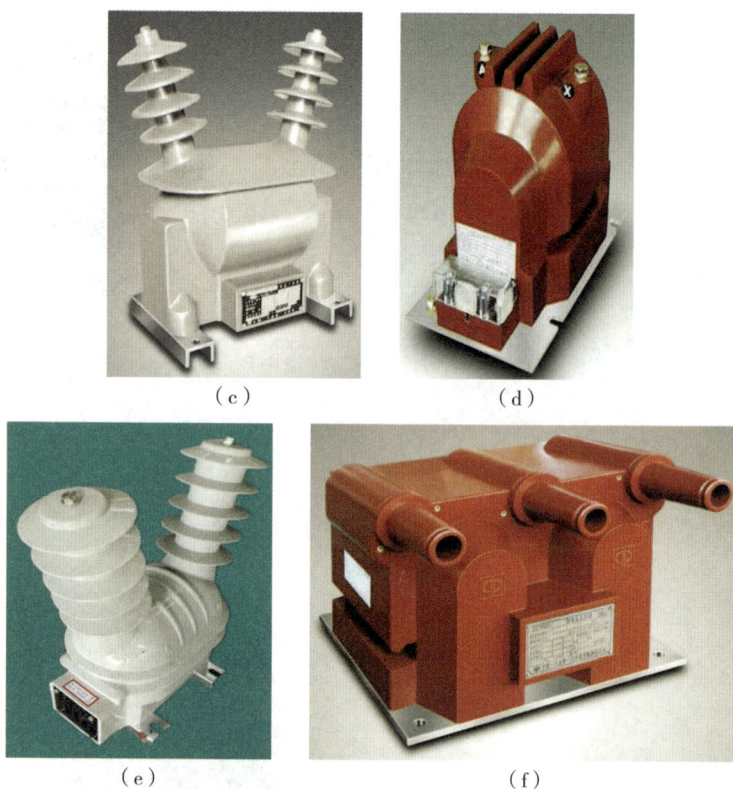

图 6-19　3~35kV 全封闭不接地电压互感器结构及实物图（二）

（c）实物 3（单相户外式）；（d）实物 4（单相户内式）；（e）实物 5（单相户外式）；
（f）实物 6（两相户内式，开关柜中使用）

注：红色代表设备正常运行时处于高电位的部件，蓝色代表设备正常运行时处于地电位的部件，黑色表示绝缘。

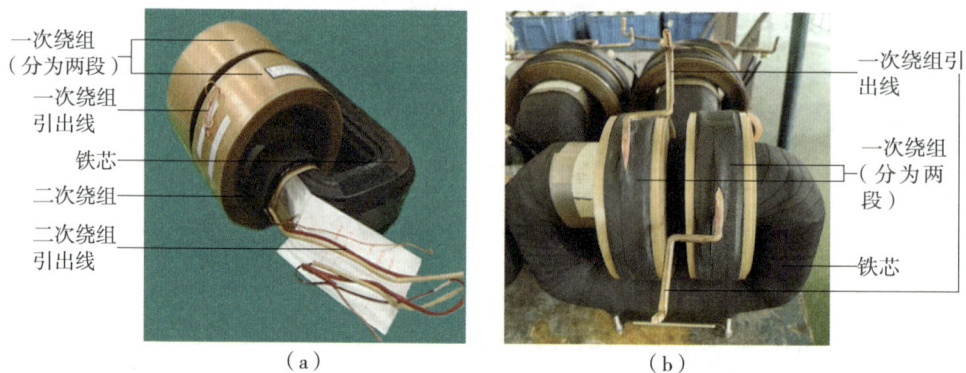

一次绕组（分为两段）
一次绕组引出线
铁芯
二次绕组
二次绕组引出线

一次绕组引出线
一次绕组（分为两段）
铁芯

（a）　　　　　　　　　（b）

图 6-20　单相全封闭不接地电压互感器的典型器身结构实物图

（a）实物 1；（b）实物 2

230

6.4.2 接地电压互感器 earthed voltage transformer

接地电压互感器是指一次绕组的一端直接接地的单相电压互感器，或一次绕组的星形联结点直接接地的三相电压互感器。接地电压互感器实物图如图 6-21 和图 6-22 所示。

对中性点有效接地系统中运行的单相接地电磁式电压互感器，一般选取额定磁通密度不大于 1T；对中性点非有效接地系统中运行的单相、三相接地电磁式电压互感器，一般选取额定磁通密度小于 0.7T；对三相磁路不对称的

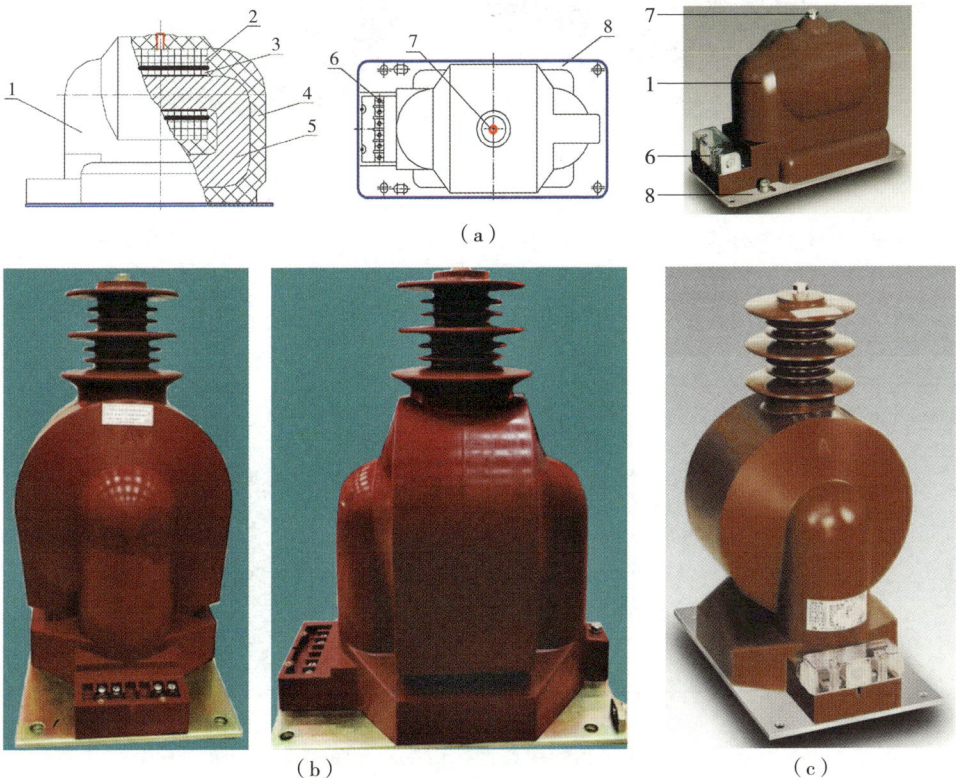

（ a ）

（ b ）

（ c ）

图 6-21 3~35kV 接地电压互感器结构及实物图（一）

（a）单相 6~10kV 结构图及其实物 1（全封闭式、户内式）；（b）单相 35kV 实物 2（全封闭式、户内式）的正面和侧面；（c）单相实物 3（全封闭式、户内式）

1—浇注体；2——一次绕组；3—二次绕组；4—环氧树脂混合料；5—铁芯；
6—二次端子；7——一次端子；8—安装底板

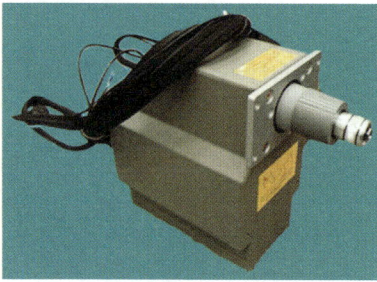

（d）

（f）

（e）

图 6-21　3~35kV 接地电压互感器结构及实物图（二）

（d）单相一次自带熔断器的实物 4（全封闭式、户内式）；（e）单相实物 5（全封闭式、户外式）；
（f）三相实物 6（半封闭式、户内式）

注：红色代表设备正常运行时处于高电位的部件，蓝色代表设备正常运行时处于地电位的部件，黑色表示绝缘。

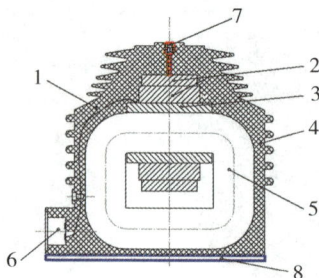

图 6-22　单相全封闭接地电压互感器结构及实物图

1——一次接线端子引线（接地端）；2——一次绕组；3——二次绕组；4——环氧树脂混合料；5——铁芯；
6——二次端子；7——一次接线端子引线（高压端）；8——安装底板

注：红色代表设备正常运行时处于高电位的部件，蓝色代表设备正常运行时处于地电位的部件，黑色表示绝缘。

三相接地电磁式电压互感器，一般选取额定磁通密度小于 0.7T。如果电磁式电压互感器的磁密选择过高，则铁芯的饱和拐点所对应电压就会低于额定电压因数相对应的电压，容易触发铁磁谐振。

在中性点非有效接地系统中用作单相接地监视用的电压互感器，其一次中性点应接地。即由三只单相电压互感器组成星形接线时，其一次侧中性点必须接地（属于工作接地）。因为当系统中发生单相接地时，会出现零序电流，如果一次侧中性点没有接地，则一次侧就没有零序电流通路，剩余电压绕组中也就不会感应出零序电压，零序保护就可能拒动。为防止谐振过电压，可在一次中性点加装可变阻容装置或第四只单相电压互感器后再末端接地。

浇注式电压互感器的一、二次绕组间绝缘根据电压互感器的类型（不接地、接地）不同而有所不同，对于接地电压互感器，由于其一、二次绕组间的绝缘电压低，可以用绝缘纸板浇混合胶作绝缘，也可单用聚酯薄膜复合纸板作绝缘，实物图如图 6-23 所示。

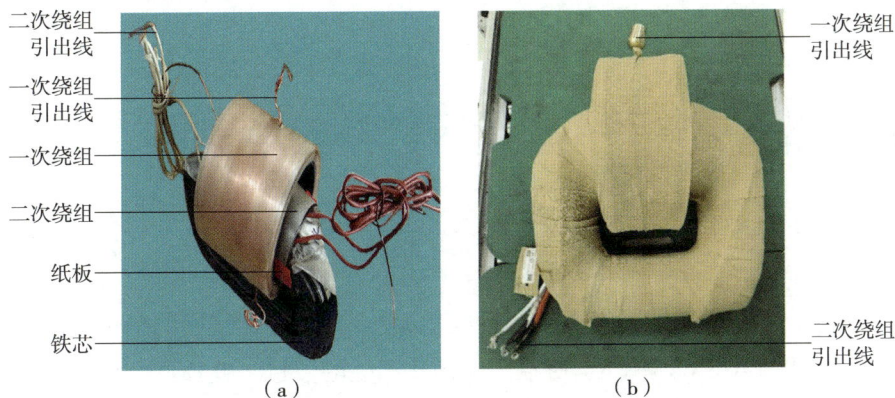

图 6-23　单相全封闭中低压接地电压互感器的典型器身结构实物图
（a）实物 1；（b）实物 2

6.4.3　三相电压互感器 three-phase voltage transformers

三相电压互感是指供三相系统使用并形成一体的电压互感器，实物图如图 6-24 所示。对于三相电压互感器的中性点接地要求，DL/T 866—2015《电流互感器和电压互感器选择及计算规程》的 11.2.3 规定"采用星形接线的三相三柱式电压互感器一次侧中性点不应接地，三相五柱式电压互感器一次侧中性点可接地。"

三相电压互感器二次绕组的接地点一般选择在中性点或二次回路 B 相，具体位置选择应按有关规程规定进行。

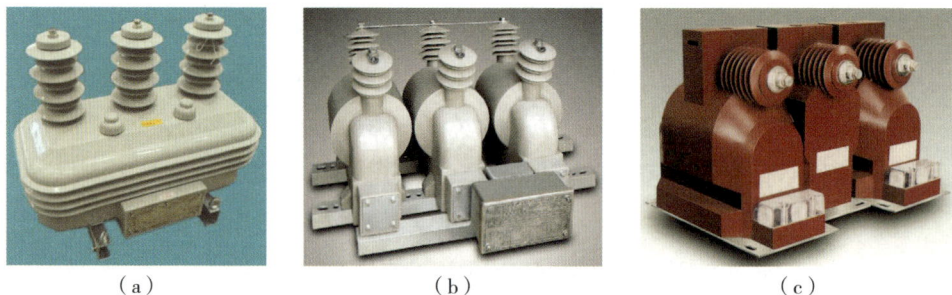

图 6-24　10kV 三相电压互感器实物图

（a）三相 4VT 组合防谐振户外柱上接地型电压互感器；（b）三相组合接地型电压互感器（户外式）；
（c）三相组合接地型电压互感器（户内式）

6.5　中低压电压互感器的结构相关问题

6.5.1　铁芯及其励磁特性

中低压电压互感器最常用的铁芯材料为冷轧硅钢片，常用的结构型式是叠片铁芯，如图 6-25（a）、（b）所示。根据铁芯柱的数目，叠片铁芯可分为单相双柱式、单相三柱式、三相三柱式、三相五柱式，其芯柱截面一般由内接于圆的多级矩形组成。除叠片铁芯外，也常使用卷铁芯，可分为矩形卷铁芯和 C 型卷铁芯两类。前者是用带状硅钢片在矩形胎具上连续绕制而成，在铁芯长轴上绕制绕组，如图 6-20（a）和图 6-25（c）所示；后者是将矩形铁芯（经浸渍处理后）在长轴上切开（可在长轴上套装绕组），如图 6-25（d）所示。

GB/T 20840.3—2013《互感器　第 3 部分：电磁式电压互感器的补充技术要求》的 7.3.301 规定"同一批生产的同型电压互感器，其励磁特性的差异亦应不大于 30%"。除了用这一要求考核励磁特性之外，还应该结合励磁电流

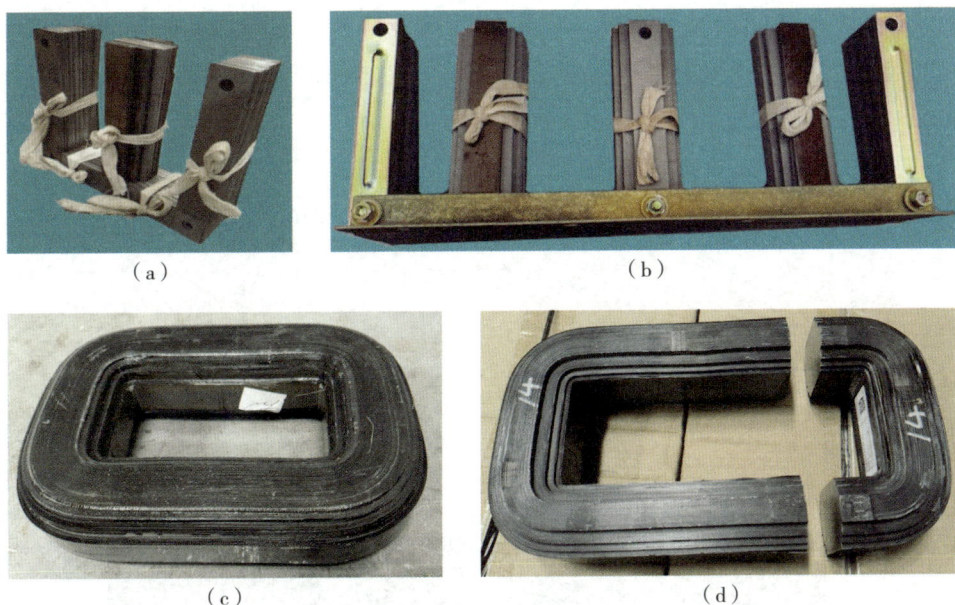

图 6-25 铁芯实物图

（a）三相三柱叠片式；（b）三相五柱叠片式；（c）单相矩形卷铁芯（阶梯结构）；
（d）单相 C 型卷铁芯（阶梯结构）

的大小来衡量励磁特性，因为不同生产厂家的电压互感器会有不同量级大小的励磁电流。例如，A 厂家的 3 台电压互感器，在额定一次电压下的励磁电流分别为 0.7、1.0A 和 1.3A，励磁特性的差异不大于 30%；而 B 厂家的 3 台同型号同参数的电压互感器，在额定一次电压下的励磁电流分别为 0.2、0.3、0.4A，励磁电流的差异大于 30%。显然，B 厂家 3 台电压互感器的铁芯特性优于 A 厂家的 3 台，可见仅用"励磁特性差异不大于 30%"来衡量略显片面。实际上，对于同一企业的同批次产品而言，出现如 B 厂家 3 台电压互感器励磁电流较大差异的情况也并不多见。

电磁式电压互感器的励磁特性测量可能会受到其一次绕组（或二次绕组）端口的电容影响，从而使励磁特性曲线发生畸变。如图 6-26（a）、（b）所示，以电感 L 表示电磁式电压互感器的励磁电感、以 C 表示绕组端口处的电容［如 GIS 型电磁式电压互感器套管及其均压环的对地电容、充气柜（C-GIS）用电磁式电压互感器的外接地屏蔽壳体的对地电容］，则测量获得的 U-I 之间的关系曲线实质上是 U-I_L 之间的关系曲线（电磁式电压互感器的励磁特性）与 $U\text{-}I_C$ 之间的关系曲线（电容 C 的伏安特性）的叠加。如果考虑电磁式电压互感器的绕组电阻及铁芯损耗，则 $U\text{-}I$ 之间的关系曲线如图 6-26（c）所示。

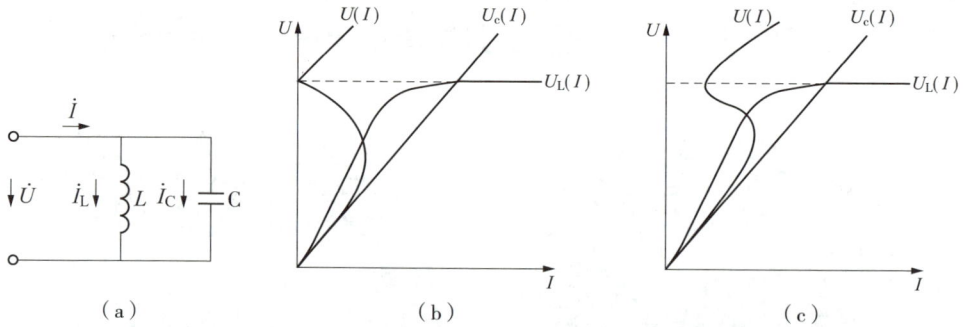

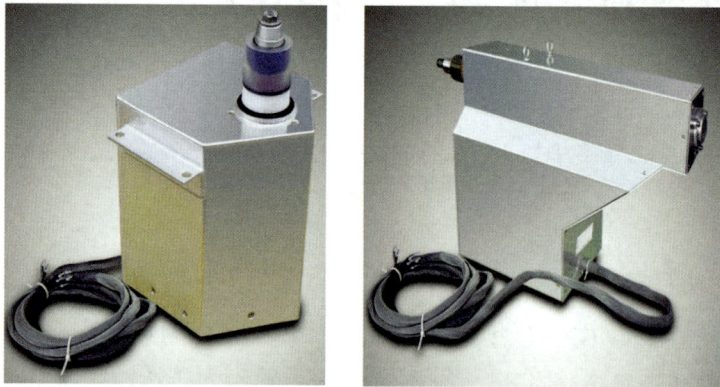

图 6-26　绕组端口电容对电磁式电压互感器励磁特性的影响

（a）电路模型；（b）不考虑绕组电阻和铁芯损耗的 $U\text{-}I$ 曲线；（c）考虑绕组电阻和铁芯损耗的 $U\text{-}I$ 曲线；（d）充气柜（C-GIS）用电压互感器的外接地屏蔽壳体

6.5.2　绕组

与中低压电压互感器绕组相关的问题主要有：

（1）为了防止一次侧传递过电压至二次侧，或二次侧有悬浮电压，电压互感器二次绕组及剩余电压绕组必须有一点接地。

（2）电磁式电压互感器的二次绕组可布置在一次绕组的外侧，也可布置在一次绕组的内侧，一、二次绕组的绕向应相反。一、二次绕组的结构型式大多采用同心圆筒式，少数低压互感器如干式和浇注式互感器也常采用同心矩形筒式。

（3）电磁式电压互感器的一、二次绕组采用的导线类型根据互感器采用的绝缘介质而有所不同。浇注及干式互感器一般采用 QZ 型聚酯漆包线。

（4）为了改善电场分布，一般在电磁式电压互感器的一次绕组首末端分别加静电屏、绕组分段或绕制成宝塔形，并辅以角环、端圈、隔板以加强绝缘。

6.5.3 铁磁谐振及其消除

铁磁谐振（ferro-resonance）是指电容和非线性磁饱和电感组成电路的持续谐振，可以由一次侧或二次侧的开关操作激发。

在中性点不接地系统中，电源变压器中性点不接地。为了监视绝缘，电磁式电压互感器的一次绕组中性点直接接地。当电源合闸至空母线使互感器一相或两相出现涌流，或者线路瞬间单相弧光接地后，健全相电压突然升高也会出现很大涌流，造成该相互感器磁路饱和，励磁电感减小，中性点出现位移电压。如果此时互感器励磁阻抗与母线或导线的对地容抗的参数配合适当，使三相总导纳接近于零，则产生工频串联谐振。除此以外，由于铁芯的磁饱和产生了电流、电压谐波，进而发生谐波谐振（根据线路长度的不同，可能是高频、工频或分频谐振）。尽管分频谐振的过电压一般不超过 2 倍相电压，但由于励磁感抗减小，电磁式电压互感器将深度饱和，励磁电流急剧增大，甚至达到额定值的百倍以上，从而造成电磁式电压互感器发热，甚至开裂或爆炸。消除这种铁磁谐振的方法包括：①绝大部分采用将电磁式电压互感器高压侧中性点经高阻抗接地，如零序电压互感器［如图 6-27 所示，其中 3 台主（相）电压互感器应采用全绝缘结构］或一次消谐器（可变电阻，如图 6-28 所示）；②采用二次消谐，如在剩余电压绕组的开口三角端并接一个电阻或加装专用消谐器；③在母线上加装一定的对地电容避开谐振区域，或选用低磁密电磁式电压互感器，或电源变压器中性点改为经消弧线圈接地等。

（a）

JSZW10-10R4 型 电 压 互 感 器				
额定绝缘水平(kV)	12/42/75	额定电压因数	1.9Upr 8h	
额定电压比(kV)	10/√3/0.1 /√3/0.22 /√3/0.1	绝缘耐热等级E	户内三相	
出线端子标志	(1a.1b.1c);n	(2a.2b.2c);n	da.dn	cosφ=0.8
准 确 级 次	0.5	3	3P	频率 50 Hz
额定输出(VA)	30	300	100	标准:
热极限输出(VA)	300		重量127kg	GB/T 20840.1/3
出厂日期：		环境温度	-25～+40℃	☐PA
出厂编号：				

注明：1、一、二次除标注接地点外严禁其它点接地，否则烧毁PT。2、一次N点直接接地，本产品不允许重复接入一次消谐装置，及二次微机消谐装置，否则烧毁PT。

接线原理图

（b）

图 6-27　4VT 组合防谐振电压互感器铭牌及实物图（一）

（a）半封闭结构（户内式）；（b）全封闭结构（户内式）

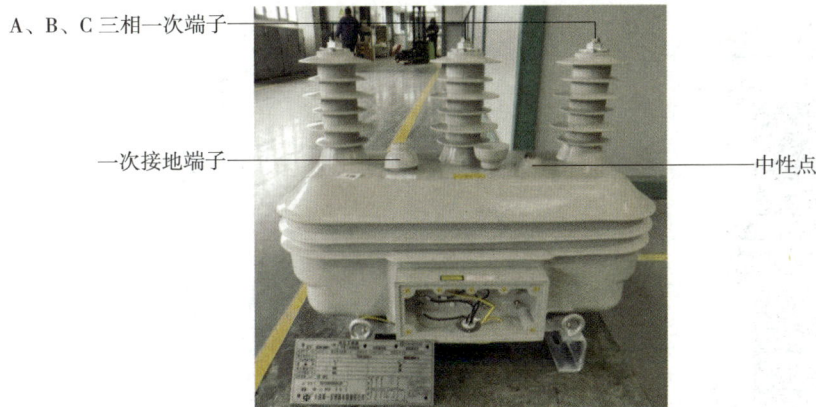

A、B、C 三相一次端子

一次接地端子

中性点

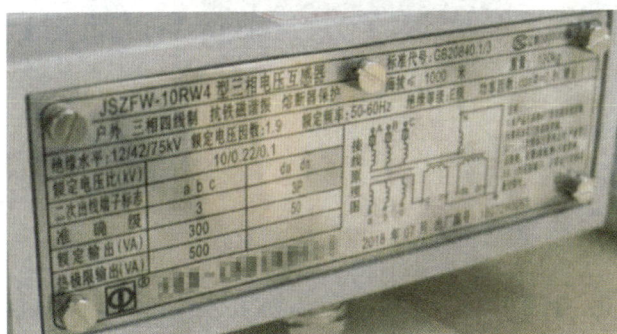

（c）

图 6-27 4VT 组合防谐振电压互感器铭牌及实物图（二）

（c）全封闭结构（户外式）

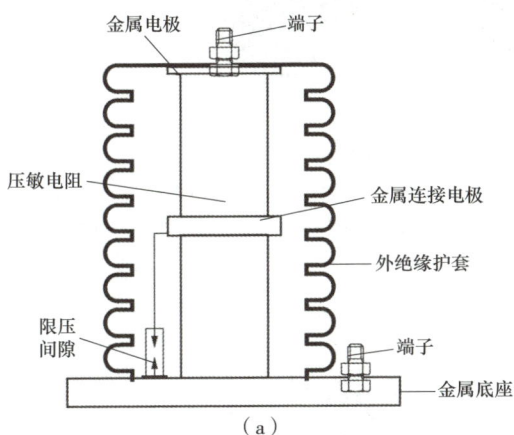

金属电极　　端子

压敏电阻

金属连接电极

外绝缘护套

限压间隙

端子

金属底座

（a）

（b）

图 6-28 一次消谐器结构及实物图（一）

（a）压敏电阻型的结构示意图；（b）压敏电阻型（圆柱体结构）的实物图

端子
绝缘密封盖
上端电极
流敏电阻
石英砂
外绝缘护套
下端电极
底座

（c）　　　　　　　　（d）　　　　　　　　（e）

（f）　　　　　　　（g）

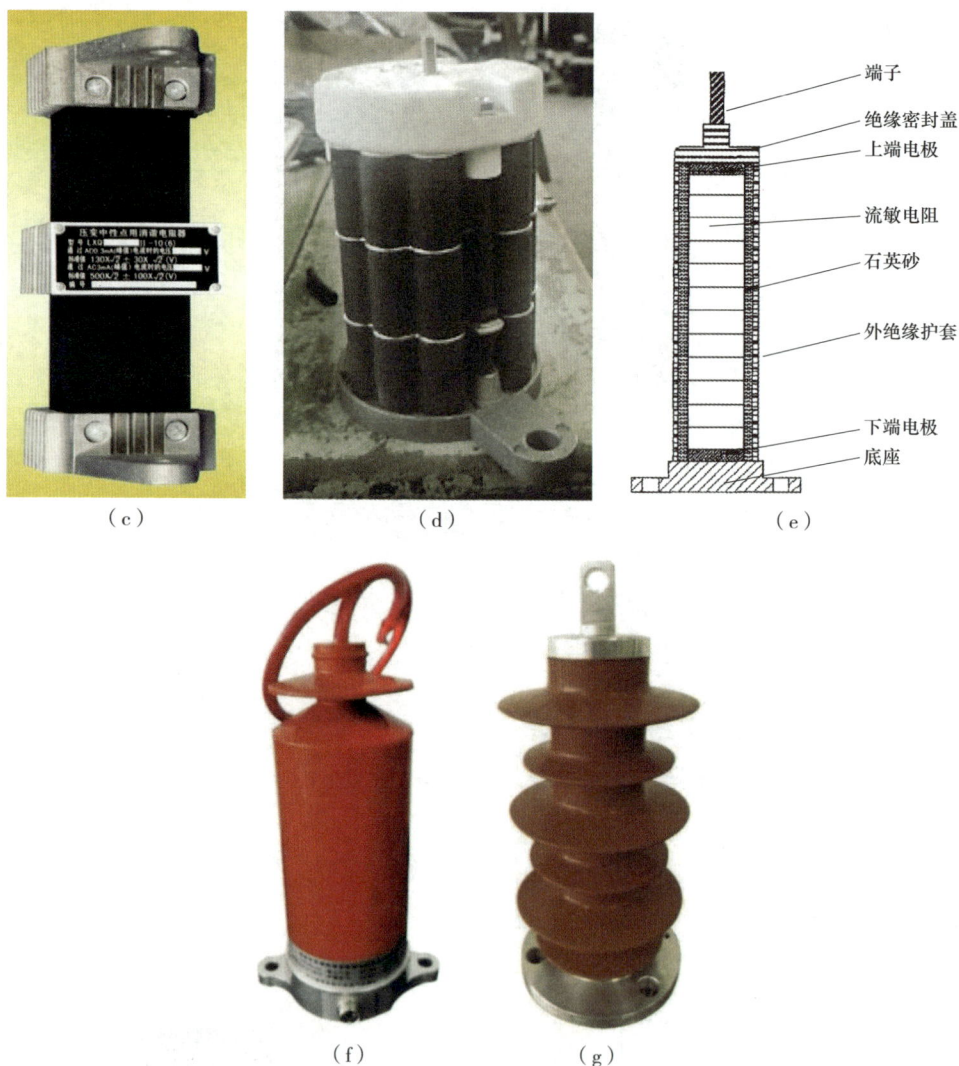

图 6-28　一次消谐器结构及实物图（二）

（c）压敏电阻型（长方体结构）的实物图；（d）压敏电阻型（梅花形结构）的实物图；
（e）热敏电阻型的结构示意图；（f）热敏电阻型的实物图 1；（g）热敏电阻型的实物图 2

6.6　电流电压组合互感器

电流电压组合互感器是指由电流互感器和电压互感器组合成一体的组合

式互感器，一般用于计量，其特点包括：

（1）占有空间小、综合价格低、安装方便等，尤其适用于农村电网户外变电站和高压用户电量的计量。

三相组合互感器的
三维结构图

（2）组合互感器中的电流互感器与电压互感器的技术要求和误差限值应分别达到各自相应专业技术标准的要求。

（3）组合互感器对温升的考核比较严格。

（4）对组合互感器中的电流互感器和电压互感器均须建立"相互影响"的概念。即要考核其在运行状态下，电流互感器对电压互感器的影响和电压互感器对电流互感器误差的影响，且均不能超过其准确级相应的误差限值。

三相组合互感器是由三相电压互感器和三台单相（或两台单相）电流互感器组合，并形成一体的供三相电力系统三相电能计量、测量用的互感器，其原理接线如图 6-29 所示。图 6-29 中，用 A、B 和 C 表示电压互感器一次绕组接线端子，相应二次绕组接线端子为 a、b、c，n 为中性点端子；用 AP1、AP2，BP1、BP2 和 CP1、CP2 分别表示电流互感器一次绕组 A、B 和 C 相接线端子，相应二次绕组接线端子为 as1、as2，bs1、bs2 和 cs1、cs2。

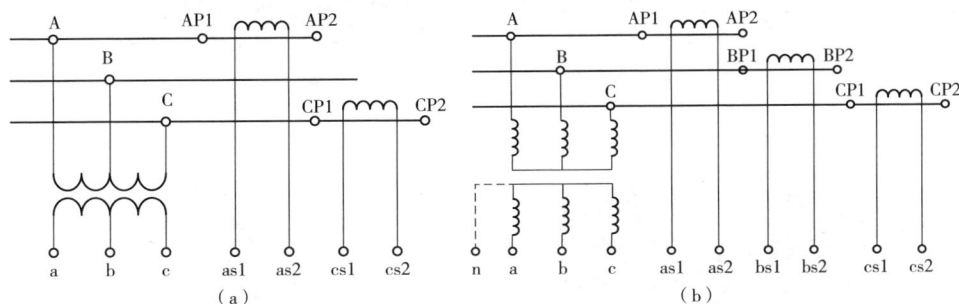

图 6-29　三相组合互感器原理接线图

（a）由 V 联结电压互感器和三相（两相）电流互感器组成的三相组合互感器；
（b）由 Y 联结电压互感器和三相（两相）电流互感器组成的三相组合互感器

三相组合互感器实物图如图 6-30 和图 6-31 所示。

三相组合互感器的温升试验需要对其同时施加规定的三相电流和三相电压，其温升值不应超过电流互感器和电压互感器的国家标准所规定的温升限值。

三相组合互感器的误差测定需采用额定频率且三相对称的试验电源，对

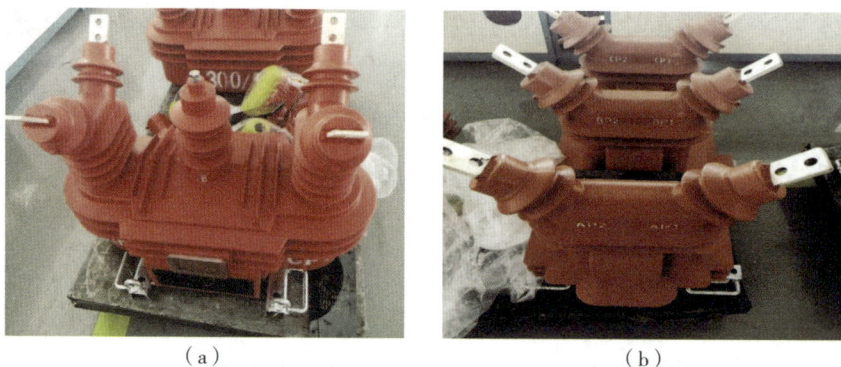

（a）

（b）

图 6-30　三相组合互感器实物图

（a）由 V 联结两相电压互感器和两相电流互感器组成的三相组合互感器；
（b）由 Y 联结三相电压互感器和三相电流互感器组成的三相组合互感器

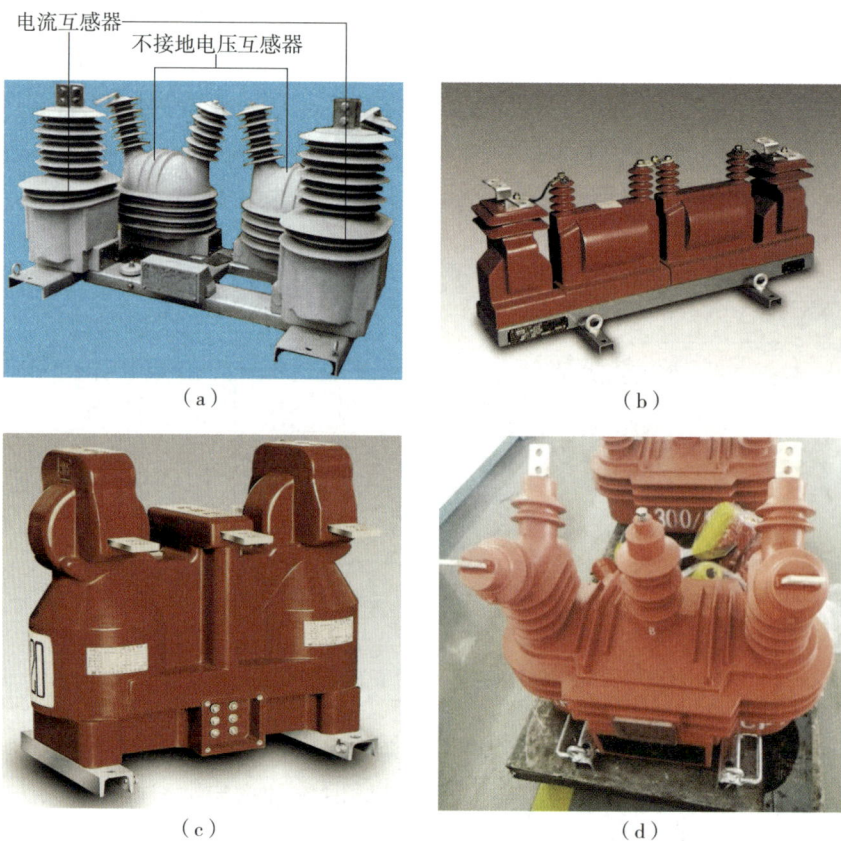

电流互感器

不接地电压互感器

（a）

（b）

（c）

（d）

图 6-31　测量两相电压两相电流的三相组合互感器实物图

（a）35kV 实物（户外式）；（b）10kV 实物（户内式）；
（c）10kV 实物（户内式）；（d）10~20kV 实物（户外式）

其同时施加规定的三相电流和三相电压，电流互感器的误差和电压互感器的误差均不应超过其相应准确级规定的限值。

6.7　制造流程概述

6.7.1　全封闭支柱式电流互感器典型制造流程

全封闭支柱式电流互感器典型制造流程如表 6-1 及图 6-32 所示。

表 6-1　　全封闭支柱式电流互感器的典型制造流程

步骤	工序名称	工序描述	图片
步骤 1	绕制二次绕组	采用铜线作为导电介质，采用聚酯薄膜作为绝缘介质，按一定要求用单头绕线机进行绕制（铜线自动绕制，薄膜手工绕制）	
步骤 2	绕制一次绕组	采用紫铜带作为导电介质，采用纸板作为绝缘介质，在固定的胎具上绕制成要求的形状	
步骤 3	绕组组装	将一次绕组与二次绕组组装在一起，形成器身	
步骤 4	器身测试	对组装好的器身进行伏安特性、误差等测试	

步骤	工序名称	工序描述	图片
步骤5	器身干燥	将测试合格的器身放置在电炉（真空罐）内进行干燥	
步骤6	装模	将干燥后的器身固定到模具中，确保一、二次绕组间的距离符合要求	
步骤7	真空浇注	先将装配好的模具放入真空罐中抽空，然后在真空条件下将按比例混好的环氧树脂、固化剂、填料（硅微粉）、增韧剂、促进剂等注入模具中	
步骤8	固化	浇注完成的模具放入电炉中，加温促进环氧树脂与固化剂反应，由液态转换为固态	
步骤9	脱模	将模具拆开，取出已经固化完成的全封闭支柱式电流互感器	

步骤	工序名称	工序描述	图片
步骤 10	精修	去除环氧树脂混合料固化形成的飞边、毛刺和表面缺陷	
步骤 11	装配	安装产品底板、接线螺栓、铭牌等外部配件	
步骤 12	例行试验	对产品进行工频耐压、局部放电、误差等试验	
步骤 13	包装	产品固定在木箱（体积小产品可用纸箱）内准备发货	

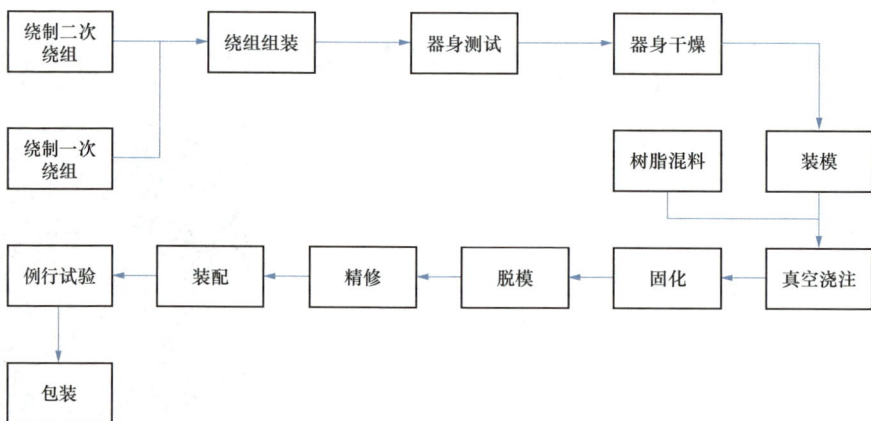

图 6-32　全封闭支柱式电流互感器典型制造流程

6.7.2　全封闭电压互感器典型制造流程

全封闭电压互感器典型制造流程如表 6-2 及图 6-33 所示。

表 6-2　　　　　　　　　　全封闭电压互感器的典型制造流程

步骤	工序名称	工序描述	图片
步骤 1	绕制二次绕组	采用铜线作为导电介质，采用聚酯薄膜作为绝缘介质，按一定要求用平绕机进行绕制（可带铁芯绕制，也可绕制在绝缘筒上后套装）	
步骤 2	绕制一次绕组	在二次绕组外套装环氧玻璃布制成的绝缘筒，按一定要求用平绕机进行绕制，一次绕组的层间使用绝缘纸隔开	

续表

步骤	工序名称	工序描述	图片
步骤 3	半成品试验	进行半成品试验，并根据误差情况调整一次绕组的匝数，形成器身	
步骤 4	器身干燥	将器身放置在电炉（真空罐）内进行干燥	
步骤 5	装模	将器身固定到模具中，保证一、二次绕组间的距离符合要求	
步骤 6	真空浇注	先将装配好的模具放入真空罐中抽空，然后在真空条件下将按比例混好的环氧树脂、固化剂、填料（硅微粉）、增韧剂、促进剂等注入模具中	
步骤 7~步骤 12	与全封闭支柱式电流互感器的典型制造流程的步骤 8~步骤 13 相同		

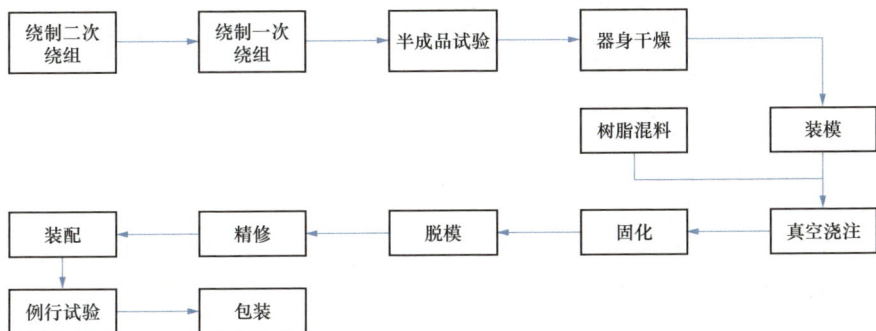

图 6-33　全封闭电压互感器的典型制造流程

GIS 型电流互感器与套管升高座用电流互感器

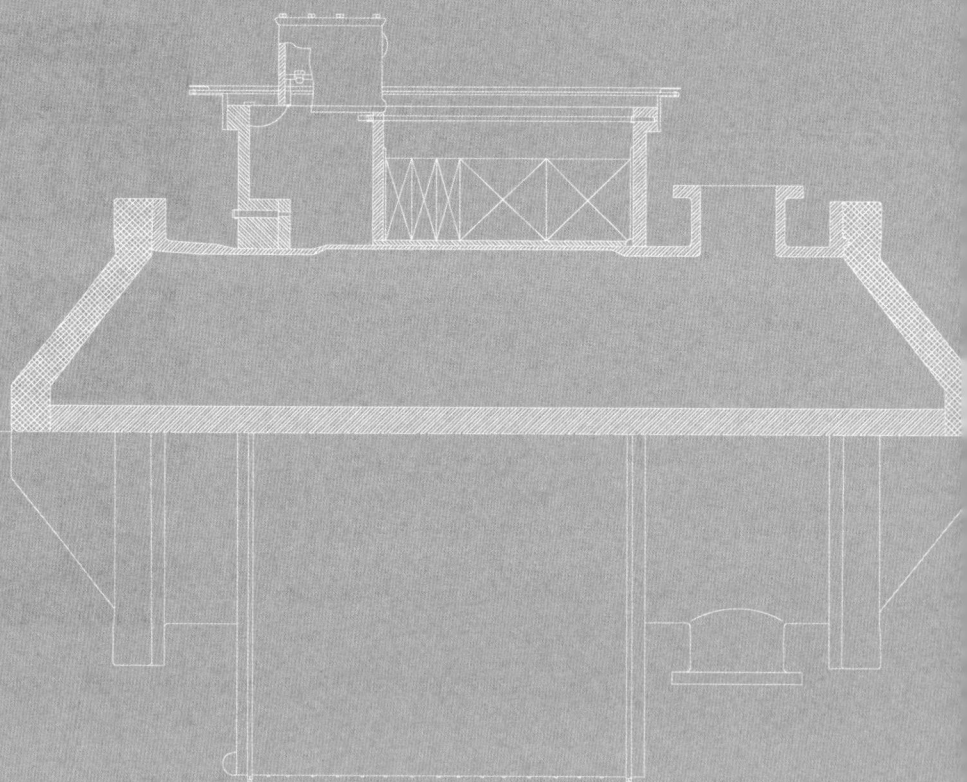

A.1　GIS 型电流互感器

气体绝缘金属封闭式互感器（gas-insulated metal-enclosed instrument transformer）的定义为安装在气体绝缘金属封闭开关设备（GIS）壳内或壳外的金属封闭式互感器。其中，气体绝缘金属封闭式电流互感器即为 GIS 型电流互感器（简称 GIS 型 CT）。GIS 型 CT 属于套管式电流互感器（没有自身一次导体和一次绝缘，可直接套装在绝缘的套管上或绝缘的导线上的电流互感器）的范畴。

A.1.1　壳外式 GIS 型 CT

1000kV 壳外式 GIS 型 CT 外观及铭牌如图 A-1 所示。

图 A-1　1000kV 壳外式 GIS 型 CT 外观及铭牌

壳外式 GIS 型 CT 的优点为：①可避免二次连接使用密封套管，能够方便地进行极性测量和测试保护继电器；②其长度可调，能够按照用户的需要灵活布置；③如果出现问题，大多数情况下其检查和修理不需要拆解 GIS 本体。

壳外式 GIS 型 CT 的不足之处在于：一旦密封失效，则二次绕组容易进水受潮。例如，某年秋季，运维人员在对某壳外式 GIS 型 CT 的二次绕组进行绝缘电阻试验时，发现部分二次绕组绝缘降低，个别二次绕组的绝缘电阻远低于规程的要求。打开二次接线盒进行检查，发现有积水，如图 A-2（a）所示。打开护壳后，有积水流至地面，如图 A-2（b）所示。随后采取措施对二次绕组进行干燥，如图 A-2（c）~（e）所示，直至所有二次绕组绝缘恢复。

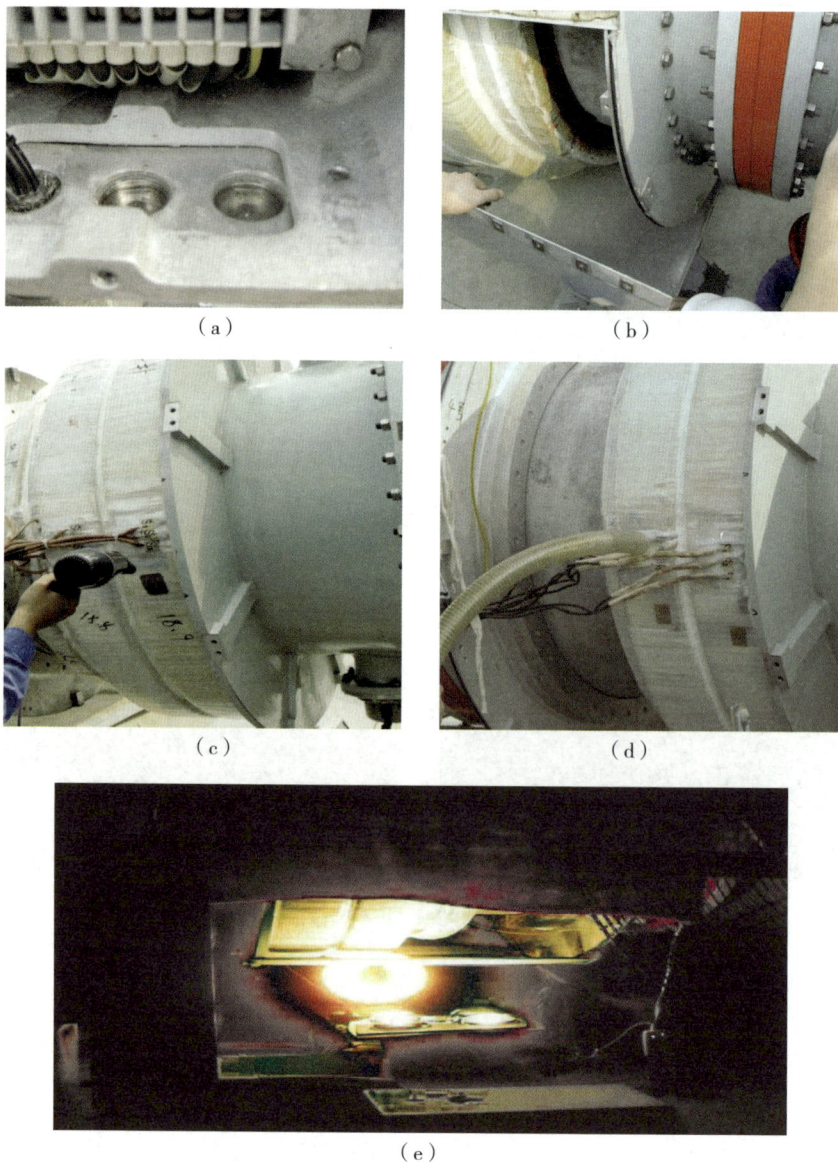

（a）

（b）

（c）

（d）

（e）

图 A-2　某壳外式 GIS 型 CT 进水受潮实例

（a）二次接线盒内积水；（b）打开护壳后有积水流至地面；（c）用电吹风干燥二次绕组；
（d）用干燥空气发生器干燥二次绕组；（e）对二次绕组进行环绕包裹加热的方法驱除内部潮气

　　为提高密封效果，应有良好的密封结构，外壳焊接要保证无微孔、无裂纹，密封接触面要提高加工光洁度。应采用限位密封，保证密封件的压缩比，或采用动密封，密封件材料要求抗老化性好、耐热耐寒性能强，对电弧分解物有耐腐蚀性，渗透率低等特性，可选用氯丁橡胶、丁腈橡胶、三元乙丙橡胶等，其中三元乙丙橡胶的耐油性能较差，使用时不能与油脂接触。这些密封要求对于壳内式 GIS 型 CT 同样适用。

　　为解决制造过程中 CT 干燥不彻底、在运行中析出水分从而导致微水超标的问题，同时提高安装的便捷性，部分壳外式 GIS 型 CT 采用了浇注方式。在这种情况下，最容易出现的浇注质量问题是开裂。某 500kV 壳外式 GIS 型 CT 开裂实例如图 A-3 所示。

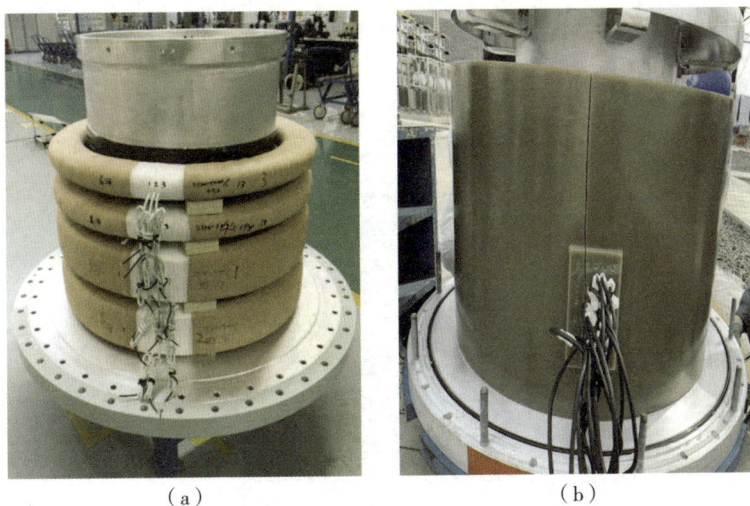

（a） （b）

图 A-3　某 500kV 壳外式 GIS 型 CT 开裂实例
（a）浇注前的半成品；（b）运行现场发现开裂

A.1.2　壳内式 GIS 型 CT

　　某 1000kV 壳内式 GIS 型 CT 外观及铭牌如图 A-4 所示。

　　壳内式 GIS 型 CT 的特点为：能够实现集成化和小型化，安全性高且抗震性能优良，电磁和静电屏蔽效果好，噪声小，抗无线电干扰能力强；但其在试验和检修方面不及壳外式 GIS 型 CT 灵活，而且一旦发生故障，其检查和修

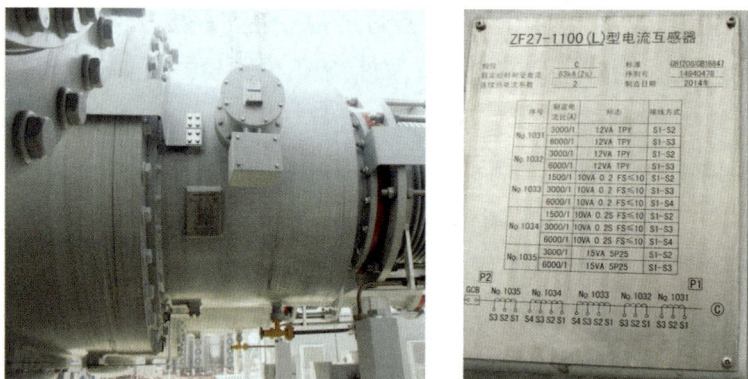

图 A-4 某 1000kV 壳内式 GIS 型 CT 外观及铭牌

理需要拆解 GIS 本体。

壳内式 GIS 型 CT 内部的二次绕组及其安装方式如图 A-5 所示,在安装时,要避免形成额外的电气封闭回路,否则会在其中产生感应电流,使得二次绕组不能正常工作,例如,可采用如图 A-5(a)中所示的接地屏蔽方式。

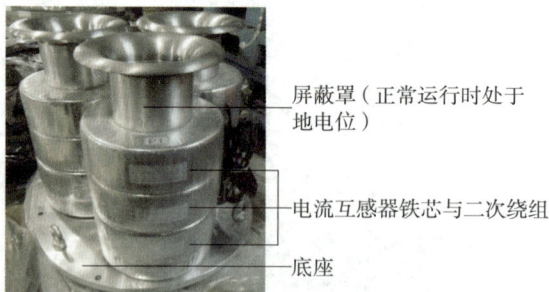

屏蔽罩(正常运行时处于地电位)

电流互感器铁芯与二次绕组

底座

(a)

(b)

图 A-5 壳内式 GIS 型 CT 内部的二次绕组及其安装方式
(a)二次绕组;(b)二次绕组的安装方式

A.2 套管升高座用电流互感器

A.2.1 升高座 CT 的外观及安装位置

套管升高座用电流互感器（简称升高座 CT）同样属于套管式电流互感器的范畴，安装在变压器（或高抗）的套管升高座内部。某特高压变压器的升高座 CT 实物外观及参数如图 A–6 所示。

（a）　　　　　　　　　　　　（b）

套管式电流互感器								
保持准确度最小时间40ms　　　一次时间常数120ms								
型号	电流比(A)	准确级	额定输出(VA)	对称短路电流倍数	额定负荷电阻(Ω)	二次绕组电阻（75℃）(Ω)	暂态面积系数	接线端标志
LRBT–1000	2500/1	TPY	12	20	12		11.51	1S1 1S2
LRBT–1000	2500/1	TPY	12	20	12		11.51	2S1 2S2
LR–1000	2500/1	0.2FS5	10					3S1 3S2
LR–1000	2500/1	0.5FS5	10					4S1 4S2
LR–1000	2500/5	0.5	10					1E1 1E2
LR–1000	2500/5	0.5	10					2E1 2E2

（c）

图 A–6　某特高压变压器的升高座 CT 实物外观及参数

（a）升高座 CT 的位置；（b）升高座 CT 的外观；（c）升高座 CT 的参数

升高座 CT 的二次绕组在升高座内的安装状态如图 A–7 所示。

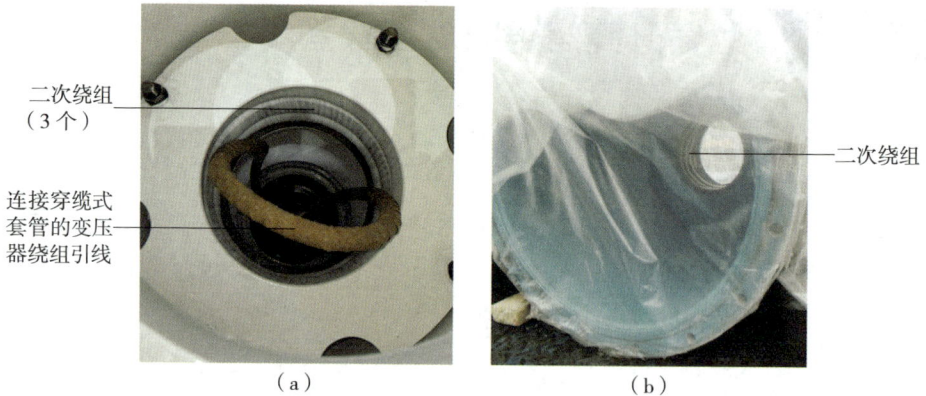

二次绕组
（3 个）

连接穿缆式
套管的变压
器绕组引线

二次绕组

（a）　　　　　　　　　　　　　　　（b）

图 A–7　二次绕组在升高座内的安装状态

（a）某 110kV 变压器的升高座 CT 内部；（b）某拆解的升高座 CT 内部

A.2.2　升高座 CT 的用途

单相油浸式变压器的升高座 CT 和三相一体油浸式变压器的升高座 CT（通常是 B 相）的用途为：

（1）绕组温度折算。根据升高座 CT 测得的负荷电流，通过公式折算得到绕组温度。

（2）启动主变压器风机。主变压器风机处于自动状态时，除油温、绕组温度外，还可通过升高座 CT 测得的负荷电流启动，即当负荷电流大于整定值时启动风机。但需要注意的是，用负荷电流启动风机需设置一定延时，以避免负荷电流在整定值附近的快速变化所造成的风机频繁启停损伤风机寿命。

（3）闭锁有载调压。当升高座 CT 测得的负荷电流大于闭锁有载调压定值时，将有载调压的功能闭锁。

此外，主变压器中性点的升高座 CT，用于采集本侧零序电流，为主变压器保护提供信号。对于未配置中性点间隙 CT 的情况，主变压器间隙保护的电流也取自中性点的升高座 CT。

A.2.3 升高座 CT 的特殊问题

针对升高座 CT，在实际使用中需要考虑的特殊问题有 3 个：

（1）环境温度。GB 20840.1—2010《互感器　第 1 部分：通用技术要求》规定了互感器正常条件的环境温度为 3 类，即 –5~40℃、–25~40℃和 –40~40℃；同时也规定了特殊使用条件下优先的最低和最高温度范围，即严寒气候（–50℃和 40℃）和酷热气候（–5℃和 50℃）。这些规定与升高座 CT 安装位置的温度存在差异，应根据变压器在套管升高座位置的油温范围来确定升高座 CT 的环境温度。

（2）安装不当带来的误差超差。曾出现过在互感器制造厂内出厂试验合格的升高座 CT 二次绕组，在变压器厂安装到升高座内部之后误差试验超差的情况，成因之一是因安装不当造成二次绕组（尤其是超微晶合金铁芯的二次绕组）受到了挤压。此外，安装时应考虑变压器短路电动力所带来的震动影响。

（3）额定二次电流值不是 1A 和 5A。如图 A–8 所示为某变压器的升高座 CT 信息，从中可知 T3 的额定二次电流为 2A，而不是额定二次电流标准值 1A 和 5A，T3 这个二次绕组是用于折算绕组温度的。

代号	T1	T2	T3	T4	T5	T6
型号	LRB–500	LR–500	LR–500	LRB–72.5	LRB–400	LR–400
额定负荷(VA)	10	10	10	10	10	10
电流比(A)	1500/1	1500/1	1400/2	1500/1	2500/1	2500/1
准确级次	TPY	0.2s	1.0	TPY	TPY	0.2s
仪表保安倍数	—	—	—	—	—	—
一次时间常数(ms)	100	—	—	100	100	—
工作方式	C–0	—	—	C–0	C–0	—
对称短路电流倍数	20	—	—	20	20	—

图 A–8　某变压器的升高座 CT 信息

采用环保绝缘介质的新型电力互感器

近年来，随着技术的不断进步，采用环保绝缘介质的新型电力互感器已经出现，代表了电力互感器的未来发展方向。目前，已经生产出这种电力互感器的制造商主要有传奇电气（沈阳）有限公司、江苏思源赫兹互感器有限公司、西安西电电气测控科技有限公司、山东泰开互感器有限公司等。

B.1 洁净空气绝缘的直流分压器

204kV dc+150kV ac rms 直流分压器的铭牌、外观图、外观尺寸图和挂网试运行照片如图 B-1 所示。

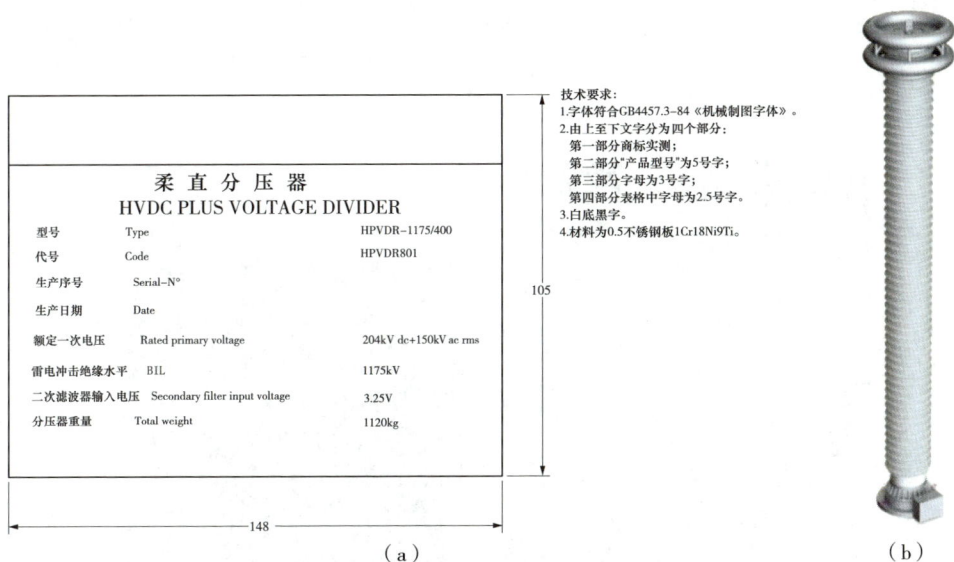

技术要求：
1.字体符合GB4457.3–84《机械制图字体》。
2.由上至下文字分为四个部分：
　第一部分商标实测；
　第二部分"产品型号"为5号字；
　第三部分字母为3号字；
　第四部分表格中字母为2.5号字。
3.白底黑字。
4.材料为0.5不锈钢板1Cr18Ni9Ti。

柔 直 分 压 器
HVDC PLUS VOLTAGE DIVIDER

型号	Type	HPVDR–1175/400
代号	Code	HPVDR801
生产序号	Serial–N°	
生产日期	Date	
额定一次电压	Rated primary voltage	204kV dc+150kV ac rms
雷电冲击绝缘水平　BIL		1175kV
二次滤波器输入电压　Secondary filter input voltage		3.25V
分压器重量	Total weight	1120kg

（a）　　　　　　　　　　　（b）

图 B-1　洁净空气绝缘的直流分压器（一）
（a）铭牌；（b）外观图

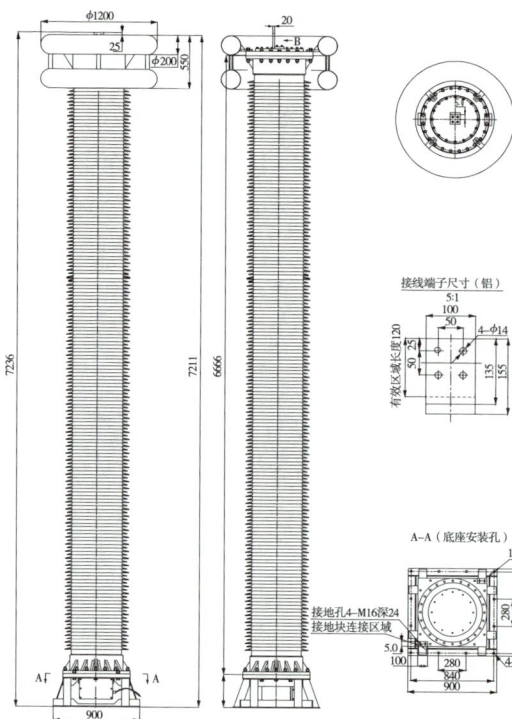

互感器技术参数表1:

重心高度(m)	3.675
迎风面积(m²)	5.05
总质量(kg)	1575
固有频率(Hz)	8.5

互感器技术参数表2:

额定一次电压U_{DC}(kV)	400
雷电冲击(kV)	1175
操作冲击(kV)	1000
最小爬电距离(mm)	24500
干弧距离(mm)	6300
电压测量准确级	0.2
额定气压	0.35MPa

端子静态试验载荷:

水平纵向（N）	4000
水平横向（N）	4000
垂直方向（N）	7000

技术说明:
1.PT整体起吊、安装;
2.PT厂家提供设备组件,不包含气压监视电缆、测量装接线、导线、金具及其他安装和施工附件;
3.二次出线端由底座端盖引出下行线槽或穿线防护管;
4.一次接线端子为铝合金材质,现场可进行90°旋转;
5.直流PT可水平或竖直放置;
6.复合套管伞裙颜色RAL7047,底座颜色RAL7032;
7.直流PT底座法兰上的接地区域、材质为铝,均需接地,直流PT低压箱两侧各两处接地区域,材质为不锈钢,均需接地,接地材料现场提供。

（c）

（d）

图 B-1　洁净空气绝缘的直流分压器（二）

（c）外观尺寸图；（d）2022 年 11 月起在某 ±800kV 换流站挂网试运行

B.2 550kV 合成酯油绝缘电流互感器

550kV 合成酯油绝缘电流互感器的铭牌、外观图和外观尺寸图如图 B-2 所示。

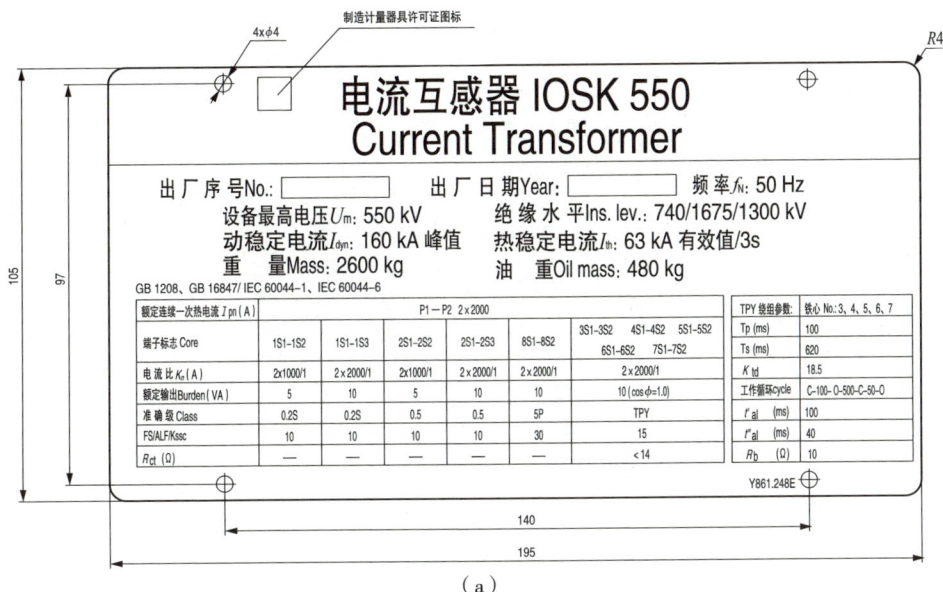

电流互感器 IOSK 550
Current Transformer

出厂序号No.: ☐　　　出厂日期Year: ☐　　　频率f_N: 50 Hz
设备最高电压U_m: 550 kV　　　绝缘水平Ins. lev.: 740/1675/1300 kV
动稳定电流I_{dyn}: 160 kA 峰值　　　热稳定电流I_{th}: 63 kA 有效值/3s
重　量Mass: 2600 kg　　　油　重Oil mass: 480 kg

GB 1208、GB 16847/ IEC 60044-1、IEC 60044-6

额定连接一次热电流 I_{pn}(A)	\multicolumn{6}{c}{P1—P2 2×2000}
端子标志 Core	1S1-1S2	1S1-1S3	2S1-2S2	2S1-2S3	8S1-8S2	3S1-3S2　4S1-4S2　5S1-5S2 6S1-6S2　7S1-7S2
电流比 K_n(A)	2×1000/1	2×2000/1	2×1000/1	2×2000/1	2×2000/1	2×2000/1
额定输出Burden(VA)	5	10	5	10		10 (cosϕ=1.0)
准确级 Class	0.2S	0.2S	0.5	0.5	5P	TPY
FS/ALF/Kssc	10	10	10	10	30	15
R_{ct} (Ω)	—	—	—	—	—	< 14

TPY 绕组参数:	铁心 No.:3、4、5、6、7
Tp (ms)	100
Ts (ms)	620
K'_{td}	18.5
工作循环cycle	C-100-O-500-C-50-O
t'_{al} (ms)	100
t''_{al} (ms)	40
R_b (Ω)	10

Y861.248E

（a）

（b）

图 B-2　550kV 合成酯油绝缘电流互感器（一）
（a）铭牌；（b）外观图

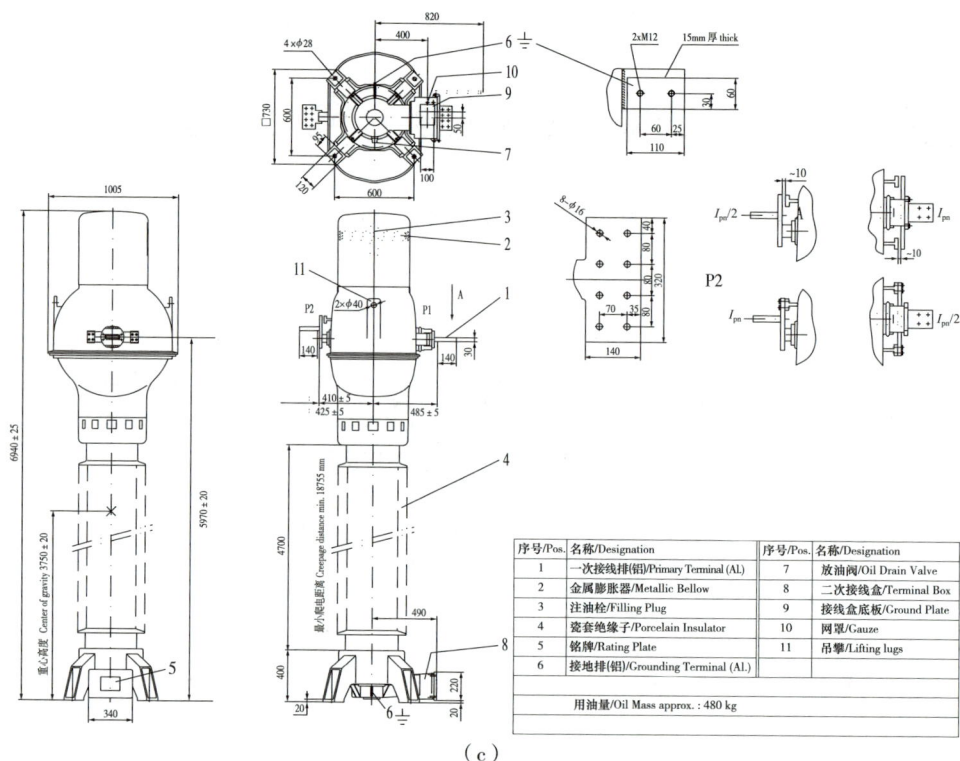

序号/Pos.	名称/Designation	序号/Pos.	名称/Designation
1	一次接线排(铝)/Primary Terminal (Al.)	7	放油阀/Oil Drain Valve
2	金属膨胀器/Metallic Bellow	8	二次接线盒/Terminal Box
3	注油栓/Filling Plug	9	接线盒底板/Ground Plate
4	瓷套绝缘子/Porcelain Insulator	10	网罩/Gauze
5	铭牌/Rating Plate	11	吊攀/Lifting lugs
6	接地排(铝)/Grounding Terminal (Al.)		
用油量/Oil Mass approx. : 480 kg			

（c）

图 B-2　550kV 合成酯油绝缘电流互感器（二）

（c）外观尺寸图

B.3　洁净空气绝缘电流互感器

B.3.1　330kV 洁净空气绝缘电流互感器

330kV 洁净空气绝缘电流互感器的铭牌、外观图和外观尺寸图如图 B-3 所示。

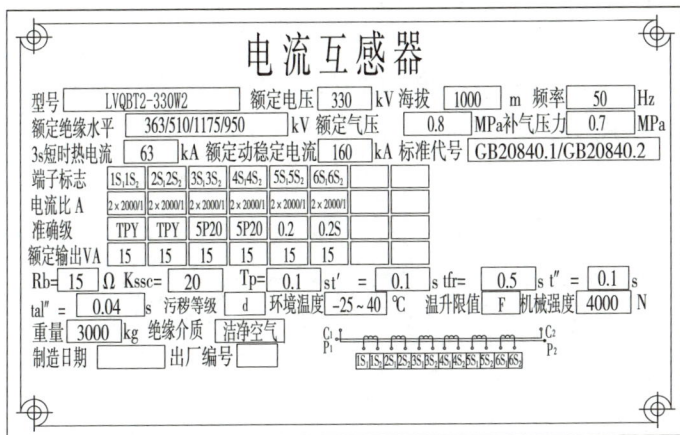

（a）　　　　　　　　　　　　　　　　（b）

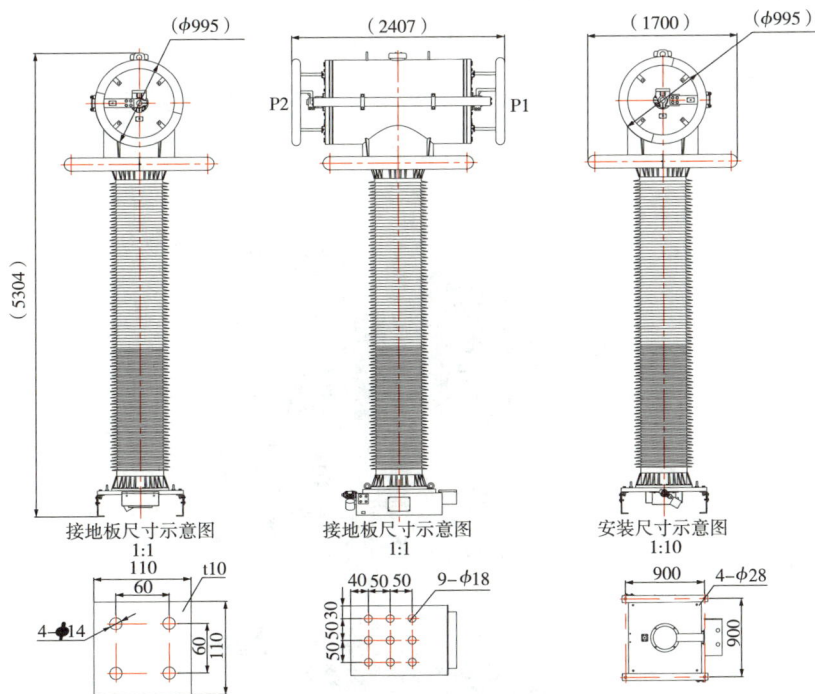

（c）

图 B-3　330kV 洁净空气绝缘电流互感器

（a）铭牌；（b）外观图；（c）外观尺寸图

B.3.2　220kV 洁净空气绝缘电流互感器

　　220kV 洁净空气绝缘电流互感器的铭牌、外观图、外观尺寸图和挂网试运行照片如图 B-4、图 B-5 所示。

电 流 互 感 器

产品型号 EGC-252	标准代号 GB/T 20840.2-2014	额定绝缘水平 252/460/1050 kV	机械强度 4000 N	频率50Hz

3 s短时热电流 I_{th} 63 kA	额定动稳定电流 I_{dyn} 160 kA	总质量 1055 kg	空气质量 10 kg	户外海拔 1000 m

气体额定压力：(20℃) 0.70 MPa　气体运输压力 (20℃) 0.08~0.1 MPa　出厂序号□　日期□年□月
气体报警压力：(20℃) 0.65 MPa　额定一次电流 Ipr 2×1250 A　额定连续热电流 Icth 120% Ipr A

二次端子标志	额定电流比,A	准确级	FS/ALF	额定输出,VA
(1-4)S1-S2	2×1250/5	5P	30	50
5S1-5S2	2×600/5	0.5	10	25
5S1-5S3	2×1250/5	0.5	10	50
6S1-6S2	2×600/5	0.2S	10	25
6S1-6S3	2×1250/5	0.2S	10	50

TPY
Tp,ms
Ts,ms
Ktd
工作循环
T'al,ms
T"al,ms
Rb,Ω
Rct,Ω

密度控制器接线示意图
IV　0.60 MPa
I　0.65 MPa

温度类别 -40/40 ℃　绝缘耐热等级 A级
爬电距离≥ 7812 mm　电容量 / pF

二次绕组排列示意图 (仅供示意,具体详见二次端子标志) P2
P1
1S　2S　3S　4S　5S　6S

（a）

（b）

图 B-4　220kV 洁净空气绝缘电流互感器 1（一）
（a）铭牌；（b）外观图

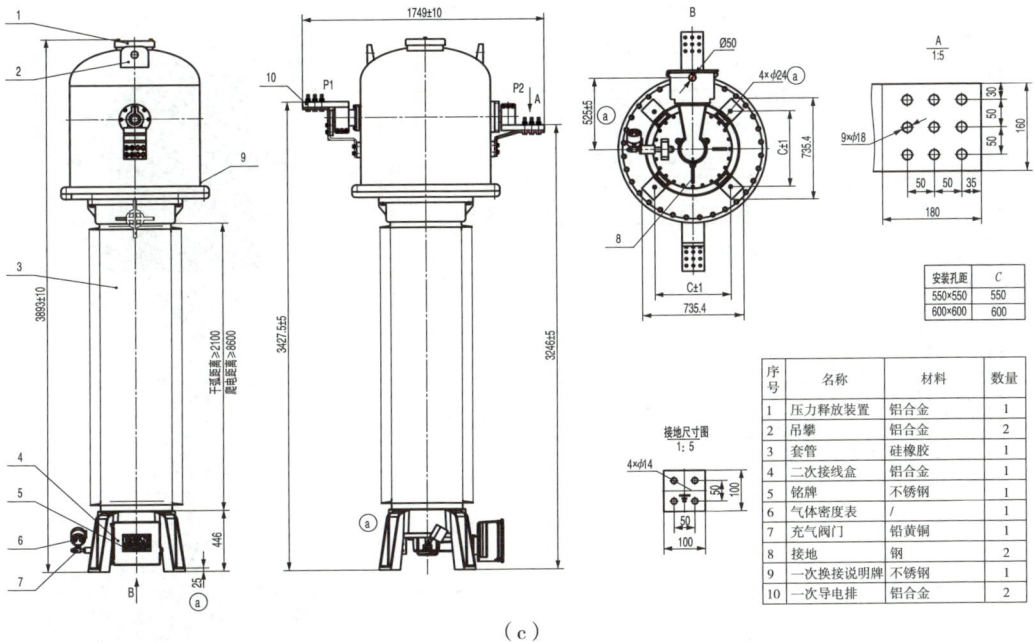

（c）

序号	名称	材料	数量
1	压力释放装置	铝合金	1
2	吊攀	铝合金	2
3	套管	硅橡胶	1
4	二次接线盒	铝合金	1
5	铭牌	不锈钢	1
6	气体密度表	/	1
7	充气阀门	铅黄铜	1
8	接地	钢	2
9	一次换接说明牌	不锈钢	1
10	一次导电排	铝合金	2

（d）

图 B-4 220kV 洁净空气绝缘电流互感器 1（二）

（c）外观尺寸图；（d）2023 年 4 月挂网试运行

电流互感器

型号: AFCT-220	静态承受载荷:4000N	额定频率:50Hz	设备种类:户外
标准代号: GB/T 20840.1-2010 GB/T 20840.2-2014		额定绝缘水平:252/460/1050kV	
IEC 61869-1:2007 IEC 61869-2:2012		额定动稳定电流:125kA	海拔高度:1000m
额定充气压力:0.8 MPa(20℃)		短时热电流/持续时间:50kA/3s	爬电距离:8593mm
最低工作压力:0.7 MPa(20℃)		气体压力释放值:1.6 MPa	气体质量:40 kg

二次端子标志	1S1-1S2	2S1-2S2	3S1-3S2	4S1-4S2
额定电流比(A)	2×500/1	2×500/1	2×500/1	2×500/1
额定输出(VA)	10	10	10	1/1.0-10/0.8
准确级	5P	5P	5P	0.2S
准确限值系数	20	20	20	—
仪表保安系数	—	—	—	10

总质量:1000kg	产品序号:Q24061341	制造日期: 2024年07月

绝缘介质为N₂: O₂: He, 气体体积比为: 0.78:0.21:0.01

（a）

（b）

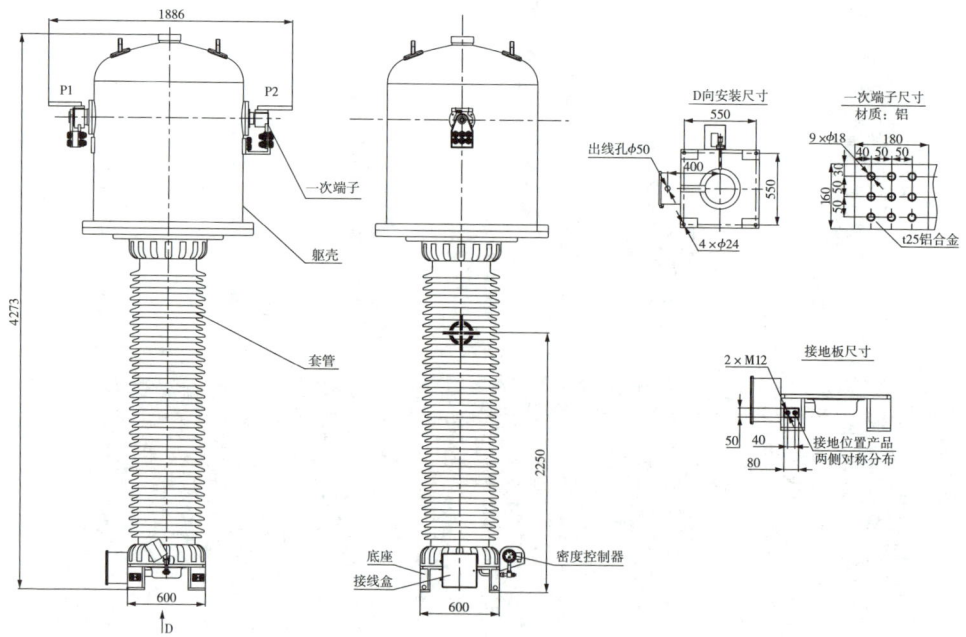

（c）

图 B-5　220kV 洁净空气绝缘电流互感器 2

（a）铭牌；（b）外观图；（c）外观尺寸图

B.3.3　123kV 洁净空气绝缘电流互感器

123kV 洁净空气绝缘电流互感器的铭牌、外观图和外观尺寸图如图 B–6 所示。

（a）

技术要求
1. 字体符合GB4457.3–84《机械制图字体》。
2. 由上至下文字分为五个部分。
　第一部分商标实测；
　第二部分"电流互感器 IOSK 123"为9号字；
　第三部分文字为4号字；
　第四部分表格中文字为2.5号字；
　第五部分 "610 892"为2.5号字。
3. 铭牌按0SY.36.045。
4. 白底黑字，黑线条，白框格，框格内为黑字。
5. 材料为0.5不锈钢板1Cr18Ni9Ti。

电流互感器 IOSK 123

123/230/550 kV	IEC 61869-2:2012	出厂序号	3035517
50 Hz	绝缘介质：Pure air	出厂日期	2023
		总质量	440 kg

P1 – P2	2 × 600 A	5 A	50 VA	CL. 10P	20	1S1 – 1S2
	2 × 600 A	5 A	50 VA	CL. 10P	20	2S1 – 2S2
	2 × 600 A	5 A	50 VA	CL. 10P	20	3S1 – 3S2
	2 × 300 A	5 A	50 VA	CL. 0.5	FS 10	4S1 – 4S2
	2 × 600 A	5 A	50 VA	CL. 0.5	FS 10	4S1 – 4S3
	2 × 300 A	5 A	50 VA	CL. 0.2S	FS 10	5S1 – 5S2
	2 × 600 A	5 A	50 VA	CL. 0.2S	FS 10	5S1 – 5S3

热稳定电流：40kA 有效值/3s　动稳定电流：100kA 峰值　1.2 × Ipn
泄露率：　<0.5% / 年

额定压力：0.65 MPa　　绝缘气体重：4.5kg
报警压力：0.60 MPa
跳闸压力：0.55 MPa　　运输方式：直立/水平

610 892

（b）

图 B–6　123kV 洁净空气绝缘电流互感器（一）
（a）铭牌；（b）外观图

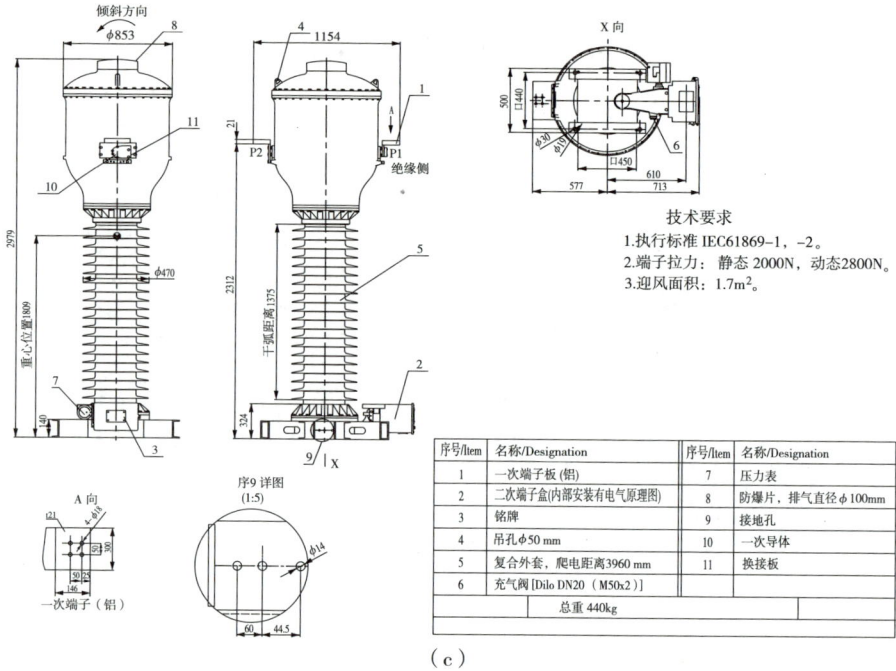

技术要求
1.执行标准 IEC61869-1，-2。
2.端子拉力：静态 2000N，动态2800N。
3.迎风面积：1.7m²。

序号/Item	名称/Designation	序号/Item	名称/Designation
1	一次端子板 (铝)	7	压力表
2	二次端子盒(内部安装有电气原理图)	8	防爆片，排气直径 φ 100mm
3	铭牌	9	接地孔
4	吊孔 φ 50 mm	10	一次导体
5	复合外套，爬电距离3960 mm	11	换接板
6	充气阀 [Dilo DN20（M50x2）]		
	总重 440kg		

（c）

图 B-6　123kV 洁净空气绝缘电流互感器（二）

（c）外观尺寸图

B.4　220kV GIS 型洁净空气绝缘电磁式电压互感器

220kV GIS 型洁净空气绝缘电磁式电压互感器的铭牌、外观图和外观尺寸图如图 B-7~ 图 B-9 所示。

VOLTAGE TRANSFORMER
电压互感器

Type designation 型号	JDQX-220（K）	Temperature range 温度范围	-40℃～40℃		Insulating class 绝缘等级	B	Standard 标准代号	IEC 61869-3
Rated insulation level 额定绝缘水平		252/460/1050	kV	Rated frequency 额定频率		50 Hz		GB/T 20840.3
Rated primary voltage 额定一次电压		220/√3	kV	One-phase 单相		Outdoor equipment 户外装置		

	Rated voltage 额定电压	Terminal identifiers 端子标志		Rated output 额定输出	Accuracy class 准确级	Thermal limiting output 热极限输出
Secondary winding 二次绕组	100/√3 V	1a	1n	50 VA	0.2	1000 VA
	100/√3 V	2a	2n	50 VA	0.5（3P）	
	100/√3 V	3a	3n	50 VA	0.5（3P）	
Residual voltage winding 剩余电压绕组	100 V	da	dn	100 VA	3P	

Rated voltage factor 额定电压因数	1.2	1.5	Gas type 气体组分	Clean Air 洁净空气	Rated pressure (20℃) 额定压力 (20℃)	0.80 MPa
Rated time 相应额定时间	Continuous 连续	30s			Alarm pressure 报警压力	0.70 MPa

| Total weight 重量 | 650 kg | Serial NO. 出厂序号 | 3803241234 | Year of manufacture 年月 | 2024 年 10 月 |

（a）

（b）

图 B-7　220kV GIS 型洁净空气绝缘电磁式电压互感器 1（一）

（a）铭牌；（b）外观图

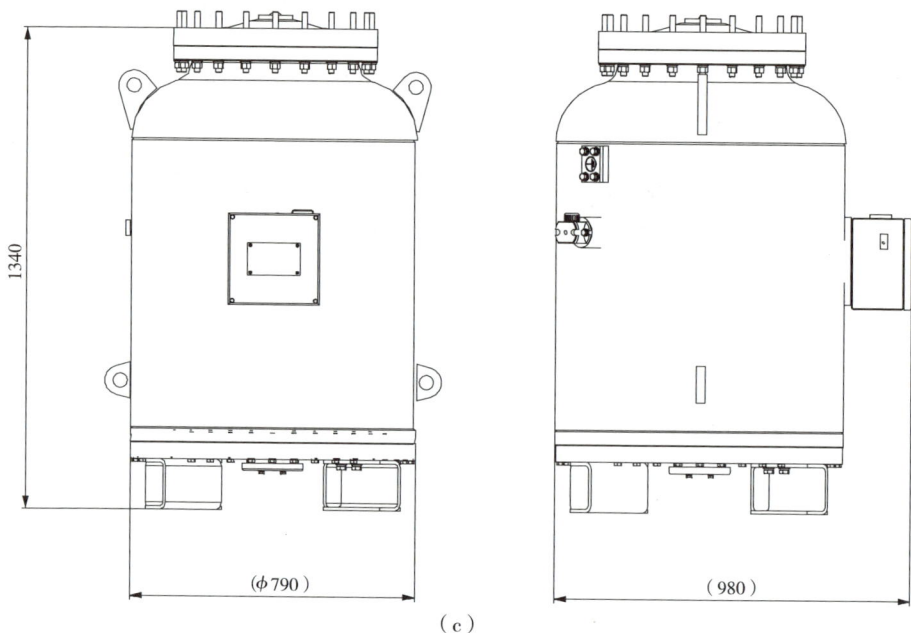

1340

（φ790）

（980）

（c）

图 B-7　220kV GIS 型洁净空气绝缘电磁式电压互感器 1（二）

（c）外观尺寸图

电压互感器

产品型号:	EGV252		标准代号:	GB/T 20840.3-2013		额定频率:	50Hz

额定一次电压: 220/√3kV　相数: 单相　绝缘耐热等级: E级

额定绝缘水平: 252/460/1050kV　额定电压因数:1.2, 连续/ 1.5,30s

清洁空气额定工作压力(20℃): 0.8 MPa　气体质量: 6kg　总质量: 550kg

清洁空气报警工作压力(20℃): 0.75 MPa　热极限输出: 2000 VA

清洁空气最低工作压力(20℃): 0.7 MPa　产品运输时清洁空气压力: 0.02～0.03MPa

安装标识:　/　出厂序号:　出厂日期:

端子标志	额定二次电压（V）	准确级次	额定输出（VA）
1a-1n	100/√3	0.2	30
2a-2n	100/√3	0.5	30
3a-3n	100/√3	0.5	30
da-dn	100	3P	300

（a）　（b）

图 B-8　220kV GIS 型洁净空气绝缘电磁式电压互感器 2（一）

（a）铭牌；（b）外观图

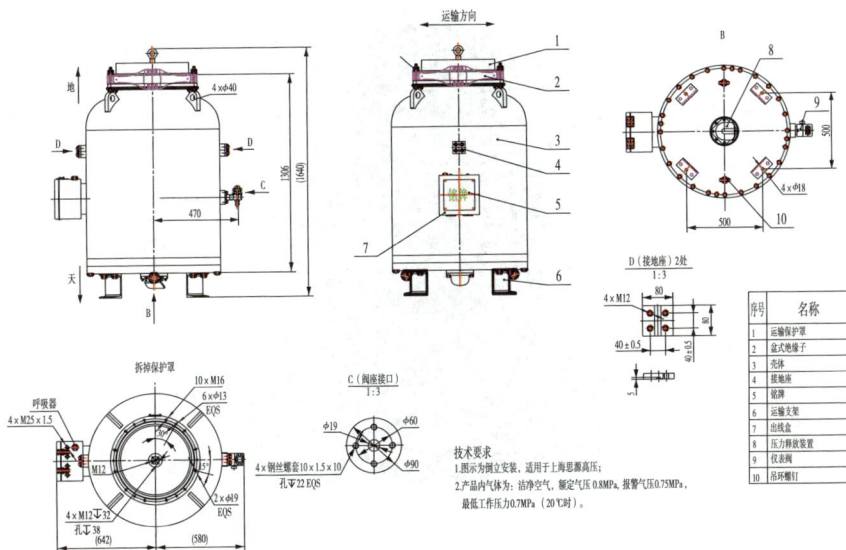

（c）

图 B-8　220kV GIS 型洁净空气绝缘电磁式电压互感器 2（二）

（c）外观尺寸图

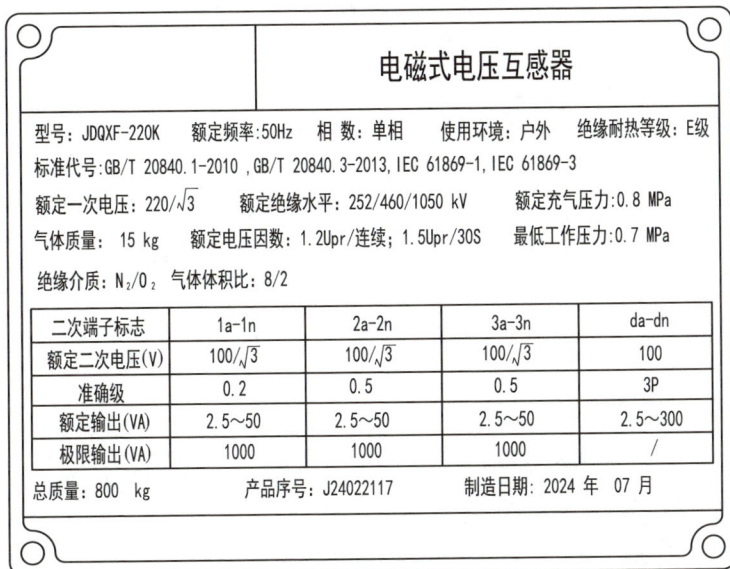

（a）

图 B-9　220kV GIS 型洁净空气绝缘电磁式电压互感器 3（一）

（a）铭牌

（b）

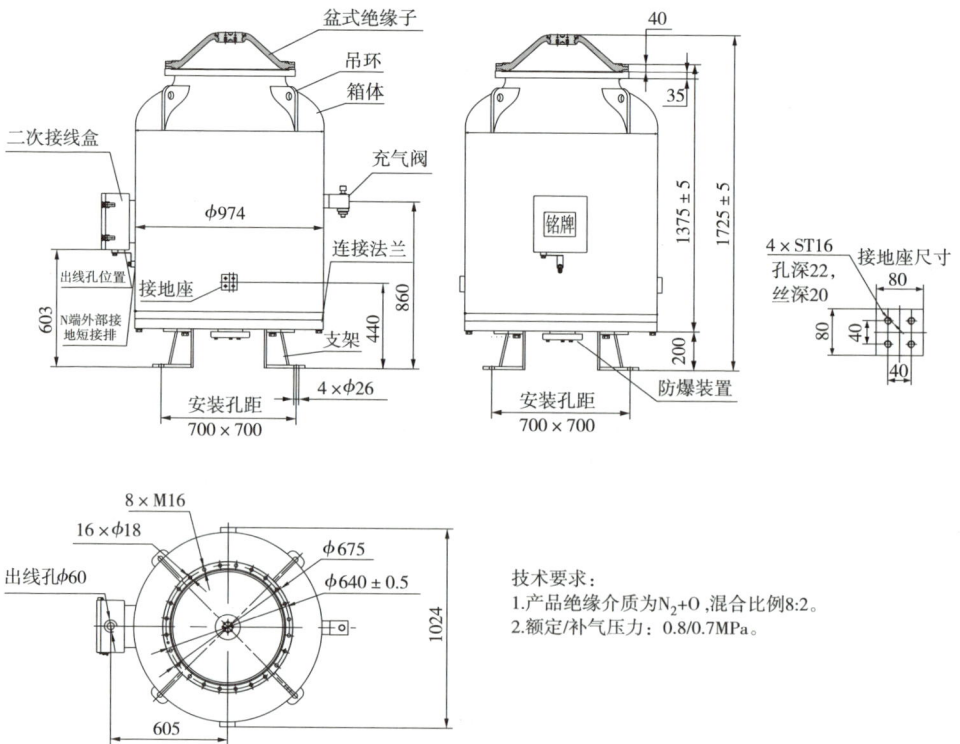

盆式绝缘子
吊环
箱体
二次接线盒
充气阀
φ974
连接法兰
出线孔位置
接地座
N端外部接地短接排
603
支架
860
440
安装孔距
700×700
4×φ26

40
35
1375±5
1725±5
铭牌
200
防爆装置
安装孔距
700×700

4×ST16
孔深22,
丝深20
接地座尺寸
80
80
40
40

8×M16
16×φ18
φ675
出线孔φ60
φ640±0.5
1024
605

技术要求：
1.产品绝缘介质为N_2+O,混合比例8:2。
2.额定/补气压力：0.8/0.7MPa。

（c）

图 B-9 220kV GIS 型洁净空气绝缘电磁式电压互感器 3（二）
（b）外观图；（c）外观尺寸图

参考文献

［1］冯宇.电力互感器术语使用技术手册（第二版）［M］.北京：中国电力出版社，2024.

［2］电力行业电力变压器标准化技术委员会.T/CEC 570—2021 110（66）kV 及以上电力用互感器部件术语［S］.北京：2022.

［3］电力行业电力变压器标准化技术委员会.DL/T 2267—2021 电力变压器（电抗器、互感器）及组部件、原材料使用术语［S］.北京：2022.

［4］肖耀荣，高祖绵.互感器原理与设计基础［M］.沈阳：辽宁科学技术出版社，2003.

［5］凌子恕.高压互感器技术手册［M］.北京：中国电力出版社，2005.

［6］黎斌.SF_6 高压电器设计（第 5 版）［M］.北京：机械工业出版社，2019.